JN234858

電子情報通信レクチャーシリーズ **C-7**

# 画像・メディア工学

電子情報通信学会 ● 編

吹抜敬彦 著

コロナ社

▶電子情報通信学会　教科書委員会　企画委員会◀

- ●委員長　　　　　　原島　　博（東京大学教授）
- ●幹事　　　　　　　石塚　　満（東京大学教授）
  （五十音順）
  　　　　　　　　　大石　進一（早稲田大学教授）
  　　　　　　　　　中川　正雄（慶應義塾大学教授）
  　　　　　　　　　古屋　一仁（東京工業大学教授）

▶電子情報通信学会　教科書委員会◀

- ●委員長　　　　　　辻井　重男（中央大学教授／東京工業大学名誉教授）
- ●副委員長　　　　　長尾　　真（京都大学総長）
  　　　　　　　　　神谷　武志（大学評価・学位授与機構／東京大学名誉教授）
- ●幹事長兼企画委員長　原島　　博（東京大学教授）
- ●幹事　　　　　　　石塚　　満（東京大学教授）
  （五十音順）
  　　　　　　　　　大石　進一（早稲田大学教授）
  　　　　　　　　　中川　正雄（慶應義塾大学教授）
  　　　　　　　　　古屋　一仁（東京工業大学教授）
- ●委員　　　　　　　122名

(2002年3月現在)

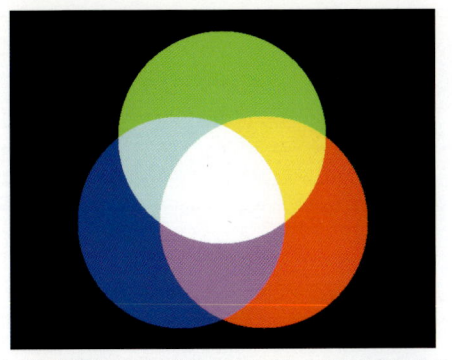

口絵1　加法混色―三原色を加えれば，どんな色になるか―

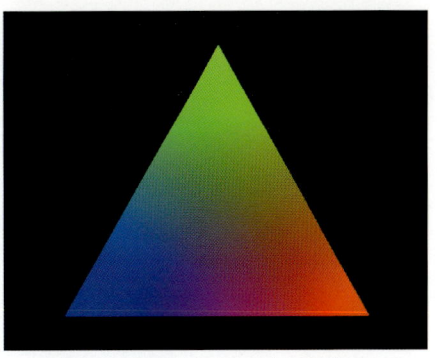

口絵2　三原色をある割合で加算する

口絵3　カラーバーを三原色に色分解
　　　―右下は原画―

口絵4　自然画像を三原色に色分解
　　　―右下は原画（映像情報メディア
　　　学会テストチャート）―

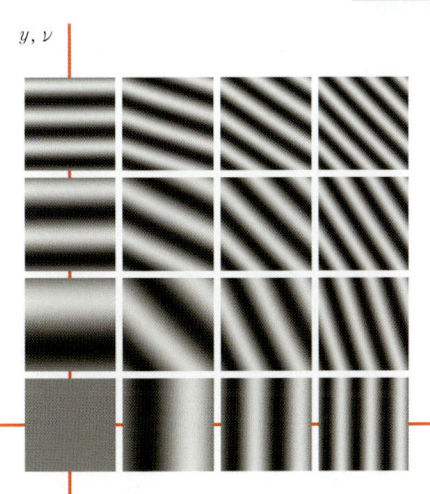

口絵5　2次元周波数―2次元周波数
　　　に相当する座標に位置する―

[注]　各画像は，垂直480画素，水平640画素．R，G，Bとも8ビット/画素（ただし口絵4と16を除く）．

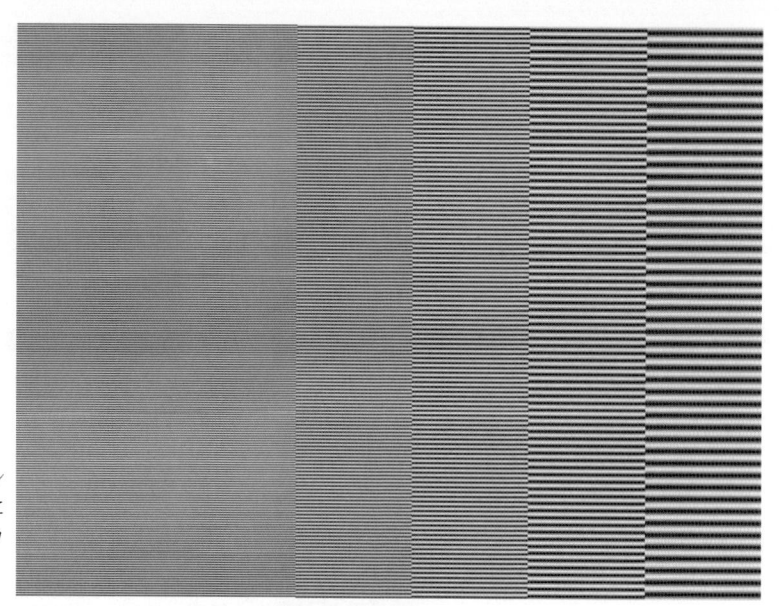

口絵6 垂直パタン—このパタンをTV受像機(飛越し走査)に加えると左端パタンはフリッカになる—

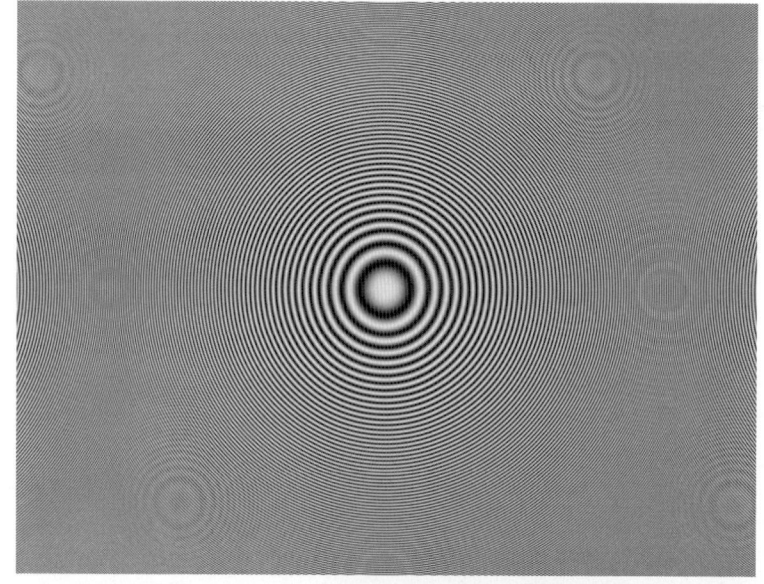

口絵7 CZP—本来はこの口絵のように多値画像であるが,市販のチャートは2値画像が多い—

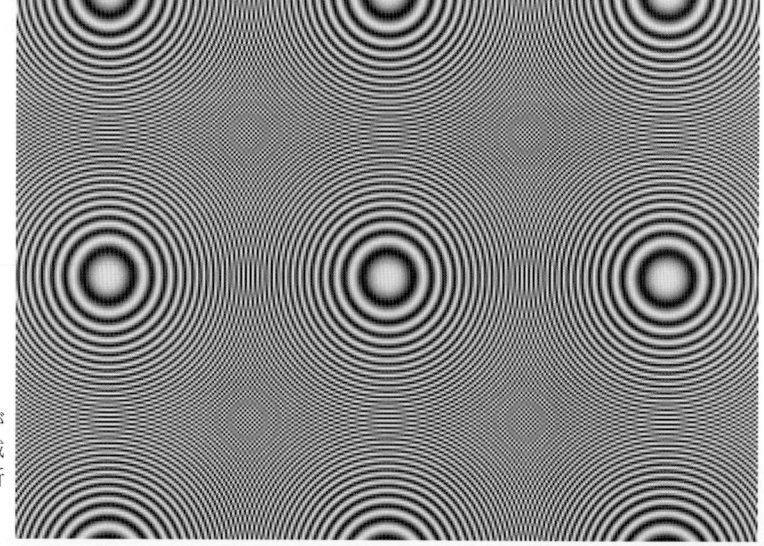

口絵8 CZPの2次元標本化—新規に派生した各円の中心が標本化周波数である.基底帯域を帯域制限していないので,折返し歪みを起こしている—

(a) 原画（ただし8ビット量子化．なお，中央部の口の左，頬の境界の黒4点で囲まれた8×8画素ブロックが図6.9のDCT実例の対象である）（映像情報メディア学会テストチャート）
(b) 量子化（3ビット量子化の場合）—平坦領域に偽輪郭が起きる—
(c) ディザ量子化—雑音を加えて同じ3ビットで量子化する．SN比は劣化しているのだが—

口絵9　画像の量子化（3ビット量子化の場合）

口絵10　レベル数を変えた画像—最明：255レベル，最暗：0レベル．これにより，表示系の線形度（黒つぶれ，白つぶれ）や，振幅方向の解像度が分かる．マッハ効果も観察される—
最上段：256階調，最下段：2階調

上　：原画
中上：シャープカットオフフィルタ出力（中央512画素のFFTによる．リップルに注意されたい）
中下：緩やかなFIRフィルタ出力
下　：IIRフィルタ出力（右方にズレていることに注意されたい）

口絵11　フィルタの種類による出力画像

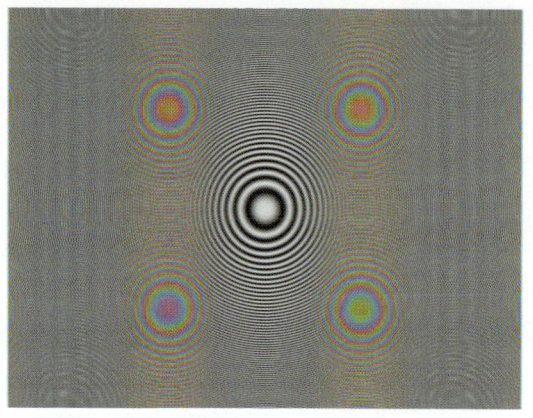

口絵 12　NTSC 複合カラー TV 信号の 1 次元復調

口絵 13　NTSC 複合カラー TV 信号の 2 次元復調

口絵 14　アフィン変換：$(A \simeq 0.35, B \simeq 0.71, C \simeq 0.35, D \simeq 0.71, E = F = 0)$

口絵 15　CCD カメラ偽色—CZP を撮像した場合，セルの繰返し周波数不足により，折返し歪みによる偽色が発生する．偽色の輪は固定している—

口絵 16　2 次元 DCT 基底関数

（a）復号画像

（b）符号データ（8 ビットずつに切り，D-A 変換して並べた．ただし，ビット数は一致するが乱数である）

口絵 17　DCT 復号画像（原画は口絵 9(a)，品質係数 $Q = 4$）

## 刊行のことば

　新世紀の開幕を控えた1990年代，本学会が対象とする学問と技術の広がりと奥行きは飛躍的に拡大し，電子情報通信技術とほぼ同義語としての"IT"が連日，新聞紙面を賑わすようになった．

　いわゆるIT革命に対する感度は人により様々であるとしても，ITが経済，行政，教育，文化，医療，福祉，環境など社会全般のインフラストラクチャとなり，グローバルなスケールで文明の構造と人々の心のありさまを変えつつあることは間違いない．

　また，政府がITと並ぶ科学技術政策の重点として掲げるナノテクノロジーやバイオテクノロジーも本学会が直接，あるいは間接に対象とするフロンティアである．例えば工学にとって，これまで教養的色彩の強かった量子力学は，今やナノテクノロジーや量子コンピュータの研究開発に不可欠な実学的手法となった．

　こうした技術と人間・社会とのかかわりの深まりや学術の広がりを踏まえて，本学会は1999年，教科書委員会を発足させ，約2年間をかけて新しい教科書シリーズの構想を練り，高専，大学学部学生，及び大学院学生を主な対象として，共通，基礎，基盤，展開の諸段階からなる60余冊の教科書を刊行することとした．

　分野の広がりに加えて，ビジュアルな説明に重点をおいて理解を深めるよう配慮したのも本シリーズの特長である．しかし，受身的な読み方だけでは，書かれた内容を活用することはできない．"分かる"とは，自分なりの論理で対象を再構築することである．研究開発の将来を担う学生諸君には是非そのような積極的な読み方をしていただきたい．

　さて，IT社会が目指す人類の普遍的価値は何かと改めて問われれば，それは，安定性とのバランスが保たれる中での自由の拡大ではないだろうか．

　哲学者ヘーゲルは，"世界史とは，人間の自由の意識の進歩のことであり，…その進歩の必然性を我々は認識しなければならない"と歴史哲学講義で述べている．"自由"には利便性の向上や自己決定・選択幅の拡大など多様な意味が込められよう．電子情報通信技術による自由の拡大は，様々な矛盾や相克あるいは摩擦を引き起こすことも事実であるが，それらのマイナス面を最小化しつつ，我々はヘーゲルの時代的，地域的制約を超えて，人々の幸福感を高めるような自由の拡大を目指したいものである．

　学生諸君が，そのような夢と気概をもって勉学し，将来，各自の才能を十分に発揮して活躍していただくための知的資産として本教科書シリーズが役立つことを執筆者らと共に願っ

ている．

　なお，昭和55年以来発刊してきた電子情報通信学会大学シリーズも，現代的価値を持ち続けているので，本シリーズとあわせ，利用していただければ幸いである．

　終わりに本シリーズの発刊にご協力いただいた多くの方々に深い感謝の意を表しておきたい．

　2002年3月

電子情報通信学会　教科書委員会

委員長　辻　井　重　男

# まえがき

　画像を取り巻く技術は1990年代以降に大きく飛躍した．まず役割が変わった．それまではテレビジョン(以下TVと記す)放送が主対象だったが，マルチメディアの中核となった．具体的な情報伝達手段も，アナログ主体からディジタル主体へと変わった．デバイス面でも，電子ビーム系の撮像管やブラウン管が，固体装置に主役の座を譲りつつある．

　初期の情報産業では大きな計算機を作ることが最大目標だった．その後，ダウンサイジングへ大きく方向転換し，その中心はパーソナルコンピュータ(PC)だった．そのPCもいまや一部品へと変わりつつあり，その次はメディアの世界が絡むことは間違いない．

　それとともに，画像工学の教科書の書き方も大きく変わらなければならない．これまで，無意識のうちに，TV放送(や画像通信)を主対象としてアナログTVを主体に書いた．卑近な例では，電子ビーム系装置(撮像/表示)を前提としたので，走査線を少し右下がりに描いた．また，帰線期間や同期信号波形を詳しく説明した．これは，撮像系から表示系まで歩調をそろえて動作したからである．かつ，飛越し走査のみを述べた．

　従来のアナログ放送時代には，国の法律で決まった放送TV信号波形が機器(撮像や表示)の入出力条件でもあった．今後のディジタル時代にはこれらが分離される．また，画像フォーマットは多様化しかつ，系の間ではディジタル化されたデータ列が意味を持つ．

　筆者は，かつて「画像のディジタル信号処理」や「TV画像の多次元信号処理」などを著し，多くの研究者・技術者・大学院生に読んでいただいた．その後，これの一部を抜粋して10年近い期間に学部や大学院で講義してきた．今回，これらの経験を執筆に生かした．

　なお，本書を教科書として用いる際に下記もご考慮いただきたい．

　（1）「画像・メディア工学」は，「電気回路」や「電磁気学」などに比べると歴史は極端に浅く，また流動的である．そのためか，既存の数冊の教科書を調べた範囲でも，執筆者によって著しいバラエティがあった．本書を用いて講義される教員にも，その専門(例えば，情報源符号化，アナログTV方式，TV機器，画像関連デバイス，パタン認識)によって重点の置き方に大きな差があると思う．これを考慮して本書では，「90分講義単位の章」の構成を避けた．講義をされる方の裁量で取捨選択して組み立てていただければ幸いである．

　（2）このように多様性があることを考慮して，それに相当する部分は脚注を使って述べた．学部における通常の講義では，これを除いた部分を中心に講述されるとよいと思う．

　（3）「ディジタル信号処理」や「通信理論」に関する講義を受講済みであることが望ま

しいが，用語の確認を含めて，一般的な1次元信号の場合について簡単に結果のみ触れた．これは，画像工学には必須の多次元処理の説明のためである（[追記]を参照されたい）．なお，3次元信号処理に関する部分は，学部レベルの講義では割愛してもよいと思う．本当は，画像工学の真髄なのであるが．

（4） 技術には予測できない面がある．例えば，一部には「TV放送はディジタルになるのだから，NTSCやPALの記述は一切不要」という意見もある．一方，国の基本方針は当然としても，欧米におけるディジタルTV放送の動向から「アナログ方式もしばらくは重要だ」という考えもある．ネットビジネスの将来や通信と放送の融合に関しても同様である．学会誌の特集号であればその時点で判断すればよいが，教科書では普遍性が要求され，限界がある．したがって，講義時点での動向や考え方については，講義される教員の裁量で取捨追加していただきたい．

本書を著すに際して，清水孝雄氏，清水勉氏，中屋雄一郎氏，坪井利憲氏，江藤良純氏，高橋健二氏らにご教示いただいた．また，コロナ社は，拙文の不備をただし，勝手な注文をきいて下さった．記して感謝する．

2002年8月　猛暑の夏に武蔵国国分寺の苫屋にて

吹　抜　敬　彦

[追記] 本シリーズには「画像光学と画像入出力システム」があるので，本書ではこの関連は簡単に留めた．「メディアと人間」，「インタネット工学」や，「ヒューマンインタフェース」も同様である．「コンピュータグラフィックス」は略した．パタン認識の関係は別計画があるようなので，前処理を除いて省略した．

逆に，ディジタル信号処理に関しては，「信号とシステム」「応用解析」「確率過程と信号解析」「ディジタル信号処理」「データ圧縮」など関連するものが多くが用意されているが，画像で重要な多次元（2次元や3次元）処理については本書で触れざるを得ず，この準備として，重複を承知の上で1次元処理について最小限度の記述を行った．

---

講義における画像デモンストレーションのPCソフトも準備している．教科書として採択された教員で関心のある方は，著者(fukinuki@m. ieice.org)までご連絡下さい．

# 目　次

## 1. メディアにおける画像信号

1.1 マルチメディア時代における画像信号の意義 …………… 2
　　1.1.1 マルチメディアにおける画像の役割と飛躍 …………… 2
　　1.1.2 画像における通信と放送の融合 …………… 4
　　1.1.3 ディジタル技術のインパクト …………… 5
　　1.1.4 ［音響と音声］vs.［画像と顔］…………… 6
1.2 走査と画像フォーマット …………… 7
　　1.2.1 順次走査と飛越し走査 …………… 7
　　1.2.2 画像フォーマット …………… 11
1.3 画像信号における輝度と色 …………… 12
　　1.3.1 色の性質 …………… 13
　　1.3.2 PCなどにおけるカラー画像 …………… 14
　　1.3.3 輝度/色差とディジタルフォーマット …………… 15
　　1.3.4 1次元スペクトルとアナログTV方式 …………… 17
本章のまとめ …………… 21
理解度の確認 …………… 21

## 2. 画像信号解析の基礎と応用

2.1 フーリエ変換と周波数スペクトル …………… 24
　　2.1.1 周波数とは …………… 24
　　2.1.2 フーリエ変換と周波数スペクトル …………… 29
　　2.1.3 デルタ関数 $\delta(t)$ …………… 31
　　2.1.4 標本値系列に対するフーリエ変換 …………… 32
2.2 標本化 …………… 34
　　2.2.1 1次元標本化 …………… 34

			2.2.2　2次元標本化 ……………………………………… 37
			2.2.3　オフセット標本化 …………………………………… 38
			2.2.4　時空間標本化として見た走査 ……………………… 41
			2.2.5　3次元標本化 ………………………………………… 45
		2.3　画像信号の量子化（A-D変換） …………………………… 45
			2.3.1　画像の量子化 ………………………………………… 46
			2.3.2　非線形量子化 ………………………………………… 46
		2.4　変調と復調 …………………………………………………… 47
			2.4.1　振幅変調/復調 ………………………………………… 48
			2.4.2　複合TV信号の多次元周波数領域での性質 ……… 50
			2.4.3　帯域圧縮—信号多重における振幅変調と標本化の役割— … 52
		談話室　帯域圧縮 ……………………………………………… 53
		2.5　ディジタルフィルタ ………………………………………… 56
			2.5.1　ディジタルフィルタは何が有難いか ……………… 56
			2.5.2　1次元$z$変換と1次元ディジタルフィルタ ……… 57
			2.5.3　2次元$z$変換と2次元ディジタルフィルタ ……… 60
			2.5.4　3次元ディジタルフィルタ …………………………… 62
			2.5.5　画像における構成と音声における構成 …………… 63
			2.5.6　簡単なフィルタの具体例とYC分離フィルタ …… 64
			2.5.7　再構成可能なフィルタバンク ……………………… 67
		談話室　「ディジタル信号処理の理論」は「ディジタル信号処理」の理論か　72
		本章のまとめ …………………………………………………… 72
		理解度の確認 …………………………………………………… 73

# 3. 画像に関連する性質

		3.1　画像の統計的性質 …………………………………………… 76
			3.1.1　画像信号の統計的性質 ……………………………… 76
		談話室　自己相関関数の測定と落とし穴 …………………… 78
			3.1.2　そのほかのフレーム内の統計的性質：2,3のパラドックス …… 79
			3.1.3　画像信号のフレーム間の統計的性質 ……………… 79
		3.2　雑音の性質と統計的な扱い ………………………………… 80
		3.3　ヒューマンインタフェース ………………………………… 81

　　　　　　　　　　　目　　　次　　vii

　　　3.3.1　視覚特性 …………………………………………… 81
　　　3.3.2　画質の評価 ………………………………………… 85
　本章のまとめ ……………………………………………………… 86
　理解度の確認 ……………………………………………………… 86

## 4. 画像の処理

　4.1　画像の空間的処理 …………………………………………… 88
　　　4.1.1　空間的処理の概要 ………………………………… 88
　　　4.1.2　多値画像の論理的な処理 ………………………… 89
　　　4.1.3　2値画像の処理 …………………………………… 93
　4.2　動画像処理 …………………………………………………… 95
　　　4.2.1　動画像処理の特徴 ………………………………… 95
　　　4.2.2　動きの検出，測定 ………………………………… 96
　　　4.2.3　動きベクトル ……………………………………… 98
　4.3　画像に関する仮定に基づく高度な処理 …………………… 101
　　　4.3.1　画像の特性に関する仮定の例 …………………… 101
　　　4.3.2　画像の雑音低減例 ………………………………… 102
　本章のまとめ ……………………………………………………… 104
　理解度の確認 ……………………………………………………… 105

## 5. 画像機器

　5.1　TV 機器 ……………………………………………………… 108
　　　5.1.1　撮像機器（TV カメラ） ………………………… 108
　　　5.1.2　表示機器（ディスプレイ） ……………………… 111
　　　5.1.3　そのほかの TV（動画像）機器 ………………… 114
　5.2　静止画像機器 ………………………………………………… 115
　　　5.2.1　ファクシミリ ……………………………………… 115
　　　5.2.2　そのほかの静止画像機器 ………………………… 116
　本章のまとめ ……………………………………………………… 117
　理解度の確認 ……………………………………………………… 118

## 6. 画像の高能率符号化

 6.1 高能率符号化 ……………………………………………… *120*
談話室 符号化の変遷 …………………………………………… *122*
 6.2 予測符号化 ………………………………………………… *123*
  6.2.1 予測符号化とは（前値予測の場合） …………… *123*
  6.2.2 2次元予測符号化 …………………………………… *126*
  6.2.3 ディジタルフィルタとして見た予測符号化 ……… *127*
 6.3 変換符号化 ………………………………………………… *129*
  6.3.1 変換符号化とは ……………………………………… *129*
  6.3.2 離散余弦（コサイン）変換 DCT ………………… *131*
  6.3.3 DCT 符号化の実際―JPEG― …………………… *134*
  6.3.4 サブバンド（帯域分割）符号化 …………………… *136*
 6.4 フレーム間符号化 ………………………………………… *137*
  6.4.1 フレーム間符号化のねらい ………………………… *138*
  6.4.2 動き補償フレーム間予測誤差 ……………………… *141*
  6.4.3 レート制御と送受間の同期など …………………… *142*
 6.5 符号化技術―補遺 ………………………………………… *144*
  6.5.1 そのほかの符号化技術 ……………………………… *145*
  6.5.2 画像符号化応用 ……………………………………… *146*
  6.5.3 2値画像の符号化 …………………………………… *148*
談話室 標準化にかかわる問題 ………………………………… *150*
 6.6 インタネットや広帯域 ISDN による動画像伝送 ……… *151*
  6.6.1 技術背景 ……………………………………………… *151*
  6.6.2 パケット符号化 ……………………………………… *152*
本章のまとめ ………………………………………………………… *154*
理解度の確認 ………………………………………………………… *154*

引用・参考文献 ……………………………………………………… *156*
理解度の確認；解説 ………………………………………………… *159*
索   引 ………………………………………………………… *163*

# 1 メディアにおける画像信号

　画像技術は，古くはテレビジョン（以下，TV と記す）放送が中心であった．画像通信も期待されていたが，1980 年頃まではファクシミリ（以下，FAX）を除いては普及しなかった．しかし，1990 年代以降，マルチメディアの中核として大きく飛躍した．それに従って，その役割，具体的な情報表現手段，使用する主要機器などが，それぞれ大きく変革した．この章ではその意義と信号の概略を学ぶ．

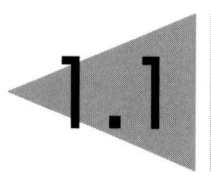

## 1.1 マルチメディア時代における画像信号の意義

### 1.1.1 マルチメディアにおける画像の役割と飛躍

〔1〕 **画像技術の芽生え** 広義の画像の歴史をさかのぼれば絵画や印刷があろう．電子情報通信の分野では，動画伝送のための TV と静止画伝送のための FAX[†1]であった．

TV（伝送）放送は，初期の模索的研究の後，1941 年に米国で放送規格が制定された．第 2 次大戦の後，両立性に絡む興味深い変遷[†2]を経て，1953 年，現在のカラー TV 放送規格が制定された．現在は，高精細化，ディジタル化，ワイド化などに向かっている．

〔2〕 **画像技術の役割の進展** 1970 年代まで，世界はスーパーコンピュータの実現を目指した．ところが，いわゆるダウンサイジングにより，PC（パソコン：Personal Computer）の時代になった[†3]．では，永久に産業界の王者であり得るのか．近年，PC は，素晴しい高性能化にもかかわらず，極端に安価に，かつ単なる部品のようになりつつある．

では，広義の情報産業（計算機/通信/画像）は次に何を目指せばよいのか．この答の一つがマルチメディア，詳しくはディジタルメディア（あるいは情報家電）であり，その中核はやはり画像である[†4]．従来，放送として親しまれてきた TV が，今後はメディアの中核として多角的に利用される．人に訴える力の点で，画像に勝るものはないからである．

これには二つの面がある．一つは狭義の工学の対象となるものであり，他の一つはコンテンツ（作品の内容およびその制作技術）である．本書では前者を取り扱う．

〔3〕 **アナログ vs ディジタル** 各種の見方があるが，ディジタル技術そのもの導入は，1960 年代の電話系へのディジタル通信（PCM 24 チャネル）などに見られる．

ディジタル信号処理の芽生えとしては，ディジタルフィルタを挙げたい．大規模集積回路

---

[†1] FAX［5.2.1項参照］．
[†2] 「従来の白黒受像機でもカラー放送が受信でき，カラー受像機でも白黒放送が受信できる NTSC 方式」（ただし，いずれも当然ながら色はつかない）が制定され，現在に至っている．このような両方で成立する性質を「両立性がある」という．新システムを検討するときの重要事項である．
[†3] かつて，計算機の処理能力は，経験的に規模の 2 乗に比例するといわれた．したがって，できるだけ大きな計算機を用いて，これを多人数で使用する方法（タイムシェアリングシステム）が望ましかった．ところが，ハードウェアの低価格化や高性能化に比べて，ソフトの生産性は追いつかず，その負担が大きくなった．この結果，上記の現象が起きた．
[†4] 米国の PC ソフトやマイクロプロセッサの先端企業が，なぜ，TV 技術，特に画像フォーマットに，こんなに強い関心を示すのかを考えてみよう．

LSIの発展により，重厚長大のアナログ回路を駆逐した．特に画像では，単に駆逐に留まらず，多次元信号処理[†1]を可能にし，新しい技術分野を展開した［1.1.3項参照］．

なお，システムがアナログかディジタルかは，入出力のインタフェースで決まり，内部処理の実現方法ではない．これらの関係を表1.1に示す．

表1.1 インタフェースや内部処理とシステムとしてのアナログ/ディジタル

| インタフェース | 内部処理 | 機器やシステムの例 | システムとしてのアナログ/ディジタル |
|---|---|---|---|
| アナログ | アナログ | 従来の映像機器全般 | アナログシステム |
| | ディジタル | 高度のTV受像機(IDTV)[*1]<br>EDTV方式[*2]<br>MUSE(高精細度TV[*3]のための) | アナログシステム(∵極論すれば，内部処理の実現方法は，製造業者が決める事項) |
| ディジタル | ディジタル | ディジタルTV放送[*3]<br>DVD<br>いわゆるデジカメ | ディジタルシステム |

* 1 IDTV(ImproveD TV)：受像機側で受信情報を最大限に活用したり画質劣化要因を取り除いて，画質を改善する［1.3.4項〔4〕参照．
* 2 EDTV(EnhanceD TV)：現行方式との両立性を前提に，信号の隙間に補強情報を挿入(2.4.3項〔3〕)して高精細化や改善を加える．日本では1995年にEDTV-IIが制定された．米国では，1990年初頭に日本発のEDTVで次世代TV方式が決まりかけたが[2)]，その後，下記のディジタルHDTVに進展した．なお，最近では高機能(双方向性など)を以ってEDTVということもある．
* 3 HDTV(High Definition TV)：水平および垂直解像度が現行の2倍程度のTV方式．両立性は条件ではない．1990年，米国でディジタル放送が提案され，世界に大きな影響を与えた[2)]．これはSDTV(Standard Def. TV，現行解像度TV)のディジタル化へも進展した．日本で開発した高精細度TVにはハイビジョンの愛称があり，同期を含む走査線数：1 125本(飛越し走査)，有効(画面)走査線数：1 035本である．MUSE[2.4.3項〔4〕参照]はそのアナログ伝送方式である．

〔4〕 **ディジタル画像システムの進展**　　ディジタル伝送路の普及に伴い1980年代からTV伝送もディジタルが主流になった．さらに90年代になって，アナログ伝送主体の放送の分野でもディジタルへの移行が始まった．パッケージメディアも同様である．さらにインタネットはもとより，携帯電話においても静止画や動画の伝送が特徴になりつつある[†2]．PCやディジタルカメラがディジタル画像システムの普及に果たしている功績も大きい．

〔5〕 **画像フォーマットの重要性**　　マルチメディアでは，画像，音声，データを加工して新しいメディア価値を創生する．ここでは，画像には，空間的/時間的にも容易に拡大/縮小/変形ができることが要求される．また，各種用途に合わせて多くの画像フォーマットが

---

[†1] TV信号の多次元解析が進展するにつれて，下記の疑問が生まれてきた[b),3)]．
　（i） 受信した信号は有効に利用されているか．　（ii） 伝送周波数帯域は有効利用されているか．信号処理が1次元あるいは2次元の時代には，答は"YES"であった(すなわち，それが最終形態であった)．3次元周波数領域で処理が進むと，両者とも不十分なことが分かってきた．（i）（ii）の答が表1.1のIDTVとEDTVである．
[†2] ユーザ側から見て，携帯電話第1世代は電話中心であったが，第2世代ではさらに静止画や電子メールの，また，第3世代ではさらに動画の伝送機能が追加された．

制定されるので，これらの相互変換が重要である．過去には飛越し走査(後述)が主流であったが，上記との関係から検討が進んだ［1.2.1項〔4〕参照］．

把握すべき技術も変わった．従来，例えばTV同期信号の波形を詳しく説明した．これはアナログ伝送では，撮像系の電子ビームから表示系の電子ビームまで歩調をそろえて動作するからで，万人が承知すべき事項であった．

これからのディジタル主体の時代には，インタフェースとしてはディジタル化されたデータ列が重要な意味を持つ．回路系の条件は民間の任意規格の定めることである[†1]．

〔6〕 **画像デバイスの進展**　経済的に無理と思われた技術が他分野の進歩に支えられて実用性が出てくることがある．これによって，かつての夢物語の多くが実用化された[†2]．

考え方が変わる例もある．既述のように，従来の画像技術は無意識のうちに電子ビーム系装置を前提とした[†3]．近年，固体撮像が主流になり，表示にもその傾向が強い．ただし，電子ビーム系と異なり，固体デバイスと現行の飛越し走査は必ずしも相性はよくない．このためもあって，従来，絶対の存在であった飛越し走査がそうではなくなりつつある．

## 1.1.2　画像における通信と放送の融合

通信と放送の融合が叫ばれてから久しい．ブロードバンドネットワークの台頭により，将来，放送はインタネットに吸収されるという見方さえある[†4]．最近，インタネットの普及に伴い，放送と通信の特徴を生かした新しいコンテンツ流通サービスが生まれつつある．

〔1〕 **放送からの融合**　TV放送には，大量の情報を同じ時刻に(同報性)，かつ，多数の視聴者へ提供する($1:N (N \gg 1)$)という特長がある．今後，融合に大きなインパクトを与えそうなものにディジタルTV放送がある．特に地上波TV放送は，広く普及した携帯電話(や携帯情報端末PDA)などのモバイル機器をTV受像機とする可能性を秘めている[†5]．

〔2〕 **通信からの融合**　通信系では特定性(秘話性)や双方向性に重きが置かれ，$1:1$で情報を交換する．ここではIP(Internet Protocol)ネットワークが進展し，家電や移動通

---

[†1] アナログTV放送時代には，TV機器の入出力条件(例：輝度や色の振幅，同期信号波形)は，国の法律(電波法)で定められた放送信号に準拠した．一方，ディジタル放送時代には，法律は実際に放送される画像フォーマットとディジタルデータ列を規定するのみで，TV機器の入出力条件は法律の対象外となり，民間(利用者，放送業者，製造業者などの業界団体)の任意規格に委ねられる．

[†2] 典型的な例がLSI(Large Scale Integration)による半導体メモリである．フレームメモリを用いたTV受像機の画質向上［5.1.3項〔1〕参照］や，フレーム間符号化が普及した［6.4節参照］．

[†3] 図1.2を参照されたい．

[†4] 一般に，一時的な流れと恒久的な流れがあり，その見極めが難しい．TV放送ではエンタテイメントを受身的に視聴できる．「3m(視距離)の放送．楽しいコンテンツ」とも特徴付けられる．

[†5] これのディジタルデータを伝送するOFDM方式(Orthogonal Frequency Division Multiplex)が，移動体での受信やマルチパス(電波の反射に伴う信号の歪み)に優れた特性を持つ．

1.1 マルチメディア時代における画像信号の意義　5

信にも IP 化が進んでいる．現実の例には IP による TV 伝送(ビデオストリーミング)がある[†1,1)]．ただし，画質や内容には，少なくとも現在は，放送と大きな差がある[†2]．また，多数の視聴者がほぼ同時に観視すると，通信回線が輻輳(ふくそう)する危険がある．さらに，これまでの放送では考えなかったネットワークの危険性やセキュリティが，重要になる[†3]．

〔3〕**融合における課題と発展**　部分的な融合[†4]や新たなサービスも考えられる[†5]．技術の成熟に従って，コンテンツからの見方も重要になる[†6]．

## 1.1.3　ディジタル技術のインパクト

〔1〕**1次元信号処理から多次元信号処理[†7]へ**　従来の信号処理の対象は，音声信号に代表されるように，時間信号としての1次元信号のみであり，周波数の定義は cycle/s であった．また，周波数領域に対比されるものは，時間領域であった．

一方，TVで特徴的なのは，80年代に飛躍した多次元ディジタル信号処理，すなわち，TV信号の [水平-垂直-時間] 3次元周波数領域での処理である．TVでは，伝送や記録のため，走査によって1次元信号に変換している[†8]が，もともとは(特に動画像の場合)，**図1.1**に示すように，[水平-垂直-時間] の3次元信号である．

したがって，処理ももとの次元で行うことが望ましい．すなわち，画像の中の着目する点の左右だけではなく，上下や時間的前後の信号との関係を考えて処理したい[b)]．このためには，1走査線分あるいは1画面(フレーム)分の画像を記憶しておく必要がある．これはディ

---

[†1] TV信号のようにデータ量が極端に多い場合は，データを受信しつつバッファメモリに蓄積して出力するストリーミング形が向いている．このほか，あらかじめ全てのデータを蓄えるダウンロード形(音楽向き．ただし，高速化すれば TV でも実用化されよう)や，リアルタイム形(電話通話向き)もある．
[†2] インターネットが驚異的に進展したのは，情報洪水の中で欲しい情報を迅速に取得できるからである．放送の3 m と対比させて，「30 cm のインターネット，役立つコンテンツ」ともいわれる．放送との画質の差はビットレートの向上とともに縮まるかもしれないが，最後まで残るのが，視聴者の数の差に起因する制作コストの負担であろう．セミプロの映像作品の交換や自己表現の場，あるいは，特定のグループ内の告知として，意義はある．
[†3] 6.6.1項参照．
[†4] ディジタル TV の特徴の一つに双方向性があるが，これには上り回線としての通信系が不可欠である．
[†5] 大容量の画像蓄積装置を受像機に置いて録画するサーバ形放送があり，国際標準化が進んだ(TV Anytime Forum)．メタデータ(番組やシーンごとに付ける番組内容や著作権の情報など)や送信方式が検討対象である．このような受像機はホームサーバとしても期待されている．
[†6] コンテンツから見れば，放送と通信は横並びの単なるキャリアにすぎないともいえる．各種インフラにどのようなコンテンツが放送(配信)できるか重要になろう．
[†7] 多次元信号には，[水平-垂直-時間] の3次元信号 $g(x, y, t)$ のほか，例えば下記がある．
(i) 立体としての3次元信号：奥行き $d$ のある3次元画像 $g(x, y, d)$
(ii) リモートセンシング画像：各色からなる multi-band 信号 $g(x, y, b)$
[†8] 3次元→2次元の変換時間標本化：フレーム(30 Hz)など，
2次元→1次元の変換垂直標本化：走査線(525本)

**6**　　1. メディアにおける画像信号

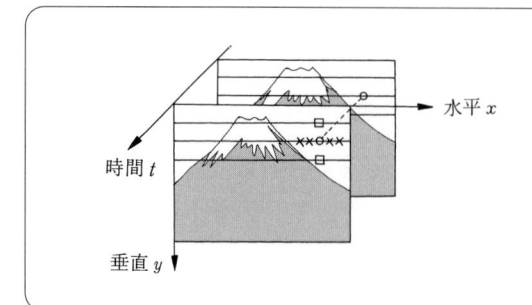

```
┌─────────────────────────────────────────────────────────┬──────────────────────────────┐
│                                                         │ 1H（1水平周期）遅延があれば，上下の走 │
│   [図：多次元ディジタル処理の概念図]                      │ 査線（□印）の信号との2次元演算ができ │
│                                                         │ る．                              │
│                                                         │ フレームメモリがあれば，前フレーム（○ │
│                                                         │ 印）を用いて3次元演算ができる．      │
│                                                         │ これらがないと，水平近傍の信号（×印）と │
│                                                         │ の1次元演算しかできない．            │
└─────────────────────────────────────────────────────────┴──────────────────────────────┘
```

図 1.1　多次元ディジタル処理

ジタルの得意とするところであり，特に最近の半導体メモリ（DRAM など）の進歩がこれを促進した［2.5.1 項，2.5.5 項参照］．

〔2〕**多次元信号処理の成果の例**　　上記による解析の結果，TV 信号の性質とその改善に関して多くの知見が得られた．1980 年代日本を中心にこれに基づく高精細化が具体化した．この例に，現行アナログ TV 方式に基づく前述の IDTV や EDTV がある[2]．

〔3〕**負のインパクト**　　ディジタル化すれば複製が容易なので，著作権保護が重要である．画像の権利保護のためには，絵の中に"こっそり"権利関連の情報を入れる「電子透かし」がある．ただ，高能率符号化や拡大・縮小・回転などに耐えるのは容易ではない．

## 1.1.4　［音響と音声］vs.［画像と顔］

これまでの通信の主対象は人の音声であった．このため音声学が発展した．画像通信でこれに対応するものは人の顔であろう[4]．このことから顔の研究が注目されている[†1]．このほか，セキュリティの点から個人認証の重要な手段としても考えられている[†2]．

〔1〕**肌領域の抽出と応用**　　例えば人物像を含む TV 画像を送るとき，人の表情と背景では要求される画質に差があろう．したがって，顔と判定された領域とそうでない領域で符号化パラメータを変えることが考えられる[†3]．これによって顔以外は粗く符号化して情報量を減らし，全体の符号化効率を向上させることができる．

肌領域を検出しその領域のシワを取ると，若返りシステムになる［4.3.2 項〔2〕参照］．

---

[†1] 音声学には古くからの歴史があるが，これに対応する「顔学」は最近始まったものの，まだ広くは知られていない．顔学会がある．

[†2] 個人認証の身体的な特徴として指紋が代表的だが，顔もある．動作の特徴としては筆跡（署名）が代表的である．電子透かし（前述）や暗号技術とともに，マルチメディアセキュリティーの重要技術である．

[†3] 画像符号化（MPEG など）で，顔の領域では細かく，顔以外では粗く符号化する．受信側ではこのことを識別する必要は一切ない．標準化の範囲内で設計者の工夫により自由に行える．JPEG 2000 では，ROI（Region Of Interest）として標準化の中に含まれている．

〔2〕 **知的符号化とアクションユニット**　撮像された顔の画像を忠実に送るためには，多くの情報量を要する．しかし，送る人の顔の構造(特徴)をあらかじめ受信側で記憶しておき，送信側の人の顔の物理的な状態や変化，例えば「顎を下げて唇を下げる」，「目じりを下げる」など(アクションユニット[†1]という)を抽出して送れば，情報量は極端に減少する．

さらに高度な情報，例えば「笑った」，「怒った」などの情報を送ることも考えられる[†2]．知的符号化の典型的な例である［6.5.1項〔2〕参照］．

# 1.2　走査と画像フォーマット

画像表現には，各点(画素)ごとの明るさを表す(広義の)ラスタ形表現と，線図形の座標で表すベクトル形表示(プロッタ表示向き)がある．本書では前者のみを扱う．

## 1.2.1　順次走査と飛越し走査[5),6)]

〔1〕 **順次走査と飛越し走査**[†3]　［水平-垂直-時間］の3次元信号である画像を伝送(広義)するには，1次元信号に縮退させる必要がある．このため走査を行う[†4]．

これには，順次走査(progressive scanning)と飛越し走査(interlaced scanning)があり，TV放送では伝統的に後者が用いられてきた．これらを**図1.2**(a)(b)(c)に［水平-垂直］領域で2次元的に，図(d)(e)に3次元的に表示する[†5]．

順次走査は，PCなどにおける表示形式と同様であり，画面上部の走査線から順番に走査する．日米では，通常，60コマ/sである．通常，60Pと称する．

飛越し走査では，最初に奇数走査線を送り，次に偶数走査線を送る．それぞれの画面をフ

---

[†1] AU(Action Unit)．44種が制定されている．
[†2] 受信側にモナリザのデータを記憶しておくと，モナリザが笑ったりする面白い現象も起きる．
[†3] 過去において走査を述べることは，走査線数525本の飛越し走査を述べることであった．この走査線数は奇数に限ると考えられたが，意味がなくなった．
[†4] 走査は［垂直-時間］領域における標本化である［2.2.4項参照］．米国で走査方式が決定した1941年には，多次元標本化はもとより(1次元)標本化の理論もなかった．このため，この観点から見ると不備な点も多い．後述の色差信号の多重[1.3.4項〔3〕]と多次元周波数の関係も同様である．
[†5] 走査線の間隔(1/525)について，通信系技術者は同期信号を含む525で表示し，放送系技術者は有効走査線数(画面として見られる走査線数)480で表示する傾向が見られる．今後は後者に移行しよう．

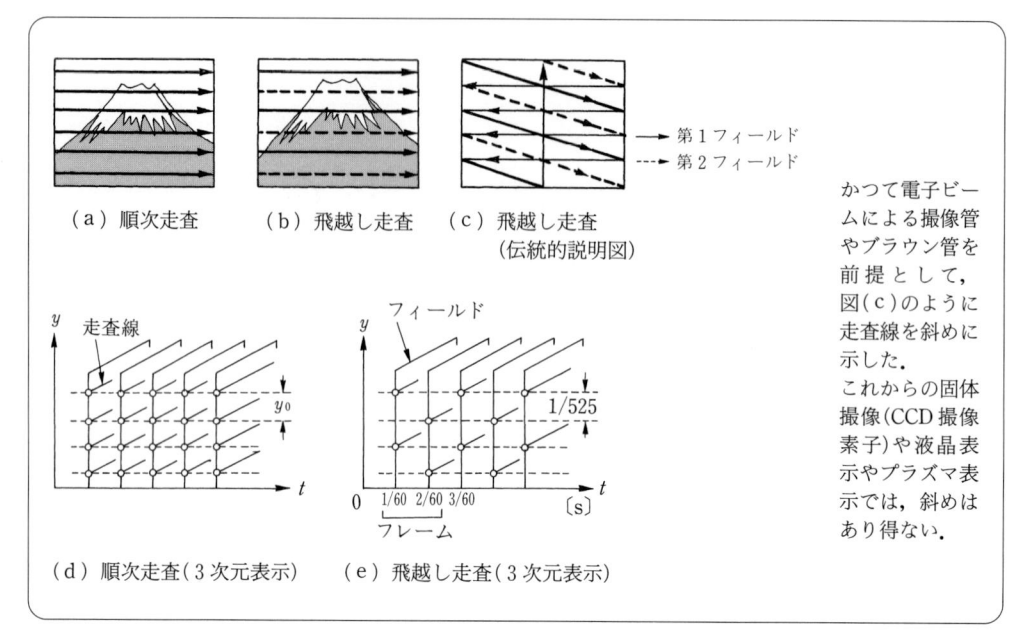

**図1.2 順次走査と飛越し走査**

ィールドと呼び，二つのフィールド[†1]を合わせてフレームという．日米のTV標準方式であるNTSC方式では，60フィールド/s，30フレーム/sである[†2]．通常，60Iと称する．

〔2〕 **フレーム周波数とフィールド周波数**　飛越し走査のフィールド周波数は歴史的に商用電源周波数を基に決められた．NTSC方式（米国）では前記の60Hzであり，PALやSECAM方式（西欧）では50Hzである[†3][†4]．現在のディジタルTV時代になっても，フレーム/フィールド周波数に関しては，これらを継続している[†5]．

これらは大面積フリッカが生じない条件と合致する[†6]．また，「60フィールド/s，走査線500本程度」は，動く対象を不自然さなく滑らかに再現した．一方，最近のTVの高精細化に伴い，ダイナミック解像度（動対象についての解像度）も重要になった．走査線数がこれ以上の場合は，これに比例して，フィールド数を増す/順次走査で撮像する/TVカメラにシャ

---

[†1] 日本では奇数/偶数フィールドの表現が多いが，紛らわしい．米語ではtop/bottom fieldという．ちなみに，野球の表/裏をtop/bottomという．
[†2] 厳密には，NTSCカラー方式制定の際，音声信号とのビートを避けるため，1000/1001倍になった．その結果，30は，30×1000/1001=29.97であり，60は，60×1000/1001=59.94である．米国次世代TV方式（後述）では，60は，60.00と59.94の両方を含む．30や24も同様である．
[†3] NTSC(National Televison System Committee)：米，日，韓，台湾など．
PAL(Phase Alternation by Line)：英，独，伊，蘭，中国など．
SECAM(Sequentiel a memoire)：仏，露など．
[†4] 東日本は商用電源周波数とフィールド数が異なる点で，国際的にも珍しい．フレーム間符号化では，思わぬ影響が現れるので，注意が必要である．
[†5] それぞれNTSC圏(NTSC系)やPAL圏(PAL系)という．
[†6] 50Hzでは，フリッカが気になることがある［2.2.4項〔6〕参照］．

ッタをつける［3.3.1項〔6〕および5.1.1項〔4〕参照］などが望ましい．

〔3〕 **順次走査と飛越し走査の課題**　1930年代，飛越し走査は「伝送周波数帯域幅を同一に保ちながら垂直解像度を2倍にする画期的な方法」と考えられ[†1]，その後の全てのTV方式に採用された．しかし，近年，幾つかの問題が顕在化してきた．

(1)　撮像系や表示系の電子ビームが太いときは問題がなかった．ところが，これが改善されたり，電子的に生成された画像が増えてくると，フリッカが目立つようになり，垂直方向に画像をボカす(外部回路で垂直LPFを通す)などの必要が出てきた．

(2)　動領域では，隣接走査線の画像は時間的に異なる領域の画像であるため，画像の拡大・縮小や変形には隣接走査線の値は使えない．あるいは，時間方向に挿入(同じフレームの繰返しなど)を行うと，大きくギクシャクしたりフリッカとなる．

順次走査信号には，これらの問題がない．さらにPCとの関連でこれが浮上した[†2]．

極端な画像の場合とその変形を図1.3に示す．興味深いことに，全く異なる二つの60P

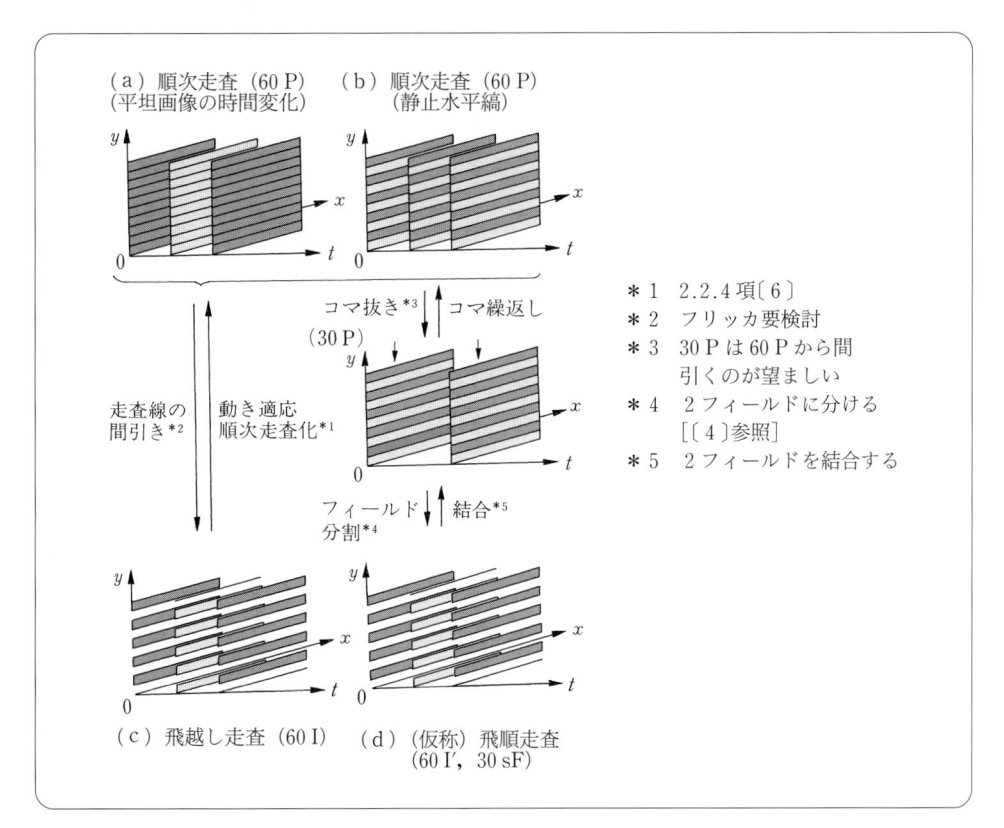

* 1　2.2.4項〔6〕
* 2　フリッカ要検討
* 3　30Pは60Pから間引くのが望ましい
* 4　2フィールドに分ける〔4〕参照
* 5　2フィールドを結合する

図1.3　極端な場合の走査と擬似飛越し走査信号(仮称：飛順走査信号)

---

[†1] 垂直解像度を同一に保ちながら伝送周波数帯域を半分にする方式と解釈してもよい．
[†2] 米国の次世代TV画像フォーマット(後述)制定(1990年代中頃)の際，かなりの数の放送(家電)系が飛越し走査を主張し，PC系といくつかの放送系が順次走査を主張した．

順次走査画像が飛越し走査60Iでは同一となることがある[†1]．逆にいえば，飛越し走査の画像からは本当の画像は分からない場合がある．これらの理由から，異なる走査方式の画像への変換は原理的に極めて困難である．

〔4〕 **画像フォーマットの融合** マルチメディア時代には画像の相互変換の機会が増す．多くの画像フォーマットがあるとこれらの融合が重要であり，このため，「走査線数の変換が容易」，「隣接走査線が同一時刻の信号である」，「順次走査と飛越し走査の双方に変換容易」，「現行の飛越し走査系の機器がそのまま使用可」などが望まれる．

その一つは，30P（または24P）を共通中間走査とする考え方である．これは図1.3のように[†2]，情報としては順次走査であり，既存の60Iの機器では飛越し走査となる．本書では，擬似飛越し走査あるいは"飛順"走査（60I'）と仮称する[7),8),9)]．国際的にはsegmented Frame（30sFあるいは24sF）とも称する．

〔5〕 **実効垂直解像度とケル係数** ある走査線数で表現できる垂直解像度の比をケル係数という[†3]．ここで解像度とは，白黒のペアを2本（TV本）と数える．したがって，もし走査線ごとに白黒白黒…と表示できれば，ケル係数 $K = 1.0$ となる．しかし，撮像ではこれはありえず，統計的に考える必要がある．古くは，$K = 0.7$ といわれた．

後述（2.2.4項）のように，走査は［時間-垂直］領域の標本化であるが，現実には理想的に行われていない．まず，前置や後置のフィルタは用いられていない．また，飛越し走査表示に対する視覚特性（特に残像特性）が，当初期待したほどでない[10)]．

特に大きな画質劣化要因は，飛越し走査におけるフリッカである．垂直高域（高精細）成分が強い細かい水平縞模様や急峻な垂直エッジなどで，フリッカを避けるためこの成分を抑圧する必要がある．このため解像度が制限され，現実には，$K = 0.5$ 程度が限界だといわれている[†4]．さらに静かに上下する場合，特有の妨害が現れるので，さらに低下する．

---

[†1] ちなみに，飛越し走査で走査線ごとに白黒を繰り返す場合は，全画面がフリッカ（チラチラ）となるので，垂直方向に低域濾波する必要がある．口絵6の画像を電子的に生成して飛越し走査のTV受像機で観視すれば，左半分は強いフリッカとなる．

[†2] 図1.3では30Pを基準とする場合を示した．飛越し信号60Iの機器で用いるときには，走査線を1本おきに分けて2フィールドの"飛順"信号（60I'）にする．また，2度繰り返して見掛け上60Pとする．膨大な制作費を掛けて高画質を狙うCM用のCF（Commercial Film）では，30Pと等価な30コマ/sの映画フィルムが用いられることが多い．
24P信号（映画）からは，2-3プルダウン［1.2.2項〔3〕図1.4参照］によって60I'を得る．放送局用に1080I/24sF（60I'）の実用化が検討されている．

[†3] 最初に測定した人（Kell）にちなんでいる．ただし，一説には絵画に黒い線を引いて計ったともいわれ，この値（$K = 0.7$）を主張する専門家は少ない．

[†4] 飛越し走査におけるフリッカを考慮して，実効的ケル係数 $K_i$ を $K_i = \alpha \cdot K$ と表す考えもあった．ここに，$K$ は狭義のケル係数，$\alpha$ は飛越し（インタレース）係数と称す．実測によれば，$\alpha$，$K$ とも0.6〜0.8（ただし，これらは定数ではなく，相互に関係している）であり，$K_i ≒ 0.5$ である．
［付随事項］ 水平解像度は，画面高に相当する水平幅における解像度をいう．水平方向全体の解像度が640TV本，横縦（アスペクト）比が［4：3］のとき，水平解像度は $640 \times (3/4) = 480$ TV本となる．

ちなみに，電子的に生成された静止画像を順次走査で表示する場合，PC 画面からも想像できるように，$K = 1.0$ が可能である．

## 1.2.2　画像フォーマット

**[1] TV 系における画像フォーマットの標準化**[6),11)]　　標準（SD）TV と HDTV が，それぞれ次のように理解されている[†1†2]．色については別に定められている（後述）．

　　　標準(SD)TV ＝ 480 垂直画素×720 水平画素×60 I(59.94 I)．[4:3][†3]

　　　HDTV　　　＝ 1 080 垂直画素×1 920 水平画素×60 I(59.94 I)．[16:9] あるいは

　　　　　　　　＝ 720 垂直画素×1 280 水平画素×60 P(59.94 P)．[16:9]

これらを基に，放送画像フォーマットが順次/飛越し走査を含めて制定された[†4]．番組（コンテンツ）交換の際のインタフェースはこれに従うことになろう．

　通信や蓄積メディアの用途に対しては，下記がある[†5]．

　　　CIF[†6]：288 垂直画素×352 水平画素×(最高)25(30) P

---

[†1] 用語説明など
　　画素：pel，または，pixel(picture element)．ディジタルの場合，(輝度の)標本値と考えてよい．ここで，画素数や走査線数は，有効画素数や有効走査線数（同期信号は除いて実際に画面となるもの）．ディジタルの時代には情報のインタフェースが意味を持つから，同期信号などは対象外である．
　　[4:3] など：アスペクト(aspect)比，すなわち，[水平幅：垂直高さ] 比を表す．
[†2] 各パラメータは下記により規定されている．
　　標準 TV(ITU-R BT.601)：ITU-R BT 656　　HDTV(ITU-R BT.709)：ITU-R BT 656
[†3] PAL 対応は，576 垂直画素×50 I．他の場合も 50 I あるいは 25 P である．
[†4] 米国の地上波 TV 放送の画像フォーマットには，下記の 18 通りが認められている．

| 垂直画素数 | 水平画素数 | アスペクト比 | 飛越し | 順次 | | | 垂直画素数 | 水平画素数 | アスペクト比 | 飛越し | 順次 | | |
|---|---|---|---|---|---|---|---|---|---|---|---|---|---|
| 1 080 | 1 920 | 16:9 | 60 I | | 30 P | 24 P | 480 | 704 | 4:3 | 60 I | 60 P | 30 P | 24 P |
| 720 | 1 280 | 16:9 | | 60 P | 30 P | 24 P | 480 | 640 | 4:3 | 60 I | 60 P | 30 P | 24 P |
| 480 | 704 | 16:9 | 60 I | 60 P | 30 P | 24 P | | | | | | | |

　網掛けは日本で認められているフォーマット．ただし，水平画素数には下記の差異や追加がある．
　　・1 080 I では，1 920×(3/4) ＝ 1 440* を追加．
　　・480 では，水平画素数は米国の 704 とは異なり，ITU 勧告の 720 である．
　　・480/60 I では，720×(3/4) ＝ 544* と，720×(2/3) ＝ 480* を追加する（*ITU 勧告外）．
　上記の水平画素数決定の根拠は，正方画素配列(square pixel．水平，垂直画素間隔が等しいこと）による．ただし，飛越し走査の場合，垂直解像度が低く，さらに別フィールドの隣接走査線との演算に意味が少ないから，正方画素の意義は薄れよう．
[†5] 例えば 30 P というのは，あくまで情報のインタフェースである．30 P のままではフリッカになるので，表示には，60 I' または 60 P に変換する．
[†6] CIF(Common Intermediate Format)：NTSC 圏と PAL 圏に共通する．TV 電話などの通信はこれを用いる．フレーム数は最高で 25(30) とし，不足する分は繰り返す（順次走査だから可能）．
　　CIF の水平，垂直をそれぞれ(1/2)倍して，1/2×1/2＝1/4 とする QCIF (Quarter CIF) もある．

## 1. メディアにおける画像信号

SIF[†1]：240 垂直画素×360 水平画素×30 P （PAL の場合，288 垂直画素×25 P）．

〔2〕 **PC などにおける画像表示フォーマット**　［水平×垂直］画素数の業界標準として，VGA，SVGA，などがある[†2]．静止画などファイルにも広く活用されている．

〔3〕 **映画とディジタルシネマ**　国際的に見ると，各種の画像方式の標準化に映画との関連の検討は欠かせない[†3]．24 コマ/s(24 P)を堅持しつつ空間解像度を大幅に向上させてきた歴史的経緯から，映画独特(film-like)の画風(ジャーキネス，ピクピクした感じ)を形成した．独特の映画画質論があり根強い愛好家を持つ．現在，［撮像→編集→配信→上映］システムを TV 技術により電子的に構成するディジタルシネマが進みつつある[†4]．

ちなみに，映画から 60 I の TV 信号への変換は，"2-3 プルダウン"による[†5]．

# 1.3　画像信号における輝度と色

基本的な TV 信号の周波数スペクトルの基礎，および，カラー画像を構成する(光の)三原色とその性質(これは測色学として古い伝統がある)や扱い方を知り[12]，さらに，ディジタル画像フォーマットや現行の TV 放送信号および実際の信号構成を学ぶ．

---

[†1] SIF(Source Input Format)：ITU 標準の水平，垂直それぞれ 1/2 である．CIF と異なり，NTSC や PAL との関連を考慮している．
[†2] VGA(Video Graphics Array)(640×480)，SVGA(Super VGA)(800×600)，XVGA(eXtended GA)(1 024×768)，SXVGA(Super XVGA)(1 280×1 024)，など．
[†3] 米国では映画が TV 番組源として極めて重要である．このため，米国の標準に 24 P が含まれている．
[†4] 映画の機械の機構的な制約もあって，空間解像度は極めて高く，時間解像度(コマ数)は低く，TV と比べると極端な差がある．電子化されたときこれを踏襲するのがよいのかは，別途検討の余地があろう．なお，ガンマ特性［5.1.2 項〔2〕参照］も関連する．
[†5] 図 1.4 に示すように，映画の 1 コマを TV の 2 フィールドと 3 フィールドに変換する．

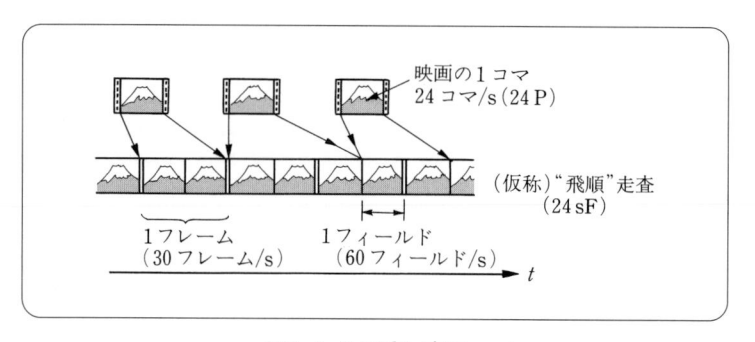

図 1.4　2-3 プルダウン

## 1.3.1 色の性質

**〔1〕加法混色と減法混色** カラー表示装置(ブラウン管など)で白い領域を虫眼鏡で拡大して見ると，R，G，Bがそれぞれ光っている．これは，3色を等しく加算すると白になるからである．このような色の混ぜ合わせを加法混色という［口絵1参照］．また，三原色の混合比から，各種の色が形成される［口絵2参照］．

一方，水彩絵の具の三原色を混ぜると黒くなる．絵の具が色を持つのは，照らされた白色光から，その色のみを反射して他を吸収するからで，混ぜると両方の色を吸収する．この結果，三原色を混ぜると全て吸収して黒になる．このような混色を減法混色という[†1]．

**〔2〕色の表現と等色** $e_r$, $e_g$, $e_b$ を3原色に対応する単位ベクトルとして，色 $C$ を

$$C = Re_r + Ge_g + Be_b \tag{1.1}$$

のようにベクトル和で表示できる．ここに $R$, $G$, $B$ は各色の明るさであり，その画像で表現できる最高の明るさを1.0とする．また，光に負はないから実用的には $\geq 0$ である[†2]．画像を三原色に分解した各色を口絵3および口絵4に示す．

**〔3〕XYZ系と色度** 全ての色をRGB系で表現すると，負の成分が現れる[†2]．これは不便なので，CIE[†3]では，次の行列変換でXYZ系を定義している[†4]．

$$\begin{bmatrix} X \\ Y \\ Z \end{bmatrix} = \begin{bmatrix} 2.77 & 1.75 & 1.13 \\ 1.00 & 4.59 & 0.06 \\ 0.00 & 0.06 & 5.59 \end{bmatrix} \begin{bmatrix} R \\ G \\ B \end{bmatrix} \tag{1.2}$$

このうち $Y$ は，人の明るさに対する視覚特性に合致するように実験的に決めたもので，白黒画像(モノクロ画像)に対応する．三つの係数を比較すると，視覚は緑 $G$ に最も敏感なことを示している．$X$ と $Z$ は，全ての色に対してこれらが負になることがないことなどを条件に，人為的に決められた．この $XYZ$ から色度 $(x, y)$ が次のように導かれる．

---

[†1] 減法混色における三原色(色の三原色)は赤青黄と言われているが，正しくは，黄(Ye=W−B=G+R)，シアン(Cy=W−R=G+B)，マゼンタ(M=W−G=R+B)である．たとえば，白色光W=[R+G+B]から青Bを引く(吸収する)と，黄(G+R)になる．デモソフト(まえがき参照)で確認されたい．このことから，黄を青Bの補色という．このほか，印刷ではスミ(黒)インクを用いる．印刷には黒白が多いこと，かつ，三原色の相互の位置の微妙なずれによる画質劣化を防ぐため，等による．

[†2] 測色学という学問体系では，色の加算を $C(C) = R(R) + G(G) + B(B)$ のように表現する．なお，$R$, $G$, $B$ の正の値では表現できない色もある．例えば，極めて純粋な青緑 $C_{bg}$ を作るには，赤成分 $R$ は負でなければならない．光の強さには物理的に負はあり得ないが，$C_{bg} + (-Re_r) = Ge_g + Be_b$ のように移項して考える．これは，「$C_{bg}$ とマイナスの負の赤($-R$．ただし物理的には正)の和が，$G$ と $B$ を加算したものと等色である」ということである．

[†3] 国際照明委員会(Commission Internationale de l'Eclairage)．

[†4] ここにあるRGBは，CIEで定義された三原色の物理的なエネルギーを表すものである．後述のTV信号系のRGBとは，原色の定義が異なるので，値をそのまま代入できない．さらに，TV系のRGBは，白色(無彩色)に対して，$R = G = B$ とし，かつ，使用される各々の環境での最大値を1.0としている．このように，両者の定義が異なるので，式の適用には注意されたい．

$$x = X/(X+Y+Z)$$
$$y = Y/(X+Y+Z)$$
(1.3)

$RGB$ や $XYZ$ の値は色の明るさに比例するが，$(x, y)$ は比であるから明るさに関係なく，色を表す．$(x, y)$ をプロットすると図 1.5 の xy 色度図 (chromaticity diagram) が得られる．実在する色は，この馬蹄形の中にある[†1]．三原色の組合せで表現できる色は，三原色を頂点とする三角形の中にある．その重心が白色である[†2]．TV 放送方式における三原色は実現できる蛍光物質などを考慮して決められたもので，CIE のそれとは若干異なる．

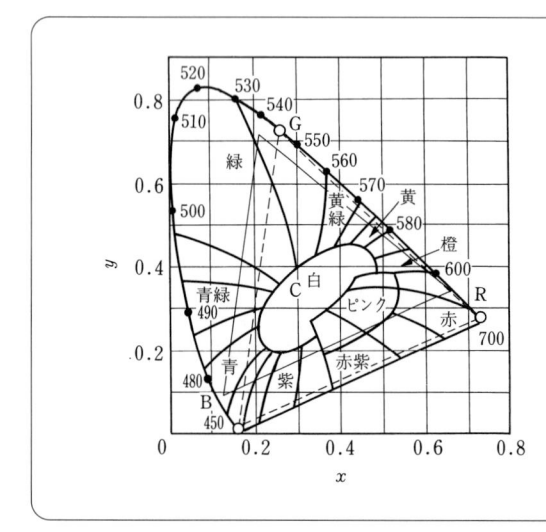

図 1.5　xy 色度図

## 1.3.2　PC などにおけるカラー画像

PC やいわゆるデジカメなどでカラー画像を表現する方法に，下記がある．

（1）フルカラー式：各画素の赤 R，緑 G，青 B を独立に表す[†3]．ビットマップともいう．

（2）カラーマップ（インデックス）式：カラーテーブル（またはパレット）という表を持ち，各番地によく現れる RGB の組合せを記憶しておく．使用の際にはこれを牽く[†4]．

（3）高能率符号化（データ圧縮）による方法：例えば JPEG[†3]（6.3.3 項参照）による．

---

[†1] 馬蹄形は，$x$ 軸，$y$ 軸，および直線 $x + y = 1$ で囲まれた三角形の内部にある．
[†2] 三原色は，TV 方式によって若干異なる．したがって，白も異なる．また，蛍光物質が製造業者や機種によって異なるため，現実の受像機の CRT や液晶表示などにおける三原色も，若干異なる．なお，実存する色に比べて RGB で実現できる色空間（上記3角形）は狭い．そこで，色再現性（表現できる色）の向上のため，RGB のほかに色を追加して色空間を拡げる試みがある．ただし，拡張された空間を R，G，B で表すと，負値 (p 13 脚注 2) や > 1.0（あるいは > 255）等となる．この規格 (bg-sRGB) もある．
[†3] RGB 各色を 8 ビットで表すと，$2^{24}$ (= 16 777 216) 色が表せる．full color (true color) という．
[†4] 例えば 8 ビットで指定すると 256 色が表せる．全ての色を，この（例）256 色のどれかで代表させる．

## 1.3.3 輝度/色差とディジタルフォーマット

**〔1〕 輝度と色差の意義**　かつてカラーTV放送が始まったとき，解像度はほとんど変わらないのに，白黒TV放送と同じ一つのチャネルで放送できた．ちょっと考えるとRGBごとの3チャネルが要りそうな感じがするが，なぜ1チャネルですむのだろうか．

このポイントは，R, G, Bからなるカラー画像信号を，輝度信号Yと，二つの色差信号へ変換することに始まる．輝度信号と色差信号では，視覚特性が大きく異なるので，分離することにより，それぞれに最適な処理が可能になる．

輝度信号Yは明るさの信号であり，白黒画像に対応する．RGBからの変換式はXYZ系のYと同様[†1]，視覚特性から実験的に決まる．

色差信号は，どの程度"色っぽいか"を表すもので，無彩色画像(白黒画像，$R = G = B$)からの差である．二つの色差信号の表し方には，伝統的なU, V[†2]（およびこの変形のI, Q）のほか，ディジタルTVでは下記の$C_b, C_r$がある．

$$\begin{bmatrix} Y \\ C_b \\ C_r \end{bmatrix} = \begin{bmatrix} Y \\ (B-Y)/1.772 \\ (R-Y)/1.402 \end{bmatrix} = \begin{bmatrix} 0.297 & 0.587 & 0.114 \\ -0.169 & -0.331 & 0.500 \\ 0.500 & -0.419 & -0.081 \end{bmatrix} \begin{bmatrix} R \\ G \\ B \end{bmatrix} \quad (1.4)$$

なお，通常の画像では，RGBの間の相互相関は意外に高く，冗長性がある．したがって，輝度信号と二つの色差信号に変換すると，冗長性を抑圧できる可能性がある．

**〔2〕 色に対する視覚特性**　図1.6に示すように，視覚の解像度特性は，輝度信号(明

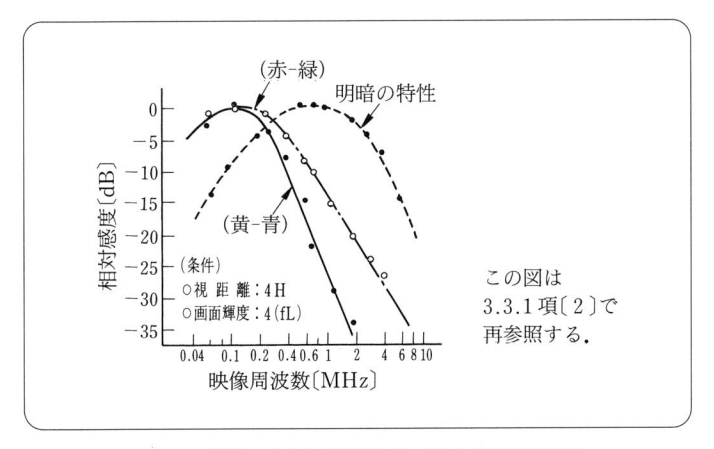

**図1.6 視覚の空間周波数特性の測定例** 文献は3章の6)

---

[†1] Yの式におけるRGB各係数は，XYZ系とNTSC系で若干異なるので注意されたい．
[†2] 伝統的なアナログTVでは，下記の二つの色差信号が用いられてきた．
$U = B - Y/2.03 = -0.147R - 0.289G + 0.436B$
$V = R - Y/1.14 = 0.615R - 0.515G - 0.100B$
さらにNTSC信号では，このU, Vを若干変換して，I, Qとしている(後述)．

**16**　　1．メディアにおける画像信号

暗)には高い(敏感である)が，色差信号は低い[†1]．視覚的な解像度はほぼ輝度信号で決まる[†2]．色差信号は狭帯域幅でよく，ディジタル伝送では標本値数は少なくてよい．

〔3〕**ディジタル画像フォーマット**　　画素値 $[Y, C_b, C_r]$ の標本値のとり方の比が **図1.7** のように標準化[11]されている[†3]．なお，従来からNTSC信号やPAL信号のディジタル化について定められた規格を，一部踏襲している[†4]．量子化レベルにも規定がある[†5]．

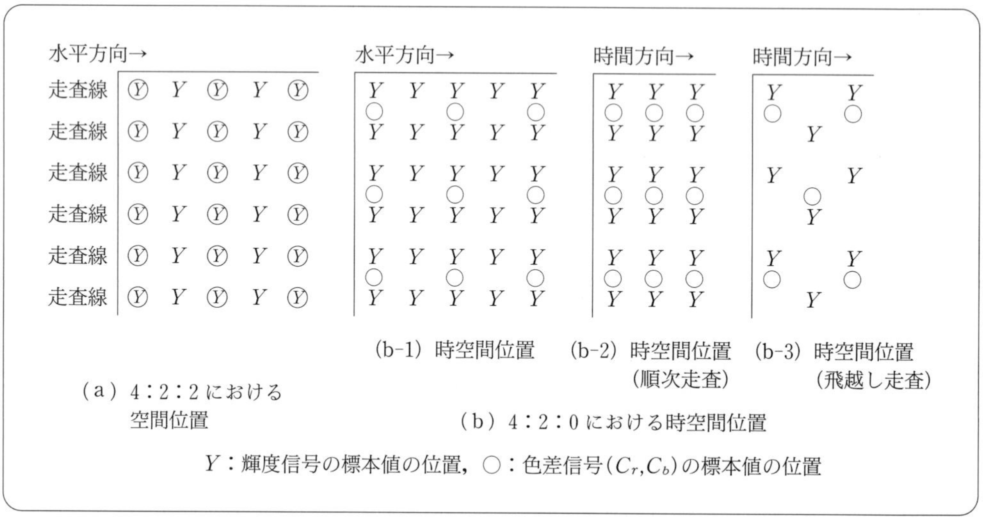

**図1.7　ディジタル画像フォーマット（MPEG2の場合）**[†1]

（1）4：4：4　　各画素(標本値)ごとに輝度信号と2個の色差信号がある場合[†6]．

（2）4：2：2や4：1：1　　通常の用途では色差信号の解像度は輝度信号に比べてが低くてよい．そこでまず，色差信号の標本値を水平方向に2：1に間引いて［4：2：2］，あるいは4：1に間引いて［4：1：1］の比でとる．

---

[†1] 3.3.1項〔2〕を参照されたい．
[†2] 例えば「塗り絵では，輪郭がしっかりしていれば色はにじんでもよい」ということである．また，空間解像度特性のほか，振幅方向の解像度(明暗差の弁別)でも差がある．
[†3] MPEG1では，色差信号の位置がMPEG2と若干異なっている．また，順次走査のみである．
[†4] CCIR勧告"601"：ディジタル機器の今後の広い普及のため，NTSC系と系とPAL系に共通の標本化周波数を設定するなどの目的で，国際規格が勧告された．現行アナログ系を対象とする規格であるから，同期期間も規格の対象となる．両系に共通の標本化周波数は13.5 MHzとする．
[†5] 量子化は8ビット直線とする．量子化レベルはスケーリングにより変形して
　　　$Y \leftarrow 219Y + 16$　　(輝度は16～235に存在する)
　　　$C_b \leftarrow 126(B - Y) + 128$　　(16～240)
　　　$C_r \leftarrow 160(R - Y) + 128$　　(16～240)
　　と表し，左辺は各々8ビットで表す．$Y, R, B$ は，0.0～1.0である．
[†6] 標準画像や重要記録画像などで採用される．［4：4：4］に限り，［$R:G:B$］でもよい．

(3) 4:2:0　　色差信号は，水平方向のみでなく垂直方向にも解像度は低くてよい．したがって，この方向についても間引く[†1]．実用的には最も広く用いられている．ただし，飛越し走査では垂直と時間が絡み，定義は極めて複雑である[†2]．

## 1.3.4　1次元スペクトルとアナログTV方式

アナログTV放送方式は現在も活躍しており，理解は欠かせない．1980年代にはNTSCおよびPALを基に発展が試みられ，特に前者の優れた潜在的能力が見直された．

〔1〕**白黒TV信号（輝度信号）のスペクトル**　　静止画像をTV走査したときの周波数スペクトルあるいはエネルギー分布を，図1.8によって調べよう．

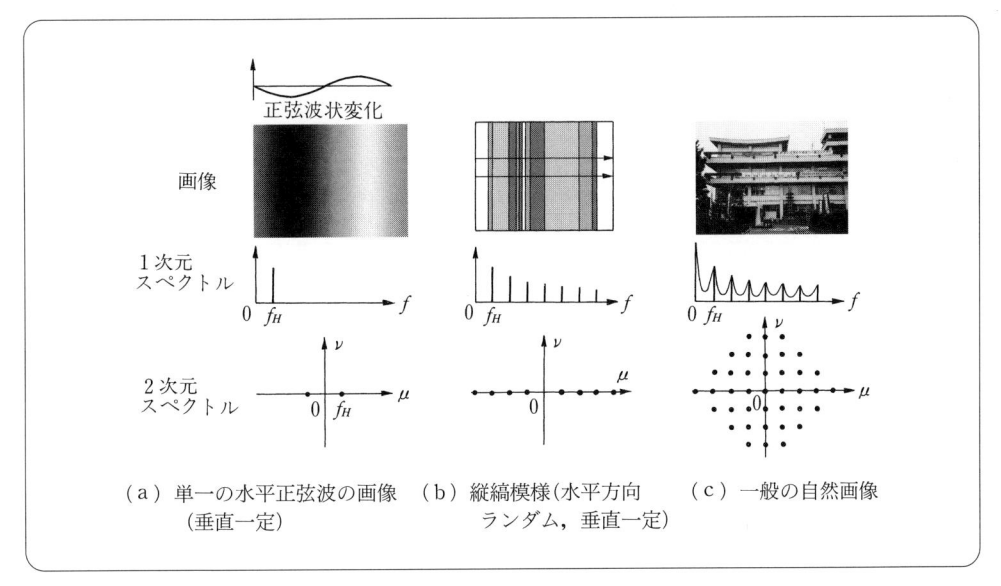

図1.8　TV信号（輝度信号）の周波数スペクトル

まず簡単な場合として，図(a)に示すように，水平方向に明暗の波（正弦波）が一つしかない場合，同期信号を無視すれば，走査された信号はこの正弦波の繰返しになる．したがって，信号は水平走査周波数 $f_H$（NTSC方式では 15.734 kHz）の正弦波のみからなる．

次に，図(b)のように縦縞のみからなる場合，$f_H$ とこれの整数倍の周波数（高調波）にのみ成分が存在する．このような特定の周波数のみの成分を輝線スペクトルという．

さらに図(c)のような自然画像の場合，やはり $f_H$ の高調波の成分が大きいが，その間の

---

[†1] 厳密には，4:2:0 ではなく，[420/402] というべきであろうか．この方が分かりやすい．
[†2] 垂直方向にも間引く結果，順次走査の場合は矛盾はないが，飛越し走査では，色差信号の時間についてのさらなる定義が必要である．ただし，現実のシステムでは扱いはあいまいなようである．

成分は小さく，谷間のように分布している[†1]．

以上を 2 次元周波数的に見ると[†2]，図(a)，(b)では，垂直方向に変化しないので成分は水平周波数 $\mu$ 軸上にのみ存在する．図(c)では，2 次元周波数領域で垂直周波数 $\nu$ の成分を持つ．上記の谷間の成分は画像の斜め成分に対応し，$\mu$ 軸上以外に存在する成分である．

〔2〕 **NTSC 方式の概要**　米国で，白黒 TV が 1941 年に制定され，さらにそのカラー化が，種々の興味深い経緯[†3]を経て，1953 年に制定された．その後，日本などでも採用された．白黒 TV 放送からカラー TV 放送へのスムースな移行を考え，両者の両立性に最大ポイントがある．特に，色信号の多重化に特徴がある．主な仕様は下記の通りである．

［水平：垂直］（アスペクト）比＝4：3

フレーム数：30/s（厳密には，29.97），フィールド数；60/s（同，59.94），

走査線数：垂直同期を含めて 525 本，有効走査線（画面）：480 本（483 本），

(a) RGB から YIQ への変換

(b) 複合色信号への変換（周波数多重）

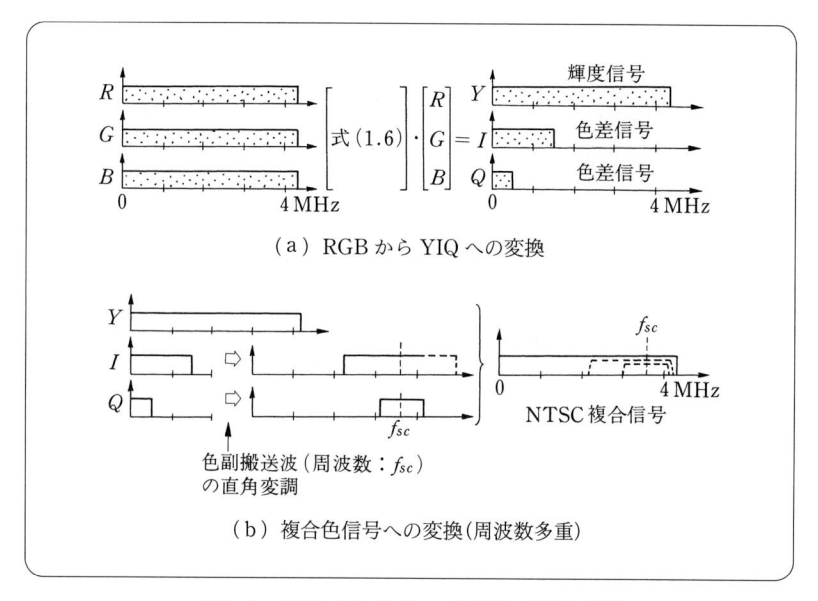

**図 1.9　RGB から YIQ への変換と周波数多重**

---

[†1] 自然画像の中の建造物や樹木などに垂直の要素が多いため，図(b)に近い状況になる．斜め成分の条件の一つは，すぐ上の走査線と信号の位相が逆であることである．これは，これら 2 本の走査線に奇数個の正弦波が存在することでもある．したがって，この成分の周波数は，$(2n+1)f_H/2 = (n+1/2)f_H$ である．これは上記の谷間に対応する．

[†2] 2 次元周波数や 2 次元スペクトルは 2 章で学ぶので，簡単に触れる．学習後，再読されたい．
図 1.8(a)(b)では，マクロに見ても輝線スペクトルであるが，図(c)の場合も 1 次元でミクロに見れば輝線スペクトルである．これは，2 次元スペクトルで点として表現されていることに対応する．撮像対象に動きがあると，このスペクトルがボケる．

[†3] 米国では，1950 年に両立性のない方式（CBS 方式）に決まったが，朝鮮動乱で受像機の生産が禁止された．鎮静後，改めて議論され，両立性のある RCA 提案方式（現在の NTSC 方式）に決まった．

色差信号：色によって視覚の解像度特性が異なるとして，$\theta = 33°$ 回転させる[†1]．

$$\begin{bmatrix} I \\ Q \end{bmatrix} = \begin{bmatrix} \cos\theta & -\sin\theta \\ \sin\theta & \cos\theta \end{bmatrix} \begin{bmatrix} (R-Y)/1.14 \\ (B-Y)/2.03 \end{bmatrix} = \begin{bmatrix} 0.60R - 0.28G - 0.32B \\ 0.21R - 0.52G + 0.31B \end{bmatrix} \quad (1.5)$$

そして，I 信号には 1.5 MHz，Q 信号には 0.5 MHz の帯域幅を与える[†2]．これを**図 1.9**（a）に示す．これら色差信号を輝度信号に多重する．

〔3〕 **色差信号の多重** 既に輝度信号の存在すると思われる周波数領域に，なぜ，多重化できるのだろうか．結論的には，NTSC カラー TV 方式は，白黒 TV 信号（輝度信号）の

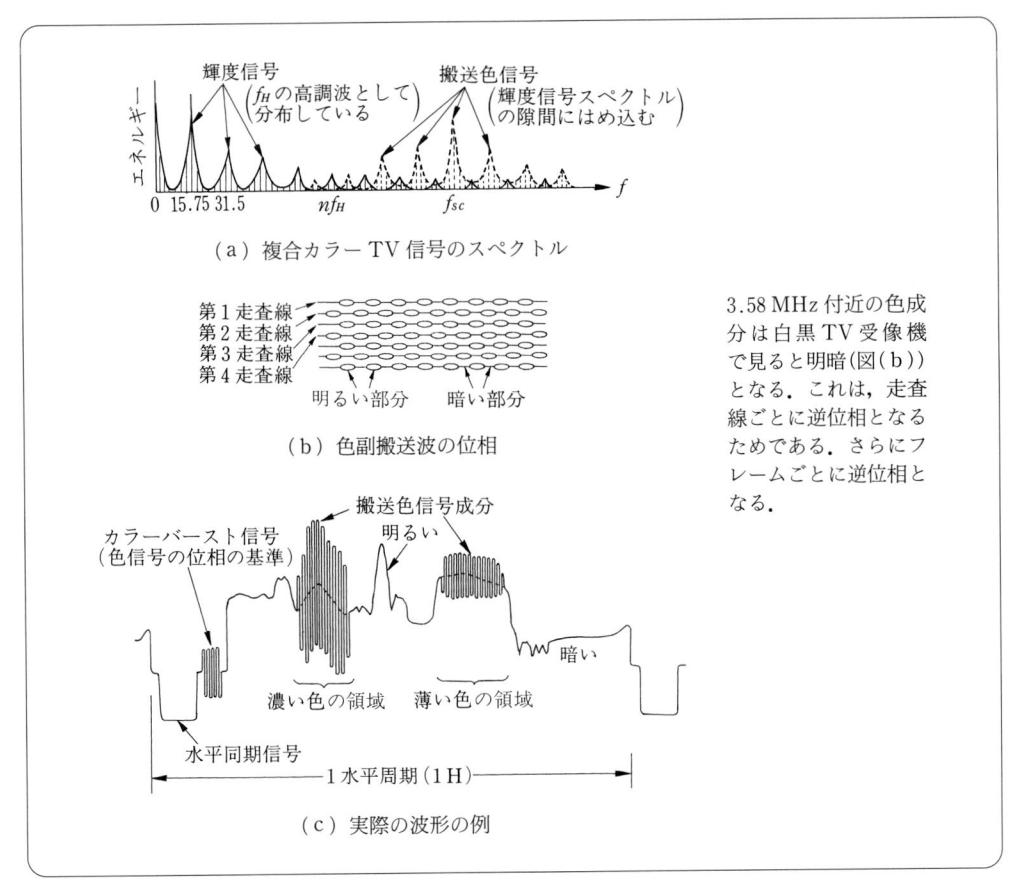

**図 1.10 複合カラー TV 信号**

---

[†1] YIQ をまとめて，下記の行列で表される．ただし，厳密には，$R, G, B$ はガンマ補正という非線形変換を施した信号である（通常，$R', G', B'$ と表記する）[5.1.2 項〔2〕参照]．

$$\begin{bmatrix} Y \\ I \\ Q \end{bmatrix} = \begin{bmatrix} 0.30 & 0.59 & 0.11 \\ 0.60 & -0.28 & -0.32 \\ 0.21 & -0.52 & 0.31 \end{bmatrix} \begin{bmatrix} R \\ G \\ B \end{bmatrix}, \quad \begin{bmatrix} R \\ G \\ B \end{bmatrix} = \begin{bmatrix} 1 & 0.96 & 0.63 \\ 1 & -0.28 & -0.64 \\ 1 & -1.11 & 1.72 \end{bmatrix} \begin{bmatrix} Y \\ I \\ Q \end{bmatrix} \quad (1.6)$$

[†2] 放送局ではこれらの帯域幅を遵守しているが，現実の受像機では，$R$-$Y$, $B$-$Y$ の軸で，かつ，帯域幅 0.5 MHz で復調している [3.3.1 項脚注参照]．

スペクトルの隙間に色信号を周波数多重する[†1]．他の工夫と相まって，両立性を確保できる．ここでは，従来の説明方法に従って，1次元周波数領域で述べる．

輝度信号のエネルギー分布は，図1.8に示した通り，水平走査周波数 $f_H$（=15.734 kHz）の整数倍の間 $(n+1/2)f_H$ 付近は谷間になっている．この成分は視覚的に重要でないと考え，ここに色差信号を周波数多重する．これを図1.9(b)，**図1.10**に示す．実際には周波数 $f_{sc} = (227 + 1/2)f_H$ の搬送波（色副搬送波という）を変調する．ちなみに

$$f_{sc} = 15.734\cdots \text{kHz} \times 227.5 = 3.579\cdots \text{MHz}（普通，3.58\,\text{MHz}と呼ぶ） \quad (1.7)$$

である．ただし，この場所に2種の色差信号を送る必要がある．そこで，この副搬送波を，下式のように[†2]，二つの位相で変調する．これを直角(直交)変調という．

$$\begin{aligned}E &= Y + I\cos(2\pi f_{sc}t + 33°) + Q\sin(2\pi f_{sc}t + 33°) \\ &\fallingdotseq Y + 0.493(B-Y)\sin(2\pi f_{sc}t) + 0.877(B-Y)\cos(2\pi f_{sc}t)\end{aligned} \quad (1.8)$$

このように，輝度信号と色差信号を多重化した信号を複合カラーTV信号という（≒としたのは，$I$ と $Q$ の帯域幅が異なるからである）[†3]．実際の波形の例を図(c)に示す．

この種の方式を考えるときには，過渡期において既存の方式（この場合は白黒TV方式）への妨害を低く抑える必要がある．人間の視覚系では，大面積領域が例えば30 Hzで点滅するとフリッカ(大面積フリッカ)となるが，幸い，小面積では目立たない．上記による色差信号の周波数多重では，上下の走査線の間では，色搬送波の位相が逆である．さらに，フレーム当りの走査線数が奇数であることから，1/30秒ごとに位相が逆になる．この結果，多重したことによる妨害が空間的，時間的に相殺され，最小限度に抑えられる．

〔4〕 **NTSC方式の問題点** 飛越し走査に起因するものと，色差信号を周波数多重したことによるものとがある．1980年代，3次元周波数領域の解析の進展により解明され，半導体メモリの発展とあいまって，IDTV(ImproveD TV)受像機として普及した[†4]．

〔5〕 **PAL方式の概要** 西独で開発され，主に西欧で使われている[†5]．フレーム周波数(25 Hz)，走査線数(625本)，色の周波数多重方法などが，NTSC方式とは異なる[†6]．

---

[†1] 色として復調する方法については2.5.6項で詳しく述べる．クロスカラーなどが起きる．
[†2] なぜか，弧度法を混在して表記する習慣がある．
[†3] 直角変調された信号からは，包絡線検波(ラジオなどで行われている簡易形の復調方法)では復調できないが，同期検波[2.4節参照]なら復調できる．このためには参照基準となる色副搬送波を復調側で持っている必要がある．そこで，水平同期信号の後に短期間の位相同期(カラーバースト信号)を挿入して，これを基に復調側で色副搬送波を再生する．$I$ と $Q$ による直角変調によって得られた搬送色信号の位相と，バースト信号の位相の間の関係が，色相(色度とほぼ同様)を決める．
[†4] (第1世代)クリアビジョン受像機という愛称もある．2.2.4項〔5〕及び2.5.6項〔5〕で述べる．
[†5] このほかSECAMがある．走査線数，フレーム数，フィールド数は同じだが，色信号の送り方が異なる．
[†6] NTSC方式では二つの色差信号の位相関係は固定して直角変調を行うが，PALでは，$(B-Y)$ 信号の位相のみを固定し，$(R-Y)$ 信号は走査線ごとに位相を反転して，それぞれ直角変調する．これがPALの語源である．受信側では，±によって復調できるので，回線の特性の変動に強い(耐えられる)特徴がある．PAL方式のフィールド数の少なさによるフリッカに関しては，2.2.4項〔6〕参照．

理 解 度 の 確 認    *21*

## 本章のまとめ

❶ メディアとしての画像の重要性：情報家電やディジタルメディア(1.1.1項〔2〕)．
❷ ［ディジタル信号処理によるアナログTV］と［ディジタルインタフェースに基づくディジタルTV］(1.1.1項〔3〕)．
❸ 多次元信号処理に基づくTV信号処理：垂直(走査線)遅延や時間(フレーム)遅延を単位遅延とする2次元や3次元ディジタル信号処理(1.1.3項〔1〕)．
❹ ［音響と音声］の関係に対応するものは：［画像と顔］か？(1.1.4項)．
❺ 順次/飛越し/"飛順"走査：フリッカ，他フィールドの隣接走査線との演算の意義や難易さなどに大きな差がある(1.2.1項)．
❻ 画像フォーマット：ITU-R BT 601，CIF(QCIF)，SIF(1.2.2項〔1〕)．
❼ 色：加法/減法混色，等色，RGB系，$YC_rC_b$系，XYZ系，色度(1.3.1項〔2〕)．
❽ 輝度/色差信号，ディジタル画像フォーマット：［4:4:4］〜［4:2:0］(1.3.3項)．
❾ TV信号(輝度信号)のスペクトル：山(水平走査周波数$f_H$の整数倍)は縦縞模様に対応し，その間の谷は斜め成分に対応する．(1.3.4項〔1〕)
❿ NTSC複合カラーTV方式：［輝度信号］＋［振幅変調多重化する色差信号］(1.3.4項〔2〕)．

●理解度の確認●

問1.1 これまでスーパーコンピュータからパーソナルコンピュータ(PC)へと進んだ情報技術のさらに次の世代として，情報家電やディジタルメディアの役割や，その中に占める画像・メディア工学の立場について考察せよ．

問1.2 アナログTVとディジタルTVの定義の考え方は何か，二つを上げよ．通常の定義ではアナログであるが，ある定義ではディジタルであるものの例を挙げよ．

問1.3 TVにおける多次元信号処理とは何か．この構成に必須のデバイスは何か．

問1.4 飛越し走査TVカメラで撮られたフレーム信号から1枚の写真を作りたい．1フレームからそのまま作る場合，どんな問題が起きるか．飛越し走査として機器に両立性のある条件でこの問題を解決するにはどうすればよいか．

問1.5 奇数走査線は白，偶数走査線は黒という画像を電子的な手段で作った．これを飛越し走査で表示すればどうなるか．また，遠くから見ればどうなるか．

問1.6 TV信号(白黒TV信号，またはカラーTV信号の輝度信号)の(1次元)周波数スペ

クトルでは，通常，水平周期 $f_H$ の整数倍の所に強い成分がある．これは何によるものか．これらの谷間にある成分は何に対応するか．

**問 1.7** 複合カラー TV 信号を白黒 1 チャネルに収めるための工夫を述べよ．収めるためにどのような情報を失ったか(通常の 2 次元的な考え方で可)．

**問 1.8** 図 1.10(c) で，色の情報(赤とか青とか黄緑とか)は何を基にして得られるか．

**問 1.9** TV 信号の RGB の値でそのまま印刷したら，白い領域はどうなるか．

**問 1.10** 1.3.2 項および 1.3.4 項脚注の行列(RGB → $YC_bC_r$ あるいは YIQ)において，一つの色差信号に対応する行の和が 0 となることを確認し，そうなる理由を述べよ．

**問 1.11** NTSC 信号周波数多重化された色信号はフレームごとに打ち消し合うことを位相関係と走査線の数から説明せよ．静止領域において，連続する 2 フレームの和と差は何になるか．

# 2 画像信号解析の基礎と応用

［水平-垂直］の 2 次元信号や，［水平-垂直-時間］の 3 次元信号である画像信号を解析するのに必要な手法を述べる．この基本は，周波数とフーリエ変換にある．なお，一般的な 1 次元の場合については，通信路論やディジタル信号処理で学習済みであると思われるので，用語の整理程度のとどめ，特に画像に必要な 2 次元や 3 次元信号解析の手法を述べる．

## 2.1 フーリエ変換と周波数スペクトル

　画像信号の多次元信号処理を理解する第一歩は，2次元や3次元の多次元周波数から始まる．従来の1次元の信号処理との一番の違いはこの点にあるからである．

### 2.1.1　周 波 数 と は

〔1〕**1次元周波数**　なじみの深い時間領域で単一の周波数からなる1次元信号

$$g(t) = \cos\{2\pi\phi(t)\} = \cos(2\pi ft) \tag{2.1}$$

について考えてみようa),b)．ここに $f$ は1次元周波数である．一般に周波数とは1秒間の波の数であるが，瞬間的には，位相 $2\pi\phi(t)$ と周波数との間には下式の関係がある[†1]．

$$\partial \phi(t)/\partial t = \partial (ft)/\partial t = f \tag{2.2}$$

　周波数は，後述するフーリエ変換との関係で考えると分かりやすい．三角関数は，オイラーの公式としてよく知られているように，例えば下式のように書ける．

$$\cos(2\pi ft) = \{\exp(2\pi jft) + \exp(-2\pi jft)\}/2 \tag{2.3}$$

このように，周波数は正の $f$ のみでなく，$f$ と $-f$ の両方を持つと考える．

〔2〕**2次元信号と2次元周波数**　上記の1次元信号を2次元に拡張してみよう．式(2.1)の時間 $t$ を位置 $(x, y)$ に置き換え，1次元における周波数 $f$ を，水平周波数 $\mu$ と垂直周波数 $\nu$ からなる2次元周波数に置き換える．そして，1次元信号 $g(t) = \sin(2\pi ft)$ を

$$g_{\mu,\nu}(x, y) = \sin 2\pi(\mu x + \nu y) \tag{2.4}$$

のように2次元信号に拡張する[†2]．具体例として，$(\mu, \nu)$ として，$(1, 0)$ を代入すると

$$g_{1,0}(x, y) = \sin(2\pi x) \tag{2.5}$$

となる．これは，**図 2.1**(a-1)に示すように，水平方向の周波数 $\mu = 1$，垂直周波数 $\nu = 0$（直流）の2次元周波数からなっている．同様に，$(\mu, \nu)$ に，$(0, 2)$ や $(1, 2)$ を代入して

---

[†1]　本書では，角周波数 $\omega$ ではなく，$2\pi f$ で統一した．フーリエ逆変換の便などを考えたためである．
　　　また，sin と cos は位相 $\pi/2$ のみの差であるから，説明や図示の都合で適宜使い分ける．
　　　また，印刷の都合上，多くの場合，$\varepsilon^x$ は $\exp(x)$ と記す．
[†2]　通常の周波数の定義は，cycle/s である．空間周波数では，cycle/(視覚の1°)や，cycle/単位長，などの場合が多い．特に TV 画像では，垂直周波数は，cpH(cycle per height)の場合が多い．水平方向は走査した電気信号で表すことが多い．例えば NTSC 信号の最高周波数 4.2 MHz である．

(a-1) $g_{1,0}(x, y) = \sin(2\pi x)$

(a-2) $g_{0,2}(x, y) = \sin\{2\pi(2y)\}$

(a-3) $g_{1,2}(x, y) = \sin\{2\pi(x+2y)\}$

(b) 2次元周波数 $(\mu, \nu)$

(c) 2次元信号の，2次元周波数への配置

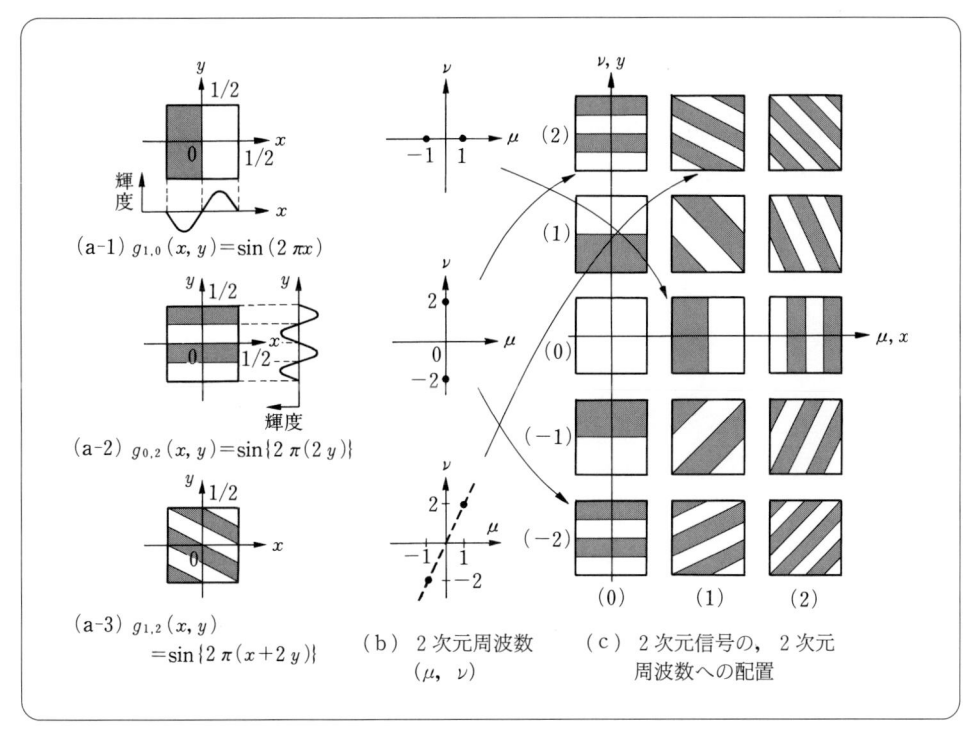

**図2.1** 2次元信号と2次元周波数（口絵5に示すように，本来は中間調画像である）

$$g_{0,2}(x, y) = \sin 2\pi(2y) \tag{2.6}$$

$$g_{1,2}(x, y) = \sin 2\pi(x + 2y) \tag{2.7}$$

を得る．これらを図2.1(a-2)，(a-3)に示す．図(b)には$(\mu, \nu)$をそれぞれプロットした．

1次元周波数の場合と同じ理由により，2次元周波数の場合にも，$[\mu, \nu]$に対して原点に対称な周波数成分$[-\mu, -\nu]$が存在する．なぜなら

$$\cos 2\pi(\mu x + \nu y) = \{\exp 2\pi j(\mu x + \nu y) + \exp 2\pi j(-\mu x - \nu y)\}/2 \tag{2.8}$$

と表されるからである．

〔3〕 **2次元空間と2次元周波数のベクトル表示**[†1] ここで，周波数と空間位置を

$$\boldsymbol{f} = [\mu, \nu], \quad \boldsymbol{x} = [x, y] \tag{2.9}$$

とベクトル表示すると，$\boldsymbol{fx}^T$を内積（スカラ積）として，式(2.4)と式(2.8)はそれぞれ

$$g_{\mu,\nu}(x, y) = \sin 2\pi(\mu x + \nu y) = \sin(2\pi \boldsymbol{fx}^T) \tag{2.10}$$

$$\cos(2\pi \boldsymbol{fx}^T) = \{\exp(2\pi j \boldsymbol{fx}^T) + \exp(-2\pi j \boldsymbol{fx}^T)\}/2 \tag{2.11}$$

---

[†1] 2次元に限らず，後述の3次元の場合にも成り立つ．3次元の場合，$\boldsymbol{f}$, $\boldsymbol{x}$ は下記の通りである．
$\boldsymbol{f} = [\mu, \nu, f]$（3次元周波数）， $\boldsymbol{x} = [x, y, t]$（3次元時空間）
これらは，単に周波数の表示のみでなく，多次元フーリエ変換(2.1節)，多次元標本化(2.2節)，多次元変調(2.4節)の場合にも関連性の理解に成り立つ．後述のフーリエ変換の場合
$d\boldsymbol{x} = dx\,dy$, $d\boldsymbol{f} = d\mu\,d\nu$（2次元の場合）， $d\boldsymbol{x} = dx\,dy\,dt$, $d\boldsymbol{f} = d\mu\,d\nu\,df$（3次元）
とベクトル表示すれば，2次元，3次元フーリエ変換の場合も1次元と同様の式の形になる．

などのように表せ，1次元の場合と類似の式になる．ここに，$[\cdot]^T$ は転置行列．

〔4〕 **サーキュラーゾーンプレート（CZP）と応用**　式(2.5)，(2.6)，(2.7)の2次元信号を，その2次元周波数$(\mu, \nu)$と同じ2次元位置$(x, y)$にプロットし，図2.1(c)に示す．このピッチを細かくすると**図2.2**のようになる[1]．これを CZP という[†1]．

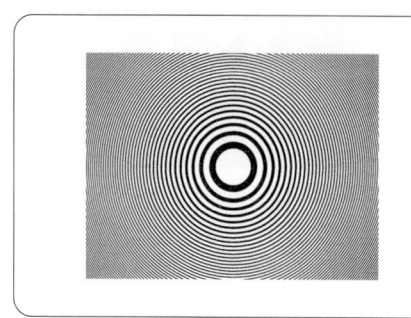

図2.2　サーキュラーゾーンプレイト（CZP）

市販されているテストチャートにはこのような白黒2値画像が多い．2値のため奇数次高調波が発生する．本来は**口絵7**に示す中間調画像である．

結論的に，この CZP 画像を式で表すと下式となる．

$$g(x, y) = \cos 2\pi \phi(x, y) = \cos[\pi(x^2 + y^2)] + 1 \tag{2.12}$$

一般に，2次元周波数は，1次元の場合から推察されるように

$$\mu = \partial \phi(x, y)/\partial x, \quad \nu = \partial \phi(x, y)/\partial y \tag{2.13}$$

と表される．CZP では，$g(x, y)$ の位置 $(x, y)$ における2次元周波数 $(\mu, \nu)$ が，$(x, y)$ であるという極めて興味ある結果が得られる．このことを利用して，CZP は，各種の TV 機器や方式の2次元周波数特性を直視するテストチャートとして，研究開発や製品テストに広く用いられている[†2]．応用例を**図2.3**に示す[1]．

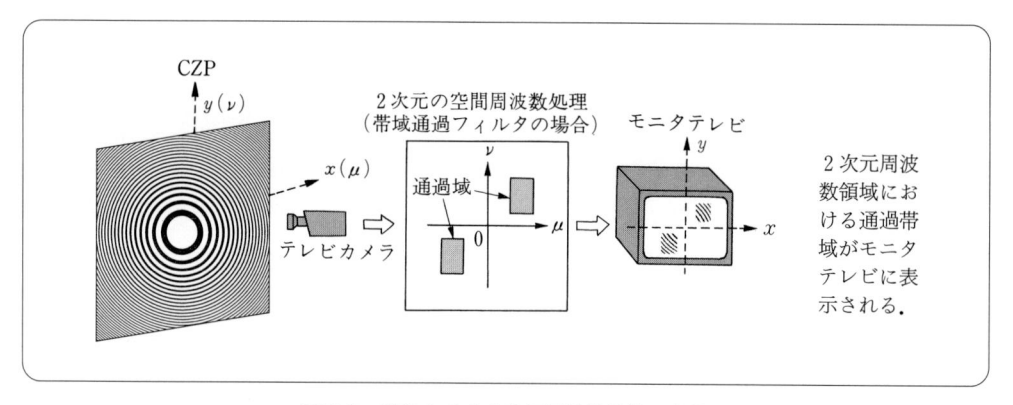

図2.3　CZP による2次元周波数特性の直視

[†1] CZP：Circular Zone Plate．光学の分野では干渉縞，あるいは，Newton Ring として古くから親しまれている．ほかにも Zone Plate と称するパタンがある．
[†2] 第1.3.4項〔3〕や図1.10(a)に示したように，NTSC の色成分は輝度のスペクトルの谷間（斜め成分）に挿入される．これは2次元周波数ではどうなるか，CZP を参照して考えてみよう．結果は2.4.2項〔1〕や図2.4に示される通りである．

〔5〕 **3次元周波数と3次元信号** 前記の1次元信号や2次元信号(水平,垂直)を拡張して,時間方向[†1]を加えた3次元周波数を考えよう.動画像を扱うときに必須である.

図2.4に,[水平方向 $x$,垂直方向 $y$,時間方向 $t$] の3次元信号を示す.

図2.5には,[水平周波数 $\mu$,垂直周波数 $\nu$,時間周波数 $f$] の3次元周波数を示す.

2次元周波数の場合と同じ理由により,3次元周波数の場合にも,[$\mu$, $\nu$, $f$] に対して原点に対称な周波数成分 [$-\mu$, $-\nu$, $-f$] が存在する.なぜなら

$$\cos 2\pi(\mu x + \nu y + ft) = \{\exp 2\pi j(\mu x + \nu y + ft) + \exp 2\pi j(-\mu x - \nu y - ft)\}/2 \quad (2.14)$$

$$\cos 2\pi f\boldsymbol{x}^T = \{\exp(2\pi j f\boldsymbol{x}^T) + \exp(-2\pi j f\boldsymbol{x}^T)\}/2 \quad (2.15)$$

と表されるからである.

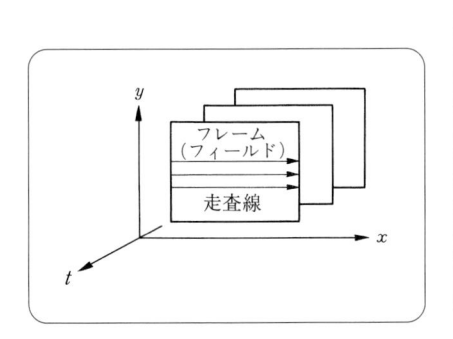

図2.4 3次元信号 [水平 $x$ - 垂直 $y$ - 時間 $t$]

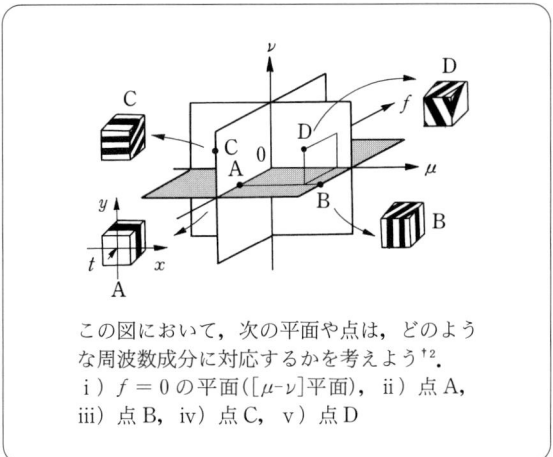

図2.5 3次元周波数 [水平周波数 $\mu$ - 垂直周波数 $\nu$ - 時間周波数 $f$][†3]

この図において,次の平面や点は,どのような周波数成分に対応するかを考えよう[†2].
ⅰ) $f=0$ の平面([$\mu$-$\nu$]平面),ⅱ) 点A,ⅲ) 点B,ⅳ) 点C,ⅴ) 点D

この対称性のほか,特定の動きに対して特定の3次元周波数スペクトルが生ずる[†4].特に興味深いのは,〔6〕に述べる「平行移動する画像」の3次元スペクトルである.

〔6〕 **3次元周波数特性の理解と直視** 3次元信号処理が発展するにつれ,この特性の直視が望まれる.この目的に対し,CZPを平行移動(往復運動,To-and-Fro 運動)させることにより直視する方法がある[1].これを TFZP(To-and-Fro Zone Plate)ともいう.3次

---

[†1] 時間周波数の単位は,cycle/s である.
[†2] 図2.5の解:(ⅰ) 各種周波数成分を有する静止画像,(ⅱ) 平坦な画像が(ある時間周波数で)変化する場合,(ⅲ) 縦縞模様が変化する場合,(ⅳ) 横縞模様が変化する場合,(ⅴ) 斜め縞が変化する場合.
[†3] このほか,SZB(Spherical Zone Ball)という表示法が提案された.CZPを軸を中心に回転させた球であり,3次元周波数が直感的に理解できる(2003映情年大,No.2-5).
[†4] 例(静止物体への照明が周波数 $f_0$ で正弦波的に変化する場合) その画像信号は
$$f(x, y, t) = a(1 + \cos(2\pi f_0 t)) \cdot g(x, y)$$
と表される(照度が負になることはありえないから,1を加えた).この3次元フーリエ変換は
$$F(\mu, \nu, f) = (a/2)[\delta(f - f_0) + 2\delta(f) + \delta(f + f_0)] \cdot G(\mu, \nu) \quad (2.16)$$
すなわち,$f=0$,$\pm f_0$ の3枚の平面にスペクトル $G(\mu, \nu)$ が存在する.

元信号処理の特徴である剛体の移動[†1]とも関連が深く，理解を助ける．

図2.6(a)の3次元フィルタ(飛越し走査における信号通過帯域)の例では，中央の横向き斜め四角柱が通過帯域である．一方，TFZPの周波数スペクトルは，式(2.20)のように図中縦線の $u\mu + f = 0$ の平面に存在し，上記四角柱に含まれる断面のみが通過する．CZPの速度を変えるとCZPの現れる領域が変化し，3次元フィルタ特性を直視できる．

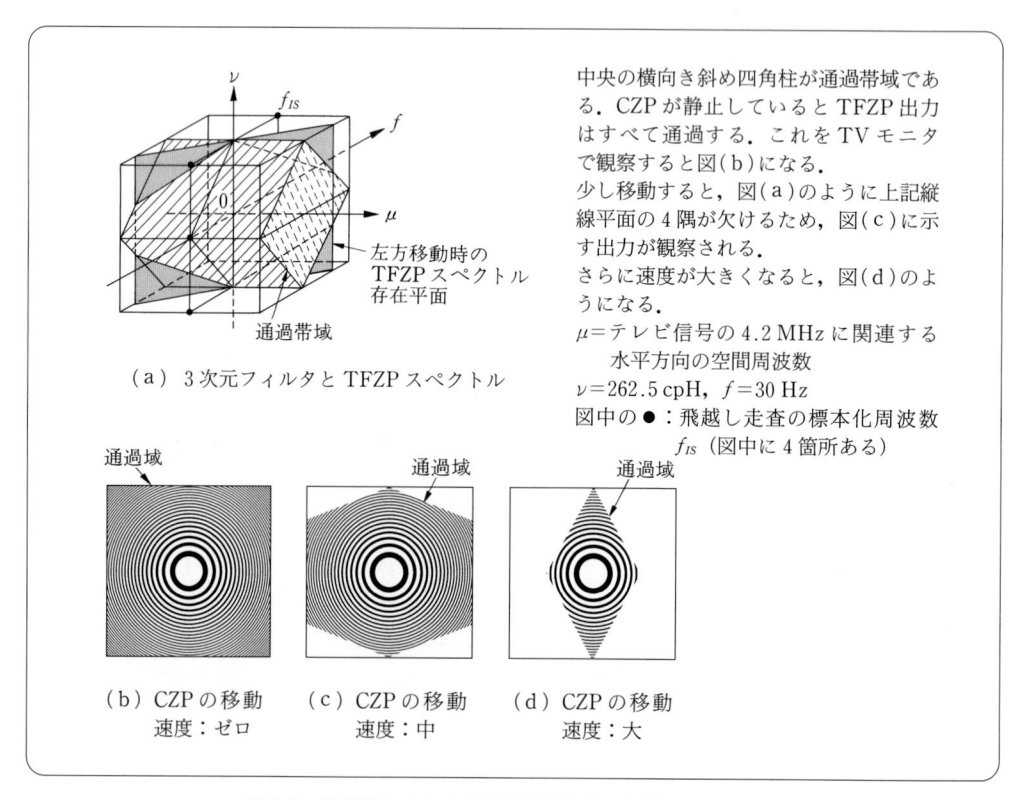

中央の横向き斜め四角柱が通過帯域である．CZPが静止しているとTFZP出力はすべて通過する．これをTVモニタで観察すると図(b)になる．
少し移動すると，図(a)のように上記縦線平面の4隅が欠けるため，図(c)に示す出力が観察される．
さらに速度が大きくなると，図(d)のようになる．
$\mu$＝テレビ信号の4.2 MHzに関連する水平方向の空間周波数
$\nu$＝262.5 cpH, $f$＝30 Hz
図中の●：飛越し走査の標本化周波数 $f_{IS}$ (図中に4箇所ある)

(a) 3次元フィルタとTFZPスペクトル

(b) CZPの移動 速度：ゼロ
(c) CZPの移動 速度：中
(d) CZPの移動 速度：大

図2.6 TFZPによる3次元周波数特性の画像としての直視

---

[†1] 平行移動する画像の3次元スペクトル[b]：実際のTV信号では，物体の平行移動の場合が多い．
2次元画像 $f(x, y, t)$ が，速度 $(u, v)$ で移動する場合の画像信号は
$$f(x, y, t) = g(x - ut, y - vt) \tag{2.17}$$
と表される．$f(x, y, t)$ の3次元フーリエ変換を $F(\mu, \nu, f)$，また，$g(x, y)$ の2次元フーリエ変換を $G(\mu, \nu)$ とすれば(結果のみ)
$$F(\mu, \nu, f) = G(\mu, \nu) \cdot \delta(u\mu + v\nu + f) \tag{2.18}$$
が得られる．この $\delta(\cdot)$ は，1次元デルタ関数である．この関数の定義から，平行移動する画像の3次元周波数スペクトルは，原点を通る平面
$$u\mu + v\nu + f = 0 \tag{2.19}$$
に存在する．水平移動のときは $\nu = 0$ であるから
$$u\mu + f = 0 \tag{2.20}$$
の平面になる．[$\mu$-$\nu$] 平面への射影は $G(\mu, \nu)$ である．これらは実用的にも重要である．
3次元周波数特性は2次元特性に比べれば抽象的である．TFZPは，これと関連付けて特性が直観的に理解できる．なお，この[6]はかなり難解なので飛ばしても構わない．

## 2.1.2 フーリエ変換と周波数スペクトル

信号の理解や解析にフーリエ変換(Fourier transform)は基本的手段である．これを2次元や3次元に拡張するが，用語や定義の確認のため1次元の場合に若干触れておく．

**〔1〕 1次元フーリエ変換**　　1次元信号 $g(t)$ のフーリエ変換 $G(f)$ は

$$G(f) = \int_{-\infty}^{\infty} g(t) \exp(-2\pi jft) dt \tag{2.21}$$

と定義される[†1]．ここに，$t$ は例えば時間，$f$ は周波数である．$G(f)$ は複素振幅スペクトルともいう．逆に，$G(f)$ が与えられると，次式に定義する逆フーリエ変換により，$g(t)$ を求めることができる．この $g(t)$ と $G(f)$ をフーリエ変換対という．

$$g(t) = \int_{-\infty}^{\infty} G(f) \exp(2\pi jft) df \tag{2.22}$$

$g(t)$，$G(f)$ の関係を表すのに，下記の表現がよく用いられる．

$$\mathcal{F}\{g(t)\} = G(f), \qquad \mathcal{F}^{-1}\{G(f)\} = g(t) \tag{2.23}$$

$G(f)$ は，複素振幅スペクトルの名の通り，$g(t)$ の位相を含めた周波数スペクトルを表す．このフーリエ変換はもとより，これを基にした離散フーリエ変換と高速フーリエ変換なども，後述の2次元や3次元のフーリエ変換に，ほぼそのまま展開できる．

**〔2〕 2次元フーリエ変換**　　画像など2次元関数を $g(x, y)$ とするとき，1次元フーリエ変換，逆変換を次のように2次元に拡張する．

$$
\begin{aligned}
G(\mu, \nu) &= \iint_{-\infty}^{\infty} g(x, y) \exp\{-2\pi j(\mu x + \nu y)\} dx dy \quad \text{あるいは} \\
G(\boldsymbol{f}) &= \iint_{-\infty}^{\infty} g(\boldsymbol{x}) \exp(-2\pi j \boldsymbol{f} \boldsymbol{x}^T) d\boldsymbol{x}
\end{aligned}
\tag{2.24}
$$

$$
\begin{aligned}
g(x, y) &= \iint_{-\infty}^{\infty} G(\mu, \nu) \exp\{2\pi j(\mu x + \nu y)\} d\mu d\nu \quad \text{あるいは} \\
g(\boldsymbol{x}) &= \iint_{-\infty}^{\infty} G(\boldsymbol{f}) \exp(2\pi j \boldsymbol{f} \boldsymbol{x}^T) d\boldsymbol{f}
\end{aligned}
\tag{2.25}
$$

2次元フーリエ変換 $G(\mu, \nu)$ は，1次元フーリエ変換から推察されるように，2次元複

---

[†1] 1次元フーリエ変換の性質：
$\mathcal{F}\{g(t-a)\} = \exp(-2\pi jaf)G(f)$　（座標軸移動）　　$\mathcal{F}\{g(t)\exp(2\pi jat)\} = G(f-a)$　（周波数移動）
$\mathcal{F}\{g(t) \otimes h(t)\} = G(f) \cdot H(f)$　（畳込み積分定理）　　$\mathcal{F}\{g(t) \cdot h(t)\} = G(f) \otimes H(f)$　（同左）
$\int g(t) \cdot h(t) dt = \int G(f) \cdot H(f) df$　（Parsevalの定理）
上記において，$g(t) \otimes h(t)$ は畳込み積分(convolution)であり，次のように定義される．
$$g(t) \otimes h(t) = \int_{-\infty}^{\infty} g(\alpha) h(t-\alpha) d\alpha = \int_{-\infty}^{\infty} g(t-\alpha) h(\alpha) d\alpha$$

素振幅スペクトルとも呼ばれ，2次元周波数 $\mu$, $\nu$ についてのスペクトルを表す[†1][†2]．

〔3〕**計算機トモグラフィ**　2次元フーリエ変換の興味ある応用に計算機トモグラフィCTがある[†3]．いま，図2.7(a)に示す頭部の濃度分布を $g(x, y)$ とする．これを水平方向に積分すると，$x$ 軸へX線投影した信号が得られる[†4]．これを $f_y(x)$ とすれば

$$f_y(x) = \int g(x, y) dy \tag{2.30}$$

が得られる．これの水平 $x$ 方向の1次元フーリエ変換 $F_y(\mu)$ は

$$F_y(\mu) = \int f_y(x) \exp(-2\pi j \mu x) dx$$
$$= \int \left\{ \int g(x, y) dy \right\} \exp(-2\pi j(\mu x + 0y)) dx = G(\mu, 0) \tag{2.31}$$

となる．この式の形から分かるように，$G(\mu, 0)$ は，2次元関数 $g(x, y)$ の2次元フーリエ変換 $G(\mu, \nu)$ の $\nu = 0$ の場合である．この投影角度を図(b)のように少しずつずらしてゆけば，$G(\mu, \nu)$ が幾つかの角度の極座標の形で求められる．これを補間して $G(\mu, \nu)$

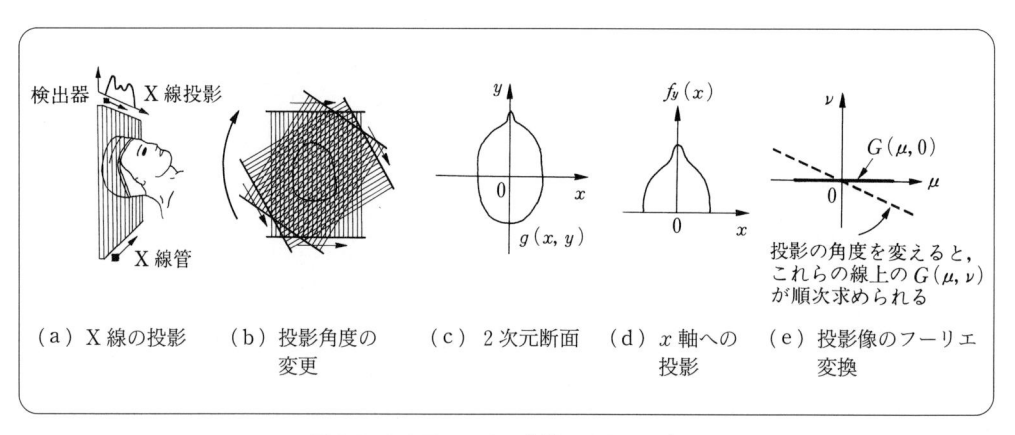

(a) X線の投影　(b) 投影角度の変更　(c) 2次元断面　(d) $x$ 軸への投影　(e) 投影像のフーリエ変換

図2.7　2次元フーリエ変換のCTへの応用

---

[†1] 2次元フーリエ変換は，下式のように変形すればわかるように，$g(x, y)$ を $x$ 方向に変換したものを，さらに $y$ 方向に変換するものでもある（逆でもよい）．

$$G(\mu, \nu) = \int_{-\infty}^{\infty} \left\{ \int_{-\infty}^{\infty} g(x, y) \exp(-2\pi j \mu x) dx \right\} \exp(-2\pi j \nu y) dy$$
$$= \int_{-\infty}^{\infty} \hat{g}(\mu, y) \exp(-2\pi j \nu y) dy \tag{2.26}$$

ここに，$\hat{g}(\mu, y) = \int_{-\infty}^{\infty} g(x, y) \exp(-2\pi j \mu x) dx \tag{2.27}$

ちなみに，$G(\mu, \nu)$ を $\tilde{g}(\mu, \nu)$ と表し，1変数についてのみフーリエ変換したものを，$\hat{g}(\mu, y)$，あるいは $\hat{g}(x, \nu)$ と表すと便利な場合がある．

[†2] 2次元フーリエ変換の性質：多くは，1次元の場合から類推できる．畳込みに関しても同様である．

$$g(x, y) \otimes h(x, y) = \iint g(\alpha, \beta) h(x - \alpha, y - \beta) d\alpha d\beta \tag{2.28}$$

$f(x, y) = g(x) \cdot h(y)$ と変数分離できれば，$\mathcal{F}\{f(x, y)\}$ は定義式に当てはめて下記を得る．
$$\mathcal{F}\{f(x, y)\} = G(\mu) \cdot H(\nu) \tag{2.29}$$

[†3] CT : Computer Tomography. 製品化した英国EMI社の技術者は，ノーベル医学賞を受賞した．

[†4] 厳密には負の指数関数で考える．

を求め，逆フーリエ変換すれば，元の2次元関数 $g(x, y)$ が得られる．

〔4〕**3次元フーリエ変換**　2次元フーリエ変換をさらに拡張して，3次元フーリエ変換，3次元逆フーリエ変換が次のように定義される．もちろん，ベクトル表示もできる．

$$G(\mu, \nu, f) = \iiint g(x, y, t) \exp\{-2\pi j(\mu x + \nu y + ft)\} dx\, dy\, dt \tag{2.32}$$

$$g(x, y, t) = \iiint G(\mu, \nu, f) \exp\{2\pi j(\mu x + \nu y + ft)\} d\mu\, d\nu\, df \tag{2.33}$$

これの意義や性質は，1次元，2次元の場合から推察される通りである．

## 2.1.3　デルタ関数 $\delta(t)$

ディジタル信号処理にはデルタ関数 $\delta(t)$ の理解は不可避である．これを導入することにより，各種の定義が華麗に拡張され，多くの処理が鮮やかに理解できる．

〔1〕**デルタ関数の定義**　これにはいくつかの定義方法があるが，図 2.8 による「面積 = 1 の方形波の極限」として定義する方法が最も直感的で分かりやすい．

〔2〕**デルタ関数を含む関係式**　図を書いて，直感的に確かめられたい．

(1)　$$\int_{-\infty}^{\infty} \delta(t) dt = 1 \tag{2.34}$$

$$\int_{-\infty}^{\infty} \delta(t - \tau) dt = 1 \tag{2.35}$$

(2)　$$\int_{-\infty}^{\infty} g(t) \delta(t - \tau) dt = g(\tau) \tag{2.36}$$

$\delta(t - a)$ は $t = a$ でのみ $\neq 0$ であるから直感的に理解できる．図 (b) を参照されたい．

(3)　$$g(t) \otimes \delta(t - \tau) = g(t - \tau) \tag{2.37}$$

(4)　デルタ関数 $\delta(t)$ のフーリエ変換

$$\int_{-\infty}^{\infty} \delta(t) \exp(-2\pi jft) dt = 1 \tag{2.38}$$

式 (2.36) で，$g(t) = \exp(-2\pi jft)$，$\tau = 0$ の場合である．これから，$\delta$ 関数の周波数スペクトルは全ての周波数で一定値 1 であることが分かる．この逆フーリエ変換により

$$\int_{-\infty}^{\infty} 1 \exp(2\pi jft) dt = \delta(t) \tag{2.39}$$

である．これからもデルタ関数を定義することができる[1]．

(5)　三角関数 $g(t) = \cos(2\pi f_0 t) = \{\exp(2\pi jf_0 t) + \exp(-2\pi jf_0 t)\}/2$ のフーリエ変換

---

[1] 通常，フーリエ変換が成立するには，絶対積分可能 $\left(\int |g(t)| dt < \infty\right)$ が条件であるが，この場合，これが成り立たない．超関数の $\delta$ 関数の導入により，新しく定義できるようになった．

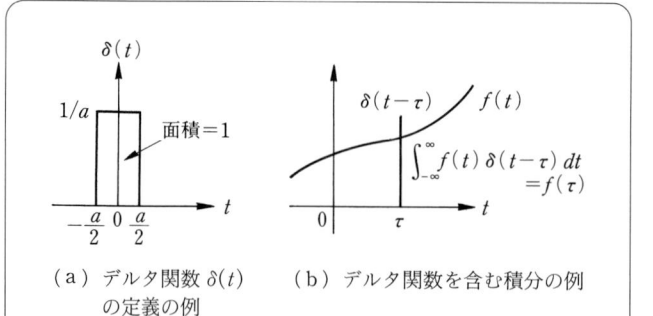

図 2.8 デルタ関数 $\delta(t)$（$a \to 0$ の極限として）

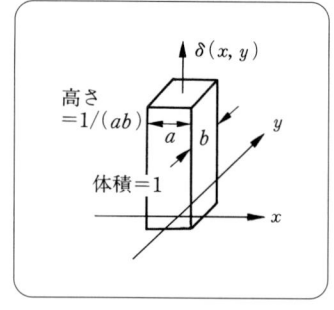

図 2.9 2次元デルタ関数 $\delta(x, y)$（$a \to 0$，$b \to 0$ の極限として）

$$\int_{-\infty}^{\infty} \cos(2\pi f_0 t) \exp(-2\pi j f t) dt = \int_{-\infty}^{\infty} \{\exp(2\pi j f_0 t) + \exp(-2\pi j f_0 t)\} \exp(2\pi j f t)/2 \, dt$$
$$= \{\delta(f - f_0) + \delta(f + f_0)\}/2 \tag{2.40}$$

すなわち，$f = \pm f_0$ の所で無限大となるデルタ関数である．

(6) デルタ関数列 $g(t) = \sum_{k=-\infty}^{\infty} \delta(t - kT)$ のフーリエ変換

$$G(f) = (1/T) \sum_{m=-\infty}^{\infty} \delta(f - m/T) \tag{2.41}$$

この関係[†1]は，標本化の原理を理解するのに役立つ．

〔3〕 2次元デルタ関数　1次元デルタ関数を拡張して，2次元デルタ関数 $\delta(x, y)$

$$\delta(x, y) = \delta(x)\delta(y) \tag{2.42}$$

を得る．図2.9に示すように，体積=1 の角柱を限りなく細くした極限である．

〔4〕 3次元デルタ関数　さらに拡張して，下式を得る．

$$\delta(x, y, t) = \delta(x)\delta(y)\delta(t) \tag{2.43}$$

## 2.1.4　標本値系列に対するフーリエ変換

後述の直交変換の説明の伏線を兼ねて，標本値系列に対するフーリエ変換（離散フーリエ変換，DFT：Discrete Fourier Transform）を述べる[†2]．ここでは，時間の区間 $[0, T_B]$（ここに，$T_B = KT$）で，$K$ 個の標本値 $g_k = g(kT)$，$k = 0, 1, 2, \cdots, K-1$）を得て

---

[†1] この関数列は周期 $T$ の周期関数であるから，フーリエ級数展開できる．

$$g(t) = \sum_{m=-\infty}^{\infty} a_m \exp(2\pi j m t/T)$$

ここで，フーリエ級数の係数の公式により，$a_m$ を求める．両辺に $\exp(2\pi j m_0 t/T)$ を掛けて $-T/2 \sim T/2$ にわたって積分すれば，$a_m = 1/T$ となる．これをフーリエ変換して結果を得る．

[†2] 標本化(次節で詳述する)に若干の知識があるものとする．

$$G(mf_0) = \sum_{k=0}^{K-1} g(kT) \exp(-2\pi jkm/K) \quad (m = 0, 1, 2, \cdots, M-1) \tag{2.44}$$

のように周波数スペクトルを得る．ここに $M = K$ である．あるいは表記を簡単にして

$$G_m = \sum g_k W^{-mk}, \quad \text{ここに，} \quad W = \exp(2\pi j/K) \tag{2.45}$$

あるいは，$[G_m] = [W^{-mk}][g_k]$ \hfill (2.46)

などとも表せる．このように，$G_1$ に対応する $f_0 = 1/T_B$ を基本周波数として，直流値とその高調波で表す．

これの逆変換（逆離散フーリエ変換 IDFT, Inverse DFT）は下記となる[†1]．

$$g(kT) = \frac{1}{K} \sum_{m=0}^{M-1} G(mf_0) \exp(2\pi jkm/K) \tag{2.47}$$

$$g_k = (1/K) \sum_{m=0}^{M-1} G_m W^{mk}, \tag{2.48}$$

あるいは，$[g_k] = (1/K)[W^{km}][G_m]$ \hfill (2.49)

これらの定義は，説明なしに示されることが多いが，各種ある信号 $g(t)$ の如何によらず基本周波数を $f_0 = 1/T_B$ として扱うより所は説明を要しよう．これには，図 2.10 に示すように，もとの信号 $g(t)$ の一部区間 $[0, T_B]$ をブロックとして取り出して，図(b)に示すように無限に並べて[†2] $g_f(t)$ とし，これをフーリエ変換すると考えればよい[†3]．

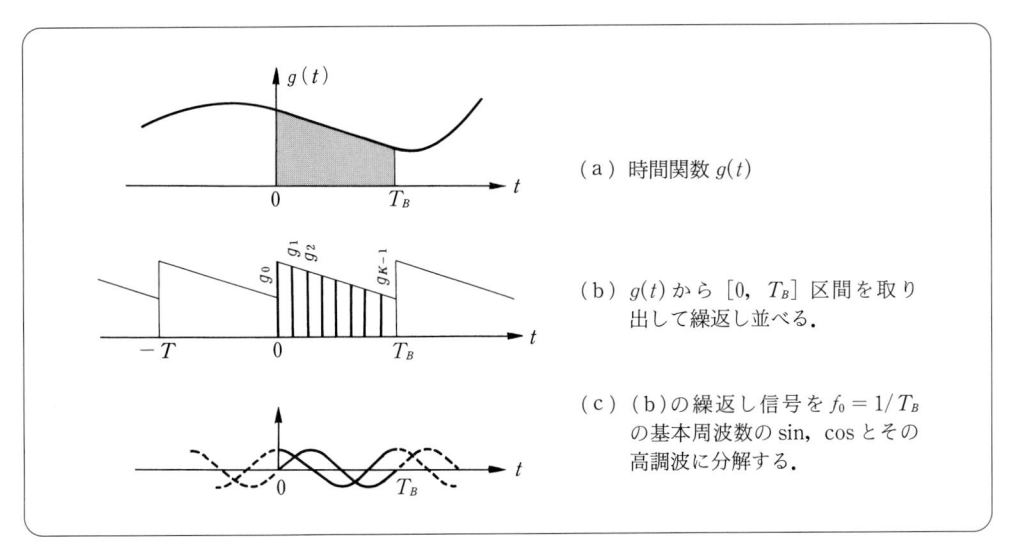

**図 2.10　離散フーリエ変換の考え方**

(a) 時間関数 $g(t)$

(b) $g(t)$ から $[0, T_B]$ 区間を取り出して繰返し並べる．

(c) (b)の繰返し信号を $f_0 = 1/T_B$ の基本周波数の sin, cos とその高調波に分解する．

---

[†1] ここでは，逆変換に $(1/K)$ を付けた．正変換に付ける場合や，双方に $1/\sqrt{K}$ を付ける場合もある．

[†2] こうすれば，期間 $T$ の繰返し波形(周期関数)であるから，$f_0 = 1/T_B$ を基本周波数として，その高調波からなるフーリエ級数に展開できる．結果的に DFT は，$g_f(t)$ をフーリエ級数展開したときの各周波数成分の係数である．ただし，$W^{-kM} = 1$ であるから，$G_m$ は $M$ を周期とする周期関数であり，$G_0 \sim G_{M-1}$ で十分である．例えば $M = 8$ のとき，$G_0 \sim G_7$ でよい(周期関数であるから，$G_{-3} \sim G_4$ でもよい．この方が物理現象を理解しやすいかもしれない)．

[†3] 絶対収束の条件を満たさないが，$\delta$ 関数を導入して変換できる．

## 2.2 標本化

ディジタル信号処理は標本化に始まる．これは，標本値がもとの信号を代表しており，この標本値系列からもとの連続信号が復元できるからである．既に1次元標本化は学習済みであろうが，画像信号処理の特徴は2次元，3次元にある．また，画像の基本である走査は［時間-垂直］領域での標本化であり，この立場から考察する[a),b)]．

### 2.2.1　1次元標本化

用語の統一のため，基本的な1次元標本化について，画像信号の場合を強調して述べる．

〔1〕 **標本化と標本化定理**　図2.11(a)に示すように，1次元信号 $g(t)$ を $T$ 秒ごとに標本化して，…，$g(-T)$，$g(0)$，$g(T)$，$g(2T)$，…を得る．この標本値系列は，図示するように時間信号 $g(t)$ と Comb 関数 $\sum \delta(t-kT)$ の積

$$g(t) \cdot \sum_{k=-\infty}^{\infty} \delta(t-kT) = g(t) \cdot (1/T) \sum_{m=-\infty}^{\infty} \exp(2\pi j m f_s t) \tag{2.50}$$

である(ここに，$f_s = 1/T$(標本化周波数))．これをフーリエ変換すれば

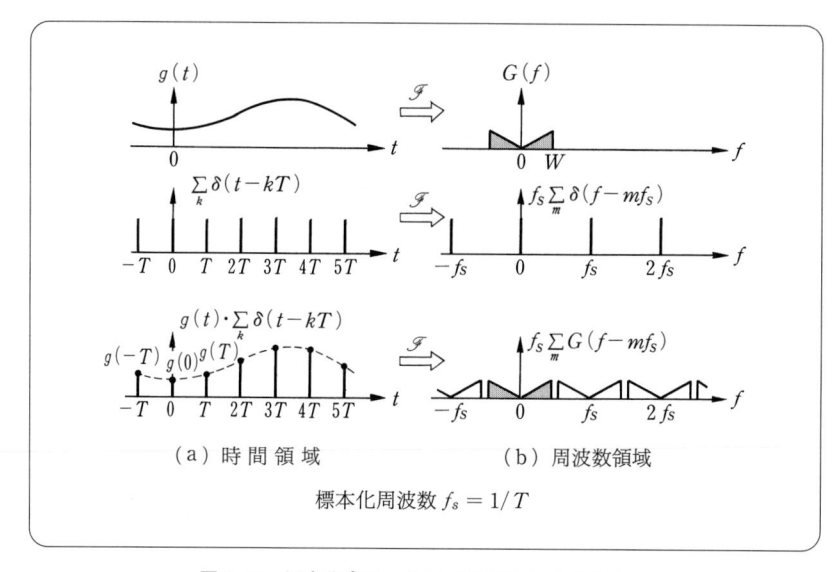

**図2.11　標本化定理—信号の波形とスペクトル—**

$$\mathcal{F}\{g(t)\cdot \sum_{k=-\infty}^{\infty} \delta(t-kT)\} = (1/T) \sum_{m=-\infty}^{\infty} G(f-mf_s) \tag{2.51}$$

となる[†1].これを図(b)の下段に示す.

このとき，…, $G(f+f_s)$, $G(f)$, $G(f-f_s)$, …, が相互に重なり合わなければ，低域フィルタ LPF で $G(f)$ のみを取り出せる．すなわち，標本値系列から，もとの信号 $g(t)$ を完全に再生できる．このための条件は，$G(f)$ が $-f_s/2$ と $f_s/2$ の間にのみ存在することである．換言すれば，「帯域 $W$ に制限された信号を，$2W$ 以上の周波数で標本化すれば，標本値系列からもとの信号が完全に復元できる」．これを，標本化定理(Nyquist の定理，あるいは，染谷-Shanon の定理)という．

これが満たされない場合，復調信号に下側帯波成分が混入する．これを折返し歪み(エイリアシング，aliasing)という．このほか，現実の回路ではいくつかの歪み[†2][†3]が発生する．

〔2〕 **標本化周波数の変換**　画像の多角的な利用には，標本化周波数の変換を伴う信号処理が重要である．これには，アップ標本化とダウン標本化がある[†4]．また，一般に，標本化周波数の異なる信号の処理を，マルチレート信号処理といい，重要な研究対象である．

アップ標本化(挿入)では，**図2.12**に示すように，0 を仮想的に挿入して標本化周波数を $f_s$ から見掛け上 $nf_s$ に上げる．こうなった信号系列は，標本化周波数の過多状態(オーバサンプリング)となる．この段階はあくまで仮想的なもので，波形，周波数スペクトルともに実質的に変化はない．これをディジタル LPF を通すことにより，補間が行われる．

この応用例に D-A(アナログ→ディジタル)変換がある．標本化周波数を $n$ 倍に上げて，補間のために 0 を挿入した後，後置ディジタル LPF を通過させた後，標本化周波数 $n\cdot f_s$ で D-A 変換する[†5]．この後のアナログ LPF は簡単なものでよい．

ダウン標本化(間引き)は上記の逆であり，$f_s$ から $f_s/n$ に，間引き(decimation，あるい

---

[†1] フーリエ変換の基本的な関係から，ある項に着目すれば，$\mathcal{F}\{g(t)\exp(2\pi jmf_s t)\} = G(f-mf_s)$ であることから理解できる．
あるいは，$\mathcal{F}\{g(t)\sum \delta(t-kT)\} = \mathcal{F}\{g(t)\} \otimes \mathcal{F}\{\sum \delta(t-kT)\}$ から導出してもよい．

[†2] 信号に依存するものを歪み(distortion)，信号と独立なものを雑音(noise)という．画像に対しても雑音というのは奇異な感じもするが，通信工学の歴史的経過を物語るものであろう．

[†3] このほか，下記のような歪みがある．
・アパーチャ効果(aparture effect)：説明では標本化はデルタ関数列を考えた．実際には，標本化にも復調にも有限幅のパルスが用いられるため，高域成分の利得低下となって現れる．
有限幅 $\tau_0$ に引き伸ばすことにより，0 から $\tau_0$ まで遅延したものの積分になるから，引伸し後のスペクトルの周波数特性は $\sin(2\pi\tau_0/2)/(2\pi\tau_0/2)$ 倍になり，高周波成分は減衰する[a]．
・フィルタ構成による歪み：理想フィルタは実現し得ないため歪みが発生する 〔〔3〕参照〕．
・非線形歪み：回路の非線形性に基づく．特に複合カラー TV 信号ではビートになる 〔〔3〕参照〕．

[†4] この変換は，ディジタルとアナログの接点である「標本化における前置低域フィルタ」や「標本化復調における後置低域フィルタ(補間フィルタ)」の要求仕様の厳しさの軽減や特性改善につながる．

[†5] D-A 変換はビデオ周波数帯域でも速度的に余裕があり，またディジタルフィルタでは直線位相に設計できるので，TV にとっても実用上も有効である．

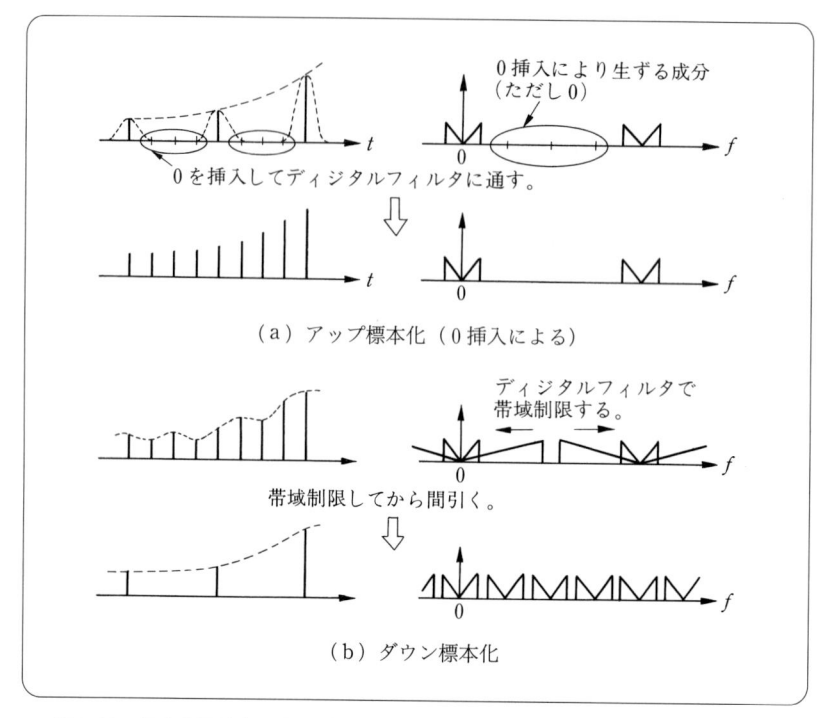

図 2.12　標本化周波数の変換（挿入と間引き）（変換比率 $n=4$ の場合を示す）

は，サブサンプリング，sub-sampling）をする．通常，単純に間引けば標本化定理が満足されずに折返し歪みが発生する．このため，事前にディジタル LPF が必要である[†1]．

〔3〕 **TV 信号の標本化に関して注意すべきこと**

（1） TV 信号標本化周波数の選定：特徴ある画像信号の性質を考慮する．

・標本点のロック：各フレームで同一の位置を標本化すること．これによりフレーム間の処理が容易になる．さらに重要なことは，これにより標本化に伴う各種の歪みが空間的に固定されるため，視覚的に妨害が軽減されることである．

・走査線間の処理のため，標本点が走査線間でそろっていること．特に，水平と垂直方向の間隔が一致すること（正方画素配列，square pixel）が，PC などから望まれている．

・複合カラー TV 信号に対する標本化周波数は，色副搬送波の整数倍とする[†2]．

（2）　前置や後置補間フィルタの特性：音声の場合と様子がかなり異なる．LPF の遮断特性を中心に，概念的に**図 2.13** に示す．

---

[†1] 標本化周波数を高くしても A-D 変換器の価格に差がなく，また，前置フィルタもアナログよりディジタルの方が作りやすい場合に有効である（例：音声）．

[†2] 複合カラー TV 信号では，色副搬送波 $f_{sc}$ の近傍に大きな電力成分がある．回路の非線形特性や量子化歪みがあると，この高調波成分と標本化周波数成分との間にビートが発生し，画質妨害となる．標本化周波数 $f_s = nf_{sc}$ とすると，目立たない．

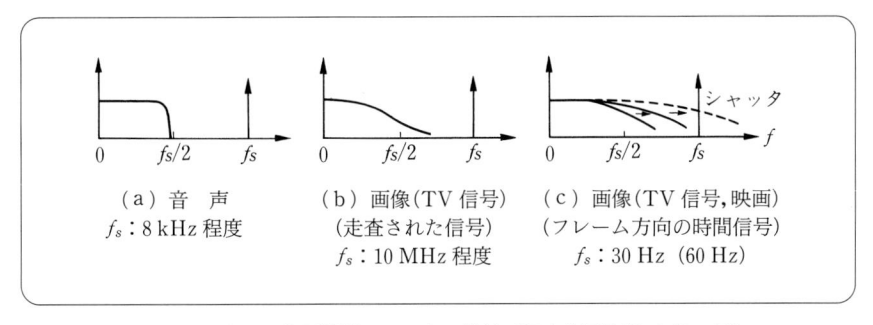

図2.13 前置・後置補間フィルタの特性（標本化周波数 $f_s$ は一例）

(a) 音声　$f_s$：8 kHz 程度
(b) 画像(TV信号)（走査された信号）$f_s$：10 MHz 程度
(c) 画像(TV信号，映画)（フレーム方向の時間信号）$f_s$：30 Hz (60 Hz)

- 音声の場合，図(a)に示すように $f_s/2$ 付近で急峻な遮断特性とし，ここで十分に減衰させる．聴覚は位相に鈍感であるから，LPF は位相特性より減衰特性を重視する．
- TV信号の場合，急峻な遮断特性では出力にリンギングが発生して画質が劣化する．$f_s/2$ で十分に減衰させるためには，かなり低い周波数から減衰させる必要がある．ただし，経験的には，図(b)(c)に示すように折返し歪みを許容する方が画質がよい[†1]．

### 2.2.2　2次元標本化

画像における2次元標本化とは，前述の1次元が2次元になったもの，すなわち，2次元画像 $g(x, y)$ と，2次元 $\delta$ 関数列の積である．

〔1〕**基本的な2次元標本化**　簡単なのは，標本点が**図2.14**(a)のように2次元平面

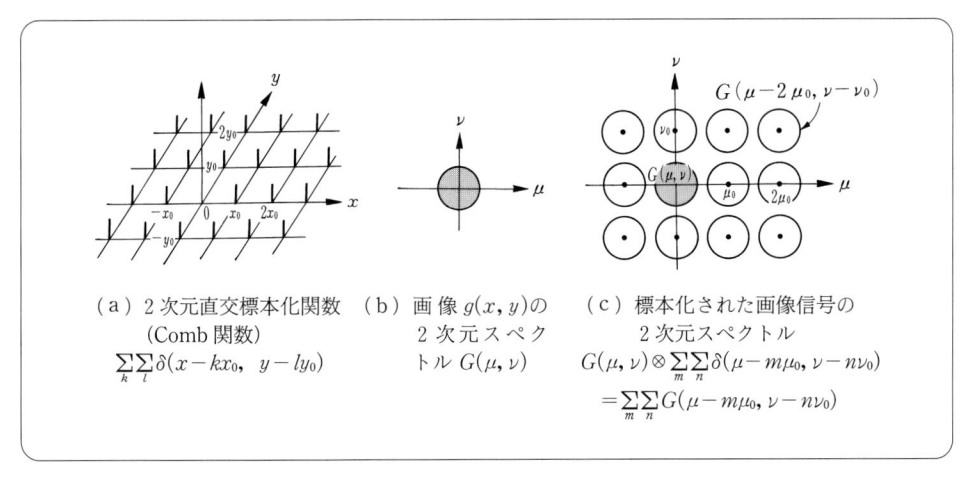

図2.14　2次元（直交）標本化―標本化された信号とスペクトル―

(a) 2次元直交標本化関数（Comb 関数）
$$\sum_k \sum_l \delta(x - kx_0, y - ly_0)$$

(b) 画像 $g(x, y)$ の2次元スペクトル $G(\mu, \nu)$

(c) 標本化された画像信号の2次元スペクトル
$$G(\mu, \nu) \otimes \sum_m \sum_n \delta(\mu - m\mu_0, \nu - n\nu_0) = \sum_m \sum_n G(\mu - m\mu_0, \nu - n\nu_0)$$

---

[†1] TV信号では空間的に高い周波数成分が小さいので，折返し歪みが小さいためかもしれない．時間方向には，特殊な視覚動特性がある[3.3.1項〔6〕参照]．シャッタをつける[図2.13(c)の右向き矢印参照]と，画像がくっきりする．

で格子状の場合であり，直交標本化(orthogonal sampling)という．

1次元の場合の発展として，格子状の標本化パルス列は，2次元 Comb 関数 $\sum\sum\delta(x - kx_0, y - ly_0)$ で表される．ここに，$x_0$, $y_0$ それぞれ $x$ 方向，$y$ 方向の標本化間隔である．画像 $g(x, y)$ をこの関数で標本化すれば，その信号 $g_s(x, y)$ は，次式のようになる．

$$g_s(x, y) = g(x, y) \cdot \sum\sum\delta(x - kx_0, y - ly_0) \tag{2.52}$$

これをフーリエ変換して周波数スペクトルを求めると

$$\begin{aligned}\mathcal{F}\{g_s(x, y)\} &= G(\mu, \nu) \otimes \mu_0\nu_0\sum\sum\delta(\mu - m\mu_0, \nu - n\nu_0) \\ &= \mu_0\nu_0 \cdot \sum\sum G(\mu - m\mu_0, \nu - n\nu_0)\end{aligned} \tag{2.53}$$

を得る．ここに，$(\mu_0, \nu_0) = (1/x_0, 1/y_0)$ であり，それぞれ $x$ 方向，$y$ 方向の標本化周波数である．これらを図(b)，(c)に示す．

折返し歪みのない条件は，1次元標本化と同様，標本化によって生じるスペクトルが相互に重ならないことから，原画像のスペクトルの $x$ 方向，$y$ 方向の最高周波数 $W_x$, $W_y$ が，

$$W_x < \mu_0/2, \quad 並びに，\quad W_y < \nu_0/2 \tag{2.54}$$

を満たすことである．これを満足しない場合，折返し歪みとなる．原画像のスペクトルは，図示した円形(長方形)の場合のみでなく，多くの発展形がある(後述)[b]．

〔2〕**2次元標本化の例(折返し歪みありの場合)**　CZP を標本化した例を口絵 8 に示す．式(2.54)を満足しない周波数成分は折返し歪みを起こす．特に標本化周波数に相当する CZP の領域は直流になるため，それを中心とする新しい円が発生する．

〔3〕**1次元関数による2次元画像の標本化**　2次元画像 $g(x, y)$ に対する2次元標本化には，2次元 $\delta$ 関数 $\delta(x, y)$ に基づく2次元標本化関数によるもののほか，1次元 $\delta$ 関数 $\delta(ax + by + c)$ による標本化[†1]がある．詳細は略す[a),b)]．

## 2.2.3　オフセット標本化

TV 信号の特徴あるスペクトル構造に着目すると，標本化定理で定まる標本化周波数より低い(定理に反するかと思われる)周波数で標本化できる．

〔1〕**1次元標本化としての見方**　まず1次元周波数領域で説明する．

図 2.15(a)に示すように，$2W$ より低い $f_s$ で標本化すると，折返し歪みが起きると思われる．しかし，前述のように TV 信号のスペクトルは $f_H$ 間隔の櫛の歯のようになっている．このため $f_s$ を巧みに選べば，図(b)のようにこれら二つのスペクトルの山と谷間を互

---

†1　この関数は，$ax + by + c = 0$ の線上でのみ $\delta = \infty$ となる．多くの面白い応用例がある．

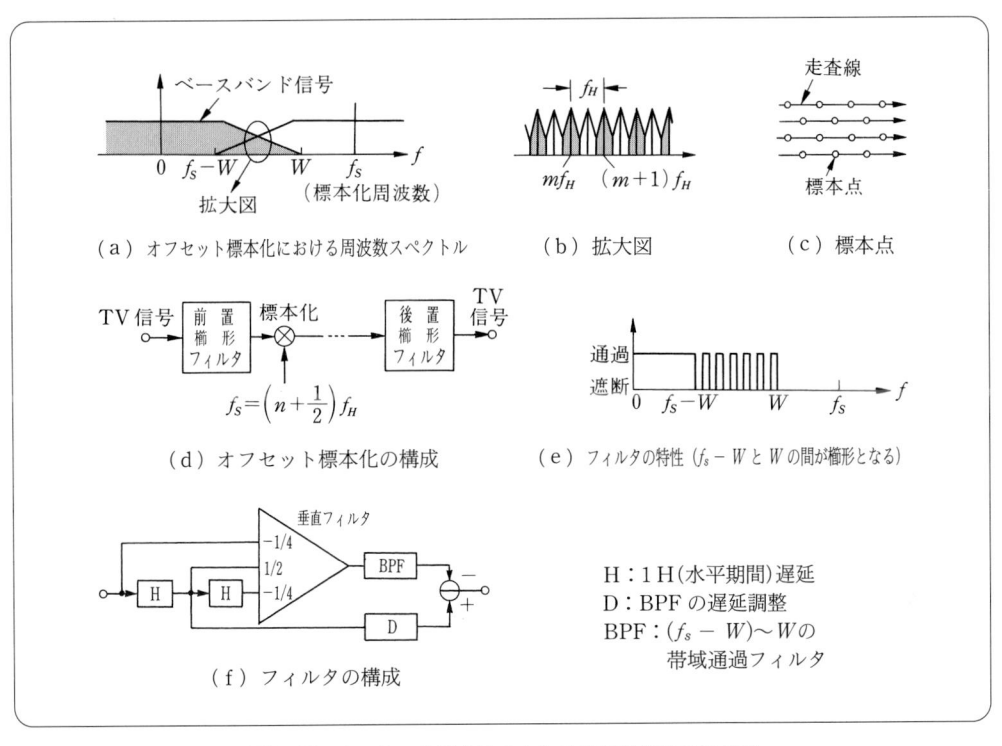

**図 2.15　オフセット標本化の１次元周波数領域での見方**

い違いに配置できる．この谷間の成分とは前述のように画像の斜め成分である．この成分は水平や垂直成分に比べると視覚的に重要度が低く，取り除いても視覚的に問題は少ないとされている[†1]．このためには図からわかるように標本化周波数 $f_s$ を

$$f_s = (n + 1/2) f_H \qquad (n：整数) \tag{2.55}$$

と選ぶ．これは，標本点は図(c)のように走査線ごとに互い違いに配置するのと等価である．この形状から，オフセット標本化という[†2]．これを効率的に行うには，二つのスペクトルが重なっている周波数範囲で，図(d)に示す次の二つの櫛形フィルタを設ける．

(ⅰ)　前置フィルタ　　標本化の前にベースバンド信号の谷間の成分を十分取り除く．

(ⅱ)　後置フィルタ　　復調の際，折り返されて多重化された下側帯波成分を取り除く．

これらのフィルタの１次元周波数特性(利得)は図(e)に示す通りである．櫛の歯のようになっているので一般に櫛形フィルタ(comb filter)という．上記説明から分かるように，この二つのフィルタの周波数特性は同一である．このフィルタ構成を図(f)に示す[†3]．

---

[†1] 斜め成分も画像を構成する重要要素である．信号処理技術者は時として乱用する傾向もあるので，慎重な対応が肝要である．

[†2] これはその標本点の形状から名付けられたものである．１次元スペクトル構造に着目して周波数インタリーブ(frequency interleaved)標本化，また，標本化周波数が標準より低いことに着目してサブナイキスト(sub-Nyquist)標本化とも呼ぶ．

[†3] １H(水平期間)遅延線の組合せで垂直フィルタを作る．１次元で見ると，これが櫛形フィルタとなる．

〔2〕 **2次元標本化としての見方**　オフセット標本化は，2次元標本化の立場からは普通の標本化として美しく説明できる[a),b)]．図2.15（c）に示した格子状でない標本点の位置を**図2.16**（a）に再掲する．また，その2次元周波数スペクトルを図（b）に示す．標本化された信号の2次元周波数スペクトルは，同様の手法により図（c）のようになる．すなわち，$G(\mu, \nu)$ が図（b）に示す点の周囲に配置される．

（a）標本点　　　（b）標本点の2次元周波数スペクトル

（c）オフセット標本化された信号のスペクトル（1）　　　（d）オフセット標本化された信号のスペクトル（2）
※脚注参照

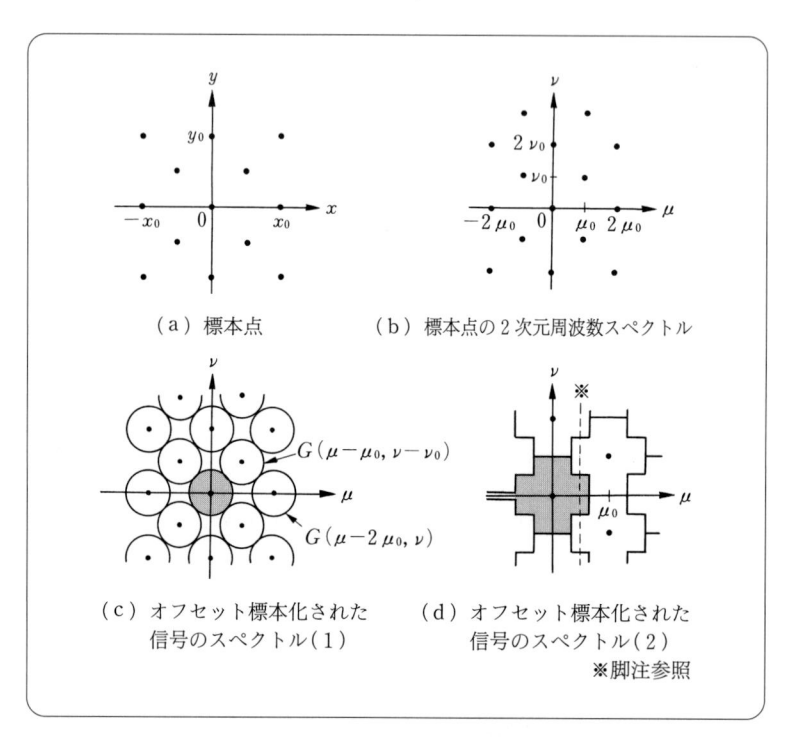

**図2.16　オフセット標本化と2次元周波数スペクトル**

この配置を見ると，$[\mu\text{-}\nu]$ 平面は，$G(\mu, \nu)$ とその周波数シフトされたスペクトルによりほぼ埋められているが，その間には隙間がある．周波数の有効活用のためには，図（d）に示すように十文字形に4隅を切り取り，隙間なく詰める．これを可能にするには，前置フィルタや後置フィルタとして，上記の十文字形の2次元フィルタが必要である[†1]．

1次元表示すれば櫛形であるものが2次元では一つの塊になっている．多次元解析の重要性のゆえんである．なお，これまでフィルタをアナログ的に説明したが，現実にはディジタ

---

[†1] 1次元標本化の説明（図2.15）と，2次元標本化（図2.16）を対比させよう．
$f_s$ を $(n + 1/2)$ 倍に選ぶことは，オフセット状の標本点配置図（図2.16（b））に対応する．
「高域部で櫛形特性を有するフィルタ（図2.15（e））」は，十文字形フィルタそのものである．
「ベースバンド信号のスペクトルの谷間に標本化で生じた下側帯波の山が挿入される（図2.15（b））」は，スペクトルの配置状態（図2.16（d）の破線※）に対応する．すなわち，※の水平周波数付近で見ると，二つの成分が交互に配置されているのは，垂直低域フィルタによるものである．垂直フィルタは2.5.6項〔4〕参照．

ルで構成される[†1].

## 2.2.4 時空間標本化として見た走査

TV系における走査は，[時間-垂直]領域における2次元標本化と見ることができる．これまでの結果を活用して解析し，変換や特性の改善について述べる[b]．

〔1〕 [時間-垂直]領域で見た走査　既に図1.2に順次走査と飛越し走査を模型的に示した．ここで，時間 $t$ と垂直 $y$ に着目すれば，走査線は標本点である．順次走査は格子状標本化に対応し，飛越し走査はオフセット標本化に対応する．以下，後者を考える．

走査線すなわち時空間標本点の周波数スペクトルは，図2.16に示す[水平-垂直]領域のオフセット標本化から容易に理解できる．これに基づいて，**図 2.17** に[時間-垂直]周波数領域における周波数スペクトルを示す．原点を中心としたベースバンド信号は，走査により，[±30 Hz，±262.5 cpH]などの時空間周波数の周りに，標本化成分として発生する．

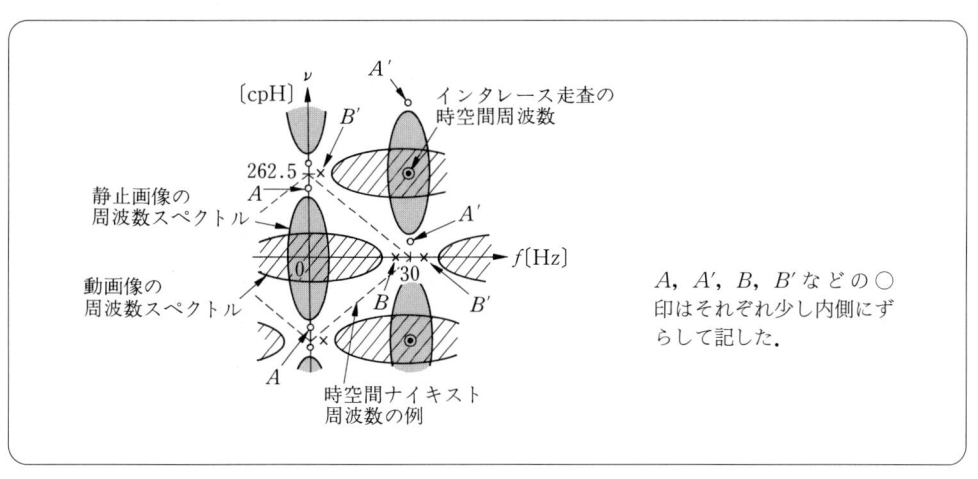

図 2.17　飛越し走査における[時間-垂直]周波数スペクトル

〔2〕 飛越し走査における折返し歪み　図2.17に二つの典型例 $A$，$B$ を示す．

$A$：垂直方向にほぼ走査線ごとに細かく変化する静止画像(横縞や市松模様)の成分．

$B$：垂直方向に一様な模様がほぼ30 Hzで明暗が変化する成分．

---

†1　ディジタルで実現するには，通常，オフセット標本化周波数の2倍の周波数で格子状の標本化を行い，これに基づいて2次元フィルタを構成する．一種のオーバサンプリングである．
　まず，$2f_s = (2n+1)f_H$ で格子状に標本化する．この周波数で，前置フィルタ(十文字形特性の櫛形フィルタ)により斜め成分の帯域制限を行う．そして，この標本値系列に対して，2:1のサブサンプリング(間引き)を行う．
　復調では，補間すべき画素に0を挿入して見掛け上 $2f_s$ の標本値系列を得る．これを後置フィルタ(動作周波数 $2f_s$)に加え，$2f_s$ の「補間された信号」を得る．(2.2.1項〔2〕のアップ標本化の一種)．

横縞成分 $A$ を走査したことによる成分を $A'$ で示す．これは，30 Hz で変化する垂直方向低周波成分(ラインフリッカや大面積フリッカとなる)[†1]．

30 Hz の明暗変化成分 $B$ を走査したとき発生するのが，成分 $B'$ である[†2]．

このように，成分 $A$ と成分 $B$ は，飛越し走査信号では，$A'$ と $B'$ (すなわち，ほぼ同一周波数成分)を派生するので，区別できない．これを縮退(degeneration)と仮称する．

〔3〕 **走査を標本化とみたときの前置，後置フィルタ**　走査は一種の標本化だから，原理的には前置フィルタと後置フィルタを通すべきである．しかし通常は行わない．このため，折返し歪みによって画質劣化を起こす．撮像や表示のデバイスの発展や，画像表示の大形化やメディアの多様化による近距離観視により，問題になる場合が増加した．

現行の走査系では表 2.1 に示す濾波機能があるが，不十分である．視覚特性には当初期待したほどの濾波特性はないし，デバイスの特性も解析すれば明らかなように不十分である．ただし，濾波特性を十分にするとボケた感じになり，かえって画質が劣化する[†3]．

表 2.1　走査における前置，後置フィルタ機能

|  | 時間方向 | 空間領域 |
|---|---|---|
| 前置フィルタ (撮像系) | 撮像系蓄積効果 | MTF (レンズ，撮像デバイス) |
| 後置フィルタ (表示系) | 残像 (蛍光体，視覚系) | MTF (表示系)，視覚解像度 |

MTF (Modulation Transfer Function)：デバイスなどにおける利得の周波数特性

〔4〕 **オフセット標本化の知識の活用による折返し歪みの除去**　［水平-垂直］のオフセット標本化のディジタル構成を［時間-垂直］に置き換えると，図 2.18 に示す［順次-飛越し-順次］走査変換が得られる．ここで，図(a)にはハードウェア構成を，図(b)には［時間-垂直］領域の様子を，図(c)にはこれの周波数領域におけるスペクトルを示す．

まず，格子状標本点に相当する標本値(走査線)Ⓐを順次走査 TV カメラにより得る．ついでこの信号Ⓐを前置時空間フィルタ(2次元櫛形フィルタに相当する)に通す[†4]．これを 2：1 で抜き取り(ダウン標本化あるいはサブサンプリング)，飛越し信号と同形式の信号Ⓒを得る．これが伝送あるいは放送される．

受信側では，後置補間フィルタに通し，アップ標本化により順次走査出力Ⓓを得て表示する．これは，図 2.12 で説明した［0 挿入＋フィルタ］の考えによるものである．

〔5〕 **飛越し-順次走査変換(動き適応走査変換)**　マルチメディア時代には異なる画像フォーマットの変換の機会が増す．ここで特に重要な［飛越し→順次］走査変換を述べる．

---

[†1] 1.2.1 項〔1〕(p.7)脚注の[†4]参照．飛越し走査が標準方式として採用された時代には，光電変換面の垂直解像度が低く，また時間解像度も低かった(残像)ため，現実に問題にならなかった．
[†2] 現実に多いのは，縦縞が 1 フレームにほぼ 1 ピッチ(白黒の 1 ペア)ずつ水平移動する場合などである．
[†3] 2.2.1 項〔3〕，3.3.1 項〔6〕，5.1.1 項〔4〕参照．
[†4] このフィルタの特性については，Ⓒの段階で，完全に歪みのないものよりは，若干これを認める特性の方が，視覚的によい．図 2.13 と同様の主旨である．

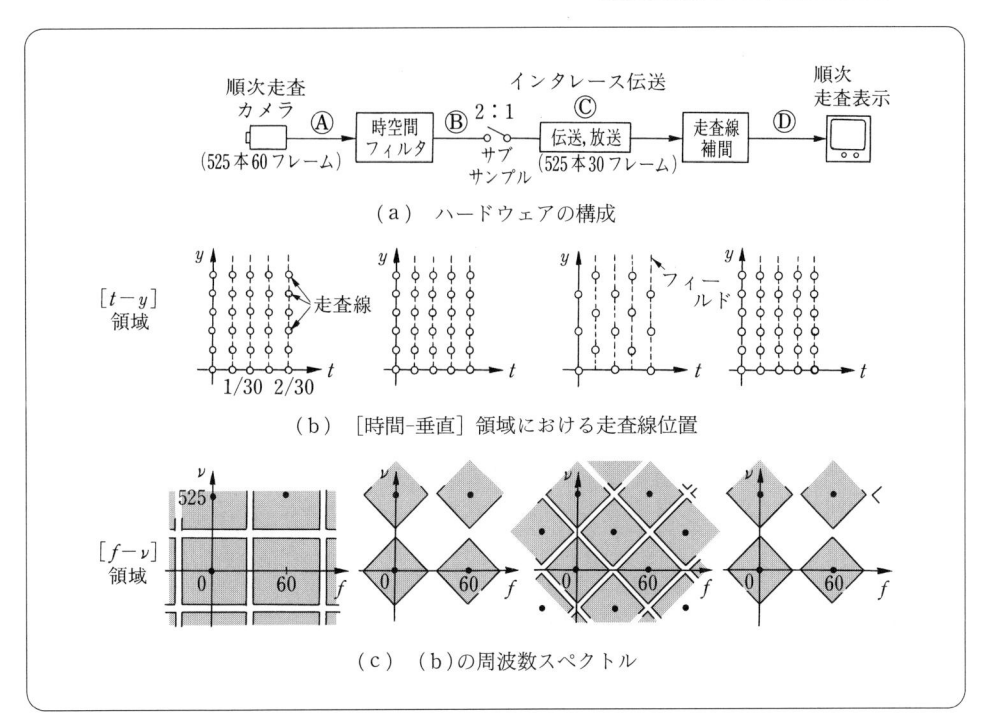

**図 2.18** ［順次-飛越し-順次］走査変換

標本化定理に忠実に順次走査化するには，既に〔4〕で述べた方法でよい．しかし現実には，動き適応形フィルタ（動きの大きさに応じて遮断特性を可変にするフィルタ）が望ましい．これは，現行方式では送信側に前置フィルタが入っていないこと[†1]，仮に入れても，上記ダイヤモンド形の特性は必ずしも視覚的に最適でないことによる．

具体的には，フィールド間補間とフィールド内補間を，動きの程度により適応的に荷重加算する行う[†2]．**図 2.19**(a)に補間の様子を示す．静止領域では，垂直解像度を向上させるため，前フィールドの値 $A$ をそのまま遅延させて新しい走査線 $X$ とするフィールド間補間を行う．しかし，これでは動画領域で像が二重になってしまう．そこでこの場合には上下の走査線 $B$ と $D$ の平均値 $Y = (B + D)/2$，すなわち，フィールド内補間を行う．

最大のポイントは動静の判定（動き検出）である．しかし，飛越し信号から動きを正確に検出するのは，前述の縮退により原理的に不可能なこともある．例を**図 2.20**に示す[†3]．市販

---

[†1] このため，折返し歪み成分が既に含まれている．したがって，一義的なパラメータ固定の後置フィルタでは対処できない．

[†2] 動か静かで2値的に切り替えるのを hard-switching という．実用化されているのは，ほぼ連続的に加重比を切り替える soft-switching であり，二つの補間信号を，動きの程度（動き係数 $k$）に従って連続的に加重和を求める．これを図(c)に示す．これにより，切り替時や動静の中間的な状態のときに発生するギクシャクをやわらげることができる．

[†3] 1ピッチ/フレームで縦縞が水平移動すると，フレーム間差＝0 となる．このままではフィールド補間となり，順次走査化された画像は市松模様となる．これを避けるために，補助情報を送ることも提案されている．

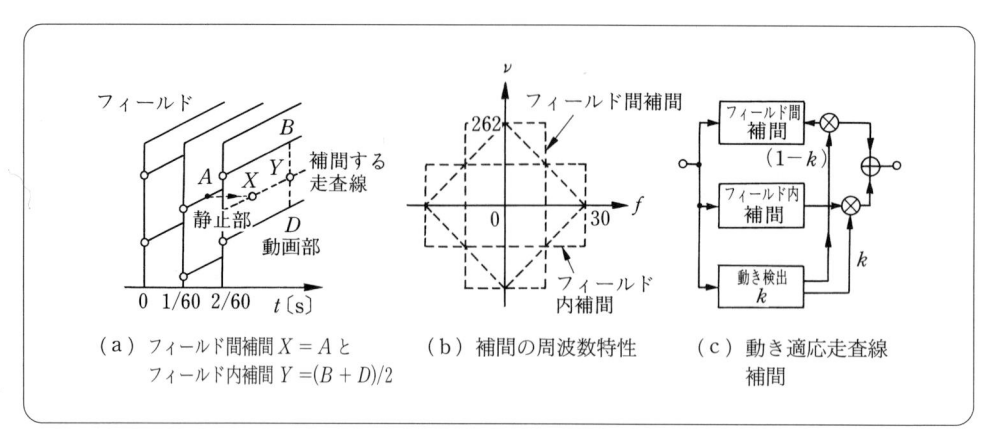

**図 2.19** 動き適応［飛越し-順次］走査変換

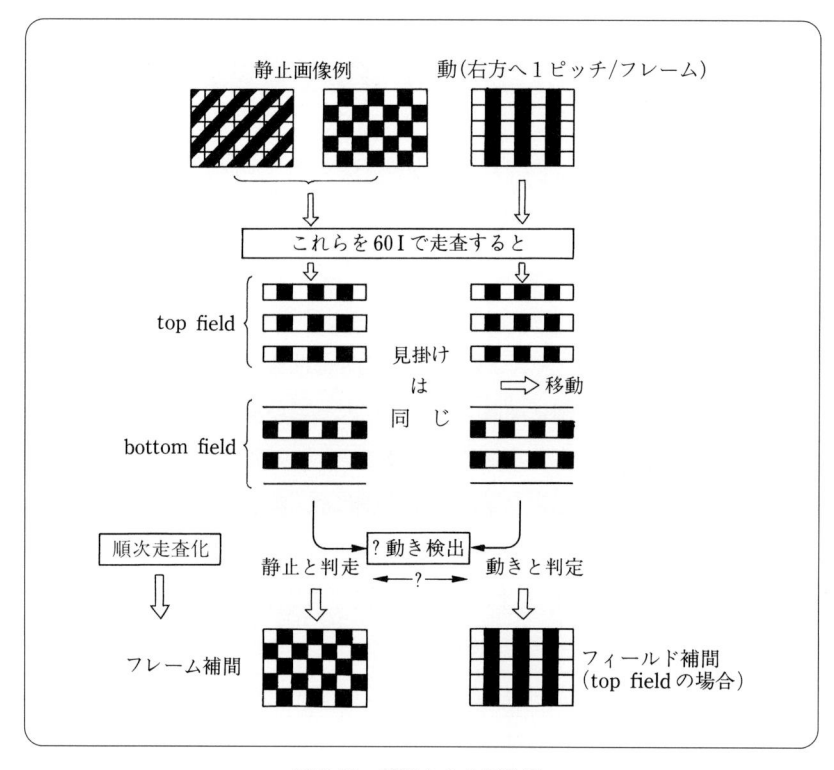

(a) フィールド間補間 $X = A$ と フィールド内補間 $Y = (B + D)/2$
(b) 補間の周波数特性
(c) 動き適応走査線補間

**図 2.20** 縮退となる画像例

されている IDTV 受像機では，周囲の状況や履歴[†1]から，いずれであるかを認識しているが，限界がある．そして，誤判断したときの画質劣化は極めて大きい[†2]．なお，画質改善の

---

[†1] このような動き検出の欠落を避けるため，検出された動き（動き係数 $k$）を，空間的，時間的に拡張することが考えられる．

[†2] IDTV 受像機での動き検出では，動きを静止と見誤る検出漏れと，静止を動きと見誤る誤検出とがある．画質的には，前者の検出漏れの方が被害が大きい．異常なパタンが現れるからである．

効果はもとの飛越し走査信号にも大きく依存する[†1].

〔6〕 **大面積フリッカに関する 60 I と 50 I の違い**　50 I(PAL 系など)の場合, フィールド周波数の違いから, 視覚的に 60 I(NTSC 系など)と違った様相を示す.

フィールド周波数 50 Hz の成分は, 明るい画面では検知できる[†2]. このため, 垂直高域成分がなくてもフリッカ(大面積フリッカ)が発生する. 一方, 信号のフィールドを繰り返して表示すると, そのスペクトル $W'(f, \nu)$ は, もとのそれを $W(f, \nu)$ として

$$W'(f, \nu) = W(f, \nu)(1 + \exp(-j2\pi f T_0))$$
$$= 2\exp(-j\pi f T_0)\, W(f, \nu)\cos(\pi f T_0) \tag{2.56}$$

となり, $f=50$ Hz では, 利得=0 となる. この結果, フリッカを起こす成分は消える. このように, コマ数不足による大面積フリッカは画面の繰返しによって簡単に軽減できる.

同様に, 映画は 24 コマ/s であるから, このままではフリッカとなるが, この軽減のため同一コマを繰り返して表示する[†3]. 簡単なアルゴリズムであるが, 巧みな方法である.

### 2.2.5　3次元標本化

既述のように, TV 信号走査がそもそも 2 次元標本化であるので, 走査された TV 信号の標本化を行えば, 3 次元標本化になる. ただし, 飛越し走査の場合, あるいは, 正方画素でない場合, などは極めて複雑になる(専門書[b]を参照されたい).

# 2.3　画像信号の量子化（A-D 変換）

アナログ信号の量子化(いわば小数点以下を四捨五入して整数値で表現する過程)を行うと, 四捨五入に相当する量子化歪みを生ずる[†4]. さらに画像には特有の現象がある.

---

[†1] フリッカが気になるギリギリの場合, 改善効果は大きい. しかし, 飛越し走査として経済的にも最適化された信号では, あまり効果はない. 垂直高域成分が含まれていないからである.
[†2] 50 Hz と 60 Hz はわずかな差であるが, 視覚的にきわどいところにあるので, 現象的には大きな差となる. 欧州では, 部屋の照明がスタンドによるために暗い場合が多く, これに合わせて TV 画面も暗い. このため, フィールド周波数 50 Hz でもフリッカが目立たないと考えられる. なお, 室内照明を明るくしてこれに合わせて CRT の管面輝度を上げると, フリッカが気になる. 慣れの要素もあろう.
[†3] この場合, 繰返しでは 48 Hz にしかならないが, 映画館の画面は暗いのでフリッカを感じない.
[†4] 音声の場合には量子化歪みはもとの信号とほとんど相関がないので, 事実上, 雑音と考えてよい. これに対して, 画像の場合には, 特に平坦領域において大きな相関を有するので, 歪みである.

## 2.3.1　画像の量子化

〔1〕**偽輪郭**　画像信号の場合，量子化ビット数として，通常，8ビット（1バイト）を要するといわれている．これより少ないと，平坦に近い画像領域（緩やかな変化のある所）に，等高線状の輪郭のように見える偽輪郭が発生する[†1]（口絵9(b)参照）．

偽輪郭抑圧の手法に，あらかじめ画像に小さな雑音を加えてから量子化する，あるいは量子化の閾値をわずかに上下させるディザ[†2]がある．これにより，規則的に並んだ量子化歪みの位置をランダム化する．口絵9(c)を参照されたい．

〔2〕**SN比とPSNR**　画質に関連した量に，通信工学でよく知られた信号対雑音比，すなわち，SN比($S/N$)があり，通常，デシベル〔dB〕で次のように表す[a]．

$$S/N = 20\log_{10}(S/N) \qquad \text{ここに，} S, N \text{は電圧で表す．} \tag{2.57}$$

画像の場合，信号$S$の大きさをpeak-to-peak (p-p)で表すことが多い．このSN比をPSNRという[†3]．$V_{p-p}$の信号を$n$ビット($2^n$レベル)で量子化すると[a]，SN比は

$$S/N = 20\log_{10}(S_{p-p}/N_{rms}) = 20\log_{10}((2^n h)/(h/\sqrt{12})) \tag{2.58}$$

$$\fallingdotseq 6n + 10.8 \tag{2.59}$$

で与えられる[†4]．画質を表す重要な値であるが，必ずしも一義的には対応しない[†5]．

## 2.3.2　非線形量子化

〔1〕**量子化歪みの最小化と非線形量子化**　全体として量子化歪みを最小にするには，発生確率の高い値では緻密に細かく，逆の場合は粗く量子化すればよい．この方法を非線形（非直線）量子化という[†6][†7]．これにより，ビット数が少なくてすむ．

---

[†1]　電子的に生成した**口絵10**の画像を表示すれば特性が観視できる．訓練された放送局技術者は，暗い領域で静かに動く時，10ビット程度を見分けるという．なお，この信号を基に非線形処理などを行う場合，やはり10ビット程度を要する場合がある．

[†2]　この考えを発展させて，2値表示装置で多階調の画像を表現する方法もある［4.1.3項参照］．

[†3]　PSNR：Peak Signal to Noise Ratio, $S_{p-p}/N_{rms}$ ともいう．信号値を尖頭(peak)値で表すのは，信号$S$の定義が困難なためである(例えば，画面全体がほぼ一定値の場合など)．

[†4]　一般的な成書[a]を参照されたい．なお，この値は，後置(補間)フィルタの帯域幅が標本化定理で決まる最大幅の場合である．通常，帯域幅に比例して小さくなるので，SN比は向上する．

[†5]　上記のディザの場合，視覚的には改善されるが，SN比(PSNR)は劣化することに注意されたい．

[†6]　具体的な非線形量子化の方法には二つある．一つはアナログ信号のまま非線形変換(瞬時圧縮)して，この出力を量子化する方法(以前は一般的な方法)．他は，多めのビット数で線形量子化してから，ディジタル的に上記と等価な変換する方法(最近はこれが一般的)である．

[†7]　歪み最小の条件から，変分法により求められる[a]．結果のみ示すと

$$F(x) = \alpha \int^X [p(\xi)]^{1/3} d\xi - V \tag{2.60}$$

となる非線形変換を行ってから線形量子化を行う(含：これと等価なディジタル変換)．

さらに，これに視覚特性を考慮し，敏感な値では細かく，鈍感な値では粗く量子化することも考えられる．このためには，発生確率に視覚特性を乗じて，量子化歪み(電力)が最小となる非線形量子化特性を決定すればよい[a]．

〔2〕 **差分信号などに対する量子化**　例えば隣接する二つの画素間の差分信号の値は，0となる場合が多く，かつ正負両方にほぼ対称に分布する．したがって，**図 2.21** のように，0付近は細かく，絶対値が大きいところでは粗く量子化することが望ましい[†1]．これは，視覚特性(差感度)とも合致しており，都合がよい．このような統計的および視覚的性質は，差分信号に限らず，直交変換の変換係数(直流分を除く)に見られる[†2]．

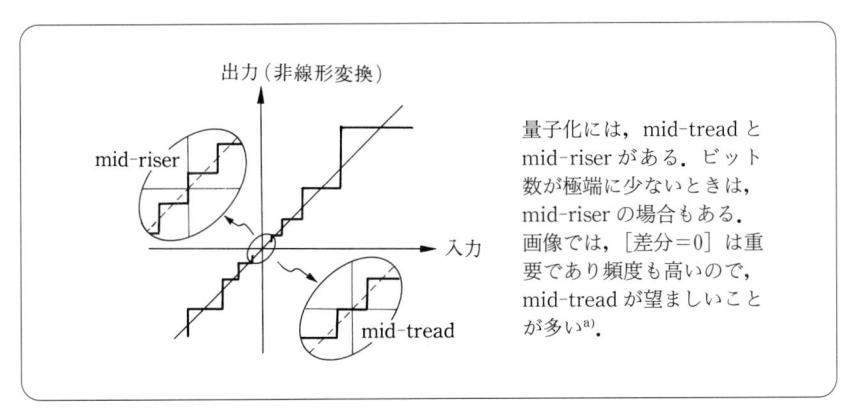

量子化には，mid-tread と mid-riser がある．ビット数が極端に少ないときは，mid-riser の場合もある．画像では，[差分=0] は重要であり頻度も高いので，mid-tread が望ましいことが多い[a]．

**図 2.21　非線形量子化**

## 2.4　変調と復調

古い歴史がある変調(特に振幅変調)は，画像の進展とともに多次元変調に発展を遂げ，ディジタル時代に有用な技術である．用語統一のため周知の1次元変調を説明し，ついで多次元変調を述べ，この応用として帯域圧縮や複合カラー TV 信号を学ぶ[a),b)]．

---

[†1]　エントロピー最大化の量子化は，各レベルの発生確率が等しくなるようにする．したがって，歪み最小の条件とは異なる．
[†2]　視覚特性[3.3.1項〔2〕参照]．高能率符号化における活用[6.1節〔1〕，6.2.1項〔2〕，6.3節参照]．

## 2.4.1 振幅変調/復調

〔1〕 1次元振幅変復調　信号 $g(t)$ により搬送波 $\cos(2\pi f_0 t)$ を変調し，$g_M(t)$ とする．

$$g_M(t) = \cos(2\pi f_0 t)\cdot\{1 + m\cdot g(t)\}$$
$$= \{\exp(-2\pi j f_0 t) + \exp(2\pi j f_0 t)\}(1/2)\cdot\{1 + m\cdot g(t)\} \tag{2.61}$$

となり，この $g_M(t)$ を伝送する．ここに $m$ は定数であり変調指数という．ここで $\{\cdot\}$ の中の1のない場合，すなわち，$g_M(t) = \cos(2\pi f_0 t)\cdot g(t)$ を（$m$ は略記），搬送波抑圧振幅変調という．送信電力の有効活用やSN比の点から，TV系でよく用いられる．

搬送波抑圧振幅変調の場合をフーリエ変換すれば（一定係数は無視して）

$$G_M(f) = \{G(f + f_0) + G(f - f_0)\}/2 \tag{2.62}$$

となる．これを図2.22中段に示す．式(2.61)，(2.62)から分かるように，変調とは，もとの周波数スペクトルを $\pm f_0$ だけシフトすることに相当する．ここで，$|f| > f_0$ の成分を上側帯波，$|f| < f_0$ の成分を下側帯波という．

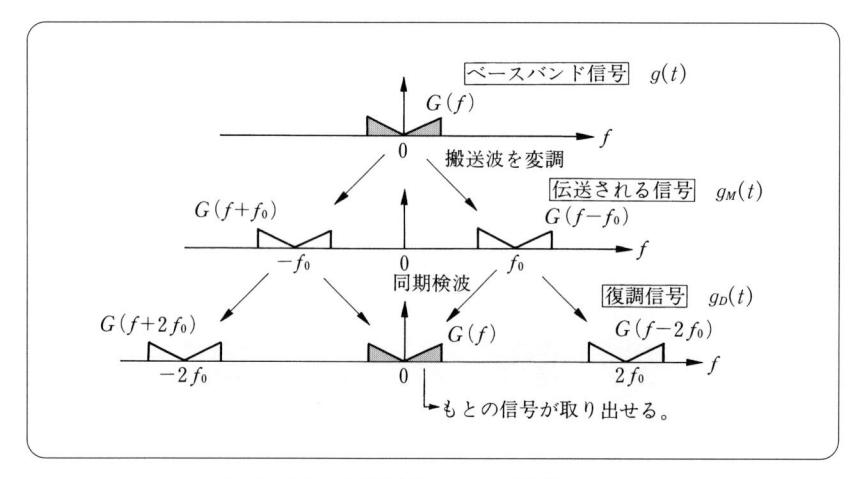

図2.22　1次元振幅変調における周波数スペクトル

復調には，同期検波と包絡線検波とがある．搬送波抑圧振幅変調では前者[†1]による．ここでは，伝送されてきた信号 $g_M(t)$ に，受信側で再生された搬送波 $\cos(2\pi f_0 t)$ を乗じて，その低域成分のみを取り出す．すなわち，乗じたものを

$$g_D(t) = g_M(t)\cos(2\pi f_0 t) \tag{2.63}$$

とする．これを，フーリエ変換すれば，一定係数を無視して，図下段に示すように

$$G_D(f) = G_M(f + f_0) + G_M(f - f_0)$$

---

[†1] 搬送波抑圧変調の復調には，同期検波が必須である．このためには，受信側で搬送波が再生できることが必須である．

$$= \{G(f+2f_0) + 2G(f) + G(f-2f_0)\}/2 \tag{2.64}$$

を得る．これの低域成分のみを抽出すれば，$G(f)$，すなわち，もとの信号$g(t)$を得る．このことから，同期検波による復調とは，再変調し，その低域成分を取り出すことでもある．

〔2〕 **多次元周波数領域における変復調** 前項の1次元変調を，2次元あるいは3次元の多次元周波数領域に拡張する．多次元の信号により，2次元あるいは3次元の単一周波数を振幅変調する．ベースバンド信号$g(x, y, t)$により変調した信号$g_M(x, y, t)$は

$$g_M(x, y, t) = g(x, y, t) \cos 2\pi(\mu_0 x + \nu_0 y + f_0 t) \tag{2.65}$$

となる[†1]．なお，簡単のため，搬送波抑圧変調の場合を示した．ここで，$\boldsymbol{f} = (\mu, \nu, f)$，$\boldsymbol{x} = (x, y, t)$とおき，フーリエ変換すれば，前記の式(2.62)と同様

$$G_M(\boldsymbol{f}) = \{G(\boldsymbol{f}-\boldsymbol{f}_0) + G(\boldsymbol{f}+\boldsymbol{f}_0)\}/2 \tag{2.66}$$

となる．このように，1次元変調におけるスカラーの周波数をベクトルに置き換えれば，多次元の振幅変調を表すことができる．すなわち，多次元周波数領域における変調とは，スペクトルを搬送波周波数$\boldsymbol{f}_0$でベクトル的に周波数シフトすることを意味する．

1次元変調の場合と同様，同期検波による復調を考える．前述のように，変調された信号を同一変調波でさらに変調して，その低域領域を抽出する．すなわち，上記の$\boldsymbol{f} \pm \boldsymbol{f}_0$の各成分を，ベクトル的に$\pm \boldsymbol{f}_0$だけ周波数シフトすることにより（ただし，複号同順ではない）

$$(\boldsymbol{f} \pm \boldsymbol{f}_0) \pm \boldsymbol{f}_0 \Rightarrow \boldsymbol{f} + 2\boldsymbol{f}_0, \boldsymbol{f}, \boldsymbol{f} - 2\boldsymbol{f}_0 \tag{2.67}$$

にスペクトルが移動する．このうちから，低域成分，すなわち，$\boldsymbol{f}$の成分のみを抽出する．

〔3〕 **標本値に基づく振幅変復調** ディジタル信号処理では，標本化された信号系列が変復調の対象となる．以下，複合カラーTV信号の色変調(式1.8)を述べる[b]．このため

$$標本化周波数 = k \cdot 色副搬波 f_{sc} \tag{2.68}$$

となるように標本化周波数を選ぶ．これの位相関係をうまく合わせると，変復調の回路規模を小さくできる．特に簡単な$k=4$の場合を**図2.23**に示す．

標本値系列，あるいは変調された信号を標本化した系列からの復調（同期検波）には，上記と同様，係数を掛ける．これを低域フィルタに通せば，原信号が取り出せる．上記の場合には，極性を反転するだけで同期検波による復調ができる．

〔4〕 **標本値に基づく振幅変調の問題** 標本化と振幅変調が重なると，両者の周波数の関係から思わぬ問題を生ずる．説明の簡単化のため，標本値の搬送波抑圧変調を考える．動

---

[†1] 変調のためには一定係数を掛ける必要がある．$\pm 1$や$2^{-n}$の場合は簡単であるが，これ以外の場合，掛算器の代わりに，次の方法がよく用いられる．
  (i) ROMを引く方法：標本値をアドレスとして，ROMにある乗算結果を引く．開発中のようにしばしば変更するときは望ましい．
  (ii) 近似乗算を行う．必要精度にもよるが，例えば，$\sqrt{3}/2 \fallingdotseq 0.866 \fallingdotseq 0.875 = 1 - 2^{-3}$のように2進数の簡単な計算に置き換える．かつては主流であった．

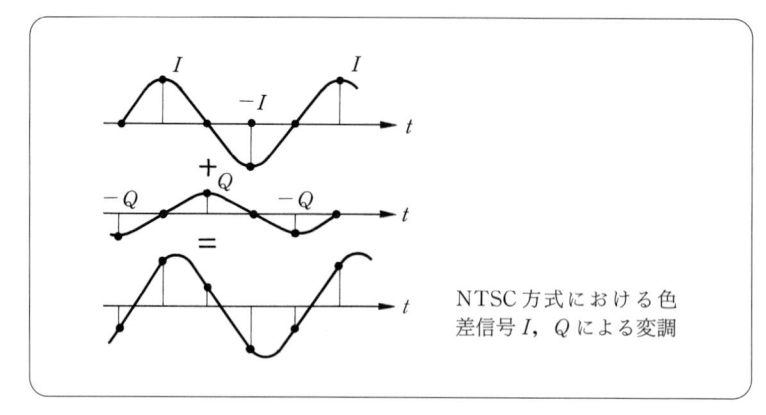

図2.23 標本値に基づく振幅変調の例（$k = 4$ の場合）

（図中：NTSC方式における色差信号 $I$, $Q$ による変調）

作を忠実に式で示せば，$[g(t)\cdot\sum\delta(t-kT)]\cdot\cos(2\pi f_0 t)$ となる．これを変形すれば

$$[g(t)\exp(2\pi j f_0 t) + g(t)\exp(-2\pi j f_0 t)]\cdot\sum\delta(t-kT)/2 \tag{2.69}$$

となる．これを式(2.50)，(2.51)に倣ってフーリエ変換すれば（一定係数は省略して）

$$\sum_m\{G(f - mf_s - f_0) + G(f - mf_s + f_0)\} \tag{2.70}$$

となる．これにより，標本化と変調によって生ずるスペクトルの中心周波数は，$mf_s \pm f_0$ であることが分かる．この結果，当初想定していなかった成分が帯域内に入ってくることがあるので，十分に確認することが必須である．さらに，TV系では走査自体が多次元標本化であり，ここで変復調を行うと，これらの多次元周波数が複雑に絡む[b]．

## 2.4.2　複合TV信号の多次元周波数領域での性質

　NTSCカラーTV信号の1次元スペクトルについては，既に1.3.4項で述べた．ここでは多次元周波数と変調の理解を深める目的から，これを多次元周波数領域で考察する．

　〔1〕**NTSCカラーTV信号の2次元周波数スペクトル**　既述のように，色副搬送波は水平方向には3.58 MHzであり，垂直方向には（フィールド内で）走査線ごとに位相が反転しているので，垂直周波数は525/4 cpHである[†1]．この2次元周波数 $f_{sc}=(\pm 3.58$ MHz, $\pm 525/4$ cpH)の色副搬送波を，前述(2.4.1項〔3〕や図2.23)のように色差信号 $I$, $Q$ で変調する．その周波数スペクトルを**図 2.24**に示す．

　〔2〕**NTSCカラーTV信号の3次元周波数スペクトル[†2]と隙間**　色副搬送波 $f_{sc}$ は，前述の［水平-垂直］の2次元的性質のほか，時間方向にフレームごとに時間周波数 $f=$

---

[†1] 1フィールドの走査線(525/2本)の2本で一つの周期をなすので，525/4 サイクル(cpH)の垂直周波数がある．

[†2] 走査周波数(広義の標本化周波数)が，$[f\text{-}\nu]$ 領域では図2.24中4隅にあることを確認されたい．

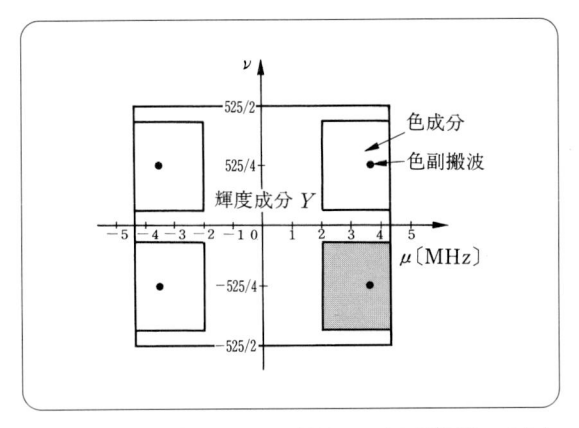

図 2.24　NTSC 複合カラー TV 信号の 2 次元周波数スペクトル

15 Hz で位相が反転し，**図 2.25**(a)に点線で示すように同一位相の走査線はフィールドごとに上昇する．このことは，ドットクロール[†1]からも容易に理解できる．この上昇は，$[f\text{-}\nu]$領域では，第 2，第 4 象限に対応する[†2]．この結果，色差信号により色副搬送波 $f_{sc}$ を

(a) NTSC 色副搬送波の$[$垂直 $y$-時間 $t]$領域での位相

(b) NTSC 信号の 3 次元周波数スペクトル

(c-1) NTSC 信号の 1 次元周波数スペクトル

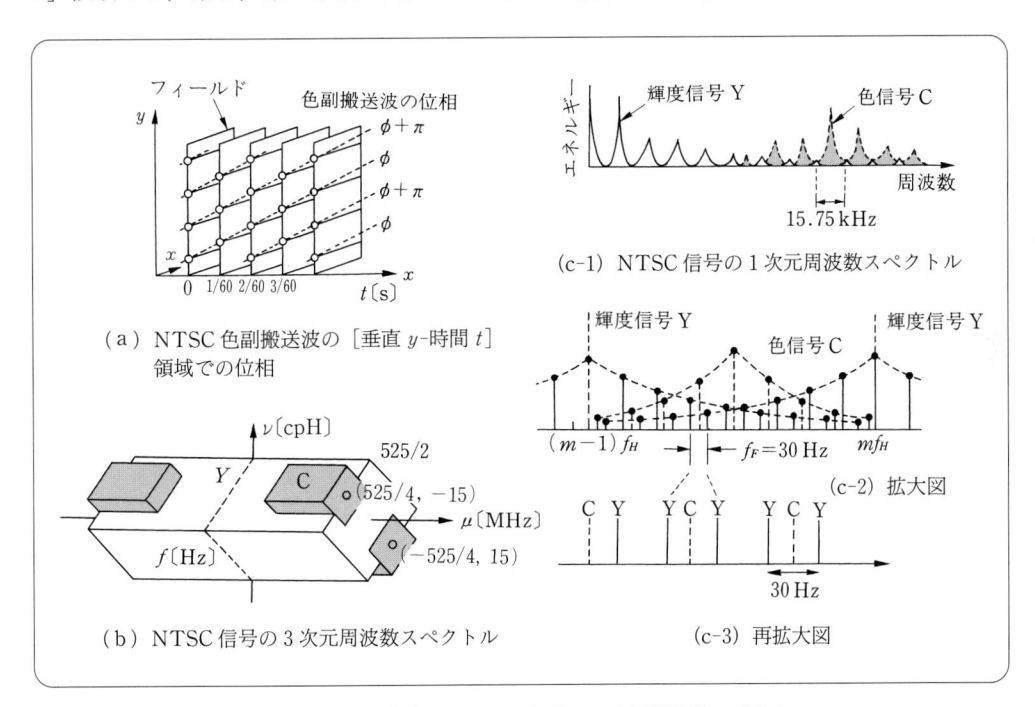

(c-2) 拡大図

(c-3) 再拡大図

図 2.25　NTSC 複合カラー TV 信号の 3 次元周波数スペクトル

---

[†1] 色の垂直の境界で，ドットのようなものが上に上がっていく（下から上まで約 8 秒）のが観察される．これは変調された色の成分の漏れによる．走査線 525 本が $(4l+1)$ の関係にあることに起因する．すなわち，フィールド内で 1 走査線ごとに位相が反転するので，次のフィールドにある 262 本目が同相になる．これは，空間的に垂直方向に 1 走査線だけ上の走査線である．

[†2] CZP（図 2.2）からの連想により，図 2.25(a)の，右上がりの等相の線（破線）が CZP の第 4，第 2 象限のパタンに相当し，このことから，色信号が第 4，第 2 象限にあることが推察される．

変調すると，色信号は図(b)に示す位置に配置される[†1]．

なお，これより明らかなように，これと線(面)対称な位置の第1，第3象限は，有効利用されていない孔である[†2]．これは，色副搬送波とは逆にフィールドごとに下降する成分に対応する．理解が深まるに従って，従来は一杯に詰まっていると思われた周波数領域に新たな隙間が現れた．この発見は，3次元周波数の理解を以て初めて可能になった．

### 2.4.3　帯域圧縮―信号多重における振幅変調と標本化の役割―

〔1〕**2次元周波数領域における帯域圧縮**　帯域圧縮の最も簡単な例として，前述のオフセット標本化による2次元的な方法を示す．ここでは，帯域幅 $f_w$ で伝送する代わりに，これより低い $f_c(=f_s/2$，$f_s$ は標本化周波数)に帯域圧縮する．これを図 2.26 に示す．

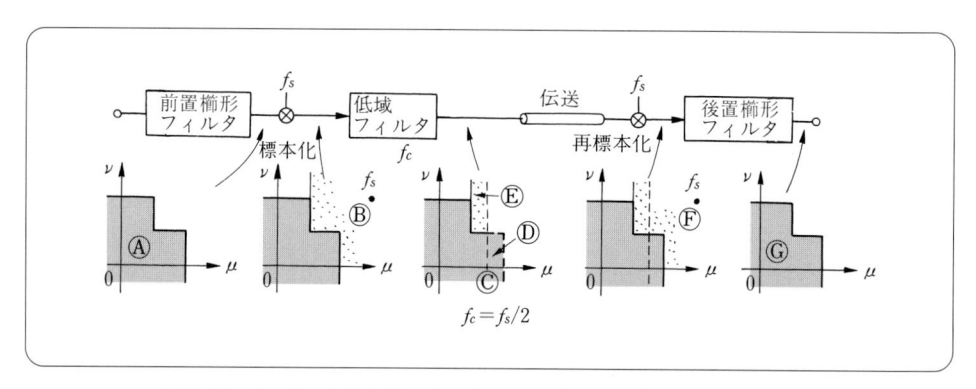

**図 2.26　オフセット標本化の考え方による帯域圧縮（2次元周波数表示）**

まず，斜め成分を削り取る．このため，前置櫛形フィルタを通過させ[†3]，図示する帯域(Ⓐ)に制限する．次に，オフセット状の $f_s$ (Ⓑ)で標本化する．具体的には，上記出力を2：1にサブサンプリング(間引き)する．これにより，2次元周波数帯域は隙間なく埋まる．これを，低域フィルタで水平方向に伝送帯域 $f_c(=f_s/2)$ の線(Ⓒ)で帯域制限し，伝送する．

受信部では，移し替えて伝送された信号Ⓔを元に戻し，失われた信号Ⓓを再現する．これには，受信信号を送信部と同じ $f_s$ (Ⓕ)で再標本化する．$f_s$ は周波数のみでなく位相も一致している必要がある．そして，再び後置櫛形フィルタで濾波して，原信号Ⓖを取り出す．

これからも分かるように，目的は(水平)伝送帯域幅の圧縮であるが，実際は単なる2次元

---

[†1] これを1次元周波数表示する．図 2.25(c-1)に示す NTSC 複合信号のスペクトルのうちの 15.75 kHz 分を拡大すると，(c-2)のようになる．さらに(c-3)のように拡大する．すると，輝度信号 Y の一つおきに色信号 C があり，間が一つおきに空いていることが分かる．

[†2] この活用の提案者にちなんで米国で Fukinuki Hole と命名された［2.4.3項〔3〕参照］．

[†3] フィルタの形状には，図 2.26 に示す一般的な形状や，図 2.18 に示したダイヤモンド形などがある．具体的な動作は，通常，$2f_s$ の格子状標本化周波数で標本化してディジタルフィルタで実現する．

周波数領域の範囲内での信号成分の移し替えである[†1].

〔2〕 **帯域圧縮における振幅変調多重と標本化(信号の帯域の移し替え)**　　上述の標本化による帯域圧縮と，次に述べる振幅変調多重による帯域圧縮は，一見別の技術に見える．しかし，ほぼ等価に実現できる．直感的理解のため図 2.27 の 1 次元信号で説明する．

図から明らかなように，伝送するアナログ回線のある帯域以下の信号成分を見ると，両者いずれの方法でも全く等しい．これは，標本化の場合，無限個の成分が生ずるが，実際に必要なのは第 1 の成分のみであるからである．方式設定から見ると，振幅変調多重による方がはるかに自由度が高い[†2].

---

### ☕ 談　話　室 ☕

**帯域圧縮**[†3]　　1950 年代前半，米国ベル研究所で画像信号の自己相関性が測定された(3.1.1 項)．その結果，画素間に極めて大きな相関があることが見いだされ，大きな反響を呼んだ．そして，帯域圧縮の研究が盛んになった．ただ，熱心な研究にもかかわらず，うまくいかなかった．長らく，回路や処理の不完全さなどが原因と思われたが，説明がつかなかった．

その後，自己相関性を帯域圧縮に活用することは無理であることが分かった．なぜなら，「自己相関性が高い」ことは「信号の電力が低周波に集中している」ことである．一方，「TV 信号の帯域が広い」ことは「高域成分は電力は小さいが情報としては重要である」ことである．この重要な情報を粗末に扱ってはならない．失敗の原因はここにあった．

1980 年代，第 2 次帯域圧縮ブームが 1/3 世紀ぶりに注目を集めた．今度は，相関性に代わって，視覚上重要でない周波数帯域や，現在の方式で有効に利用されていない周波数領域を有効に活用する．そして，そのような周波数領域に，他の重要な情報を移して詰めることを考える．これは音声信号にはない大きな特徴である．TV 信号の帯域圧縮の可能性はこの点にある．

帯域圧縮の過去唯一の成功例といわれる NTSC カラー方式では，色信号を輝度信号の周波数の 2 次元的な隙間に挿入した．ただし，これは，相関性に刺激されたものではないが，結果的に帯域圧縮のあり方を示した．

さらなる発展には，3 次元周波数領域で見ることにより新たな隙間が見いだされた．この実現のためにはフレームメモリが要る．これは極めて大容量であり，従来は特殊な用途を除けば実用性がなかった．最近注目を集めている理由には，LSI の進歩も挙げられる．

なお，日本では，帯域圧縮と高能率符号化の用語をあいまいに扱ってきた [6.1 節参照]．しかし，上記のように全く別技術である．

---

†1　斜め方向の情報の削除による画質劣化はある．この改善は 3 次元的な手法によらざるを得ない．
†2　既に標本化された信号の場合，多重化のための標本化(再標本化)のパラメータの選定は必ずしも自由ではないが，振幅変調の場合は比較的自由に選べる．例えば，下側帯波/上側帯波のいずれをも自由に選べる，多重化する成分の振幅を自由に設定できる，などの利点がある．したがって，標本化による方式の場合，その具体的設計は，設計者の自由選択に任されるが，逆は必ずしも成り立たない．
†3　もう一つの帯域圧縮(通信路符号化における)：本書では扱わないが，もう一つの帯域圧縮がある．
　　広義の符号化には，情報源符号化(本書で扱う狭義の符号化)と，通信路符号化がある．後者は信号を通信路(伝送路)の特性に合致させることである．例えば伝送路の SN 比に余裕のある場合には，2 値情報を 2 個組み合わせて 4 値として送れば，2 倍の情報が送れる．あるいは帯域は半分でよい．さらに多値化すれば，帯域はさらに圧縮できる．実際のモデムなどでは，振幅と変調された搬送波の位相の組合せなどにより，32 値や 64 値として送る．FAX 国際規格ではこれを帯域圧縮と称している．

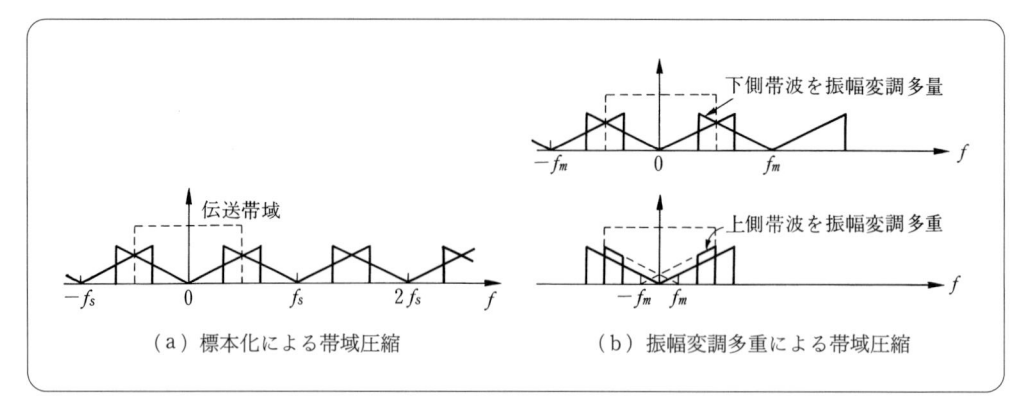

54    2. 画像信号解析の基礎と応用

図2.27 帯域圧縮の実現法—標本化と振幅変調多重—（直感的理解のため1次元周波数領域で示した）

以下，振幅変調として発表されたEDTV（水平高域成分の帯域内へのシフト）と，標本化として発表されたハイビジョン放送のためのMUSE方式について述べる．

〔3〕 **NTSC方式の3次元周波数のホールの利用による帯域圧縮**　　帯域圧縮では有効利用されていない周波数領域を見いだす必要があるが，開拓済みの2次元領域にはその余地はなく，新たな可能性を3次元周波数領域に求める必要がある．

幸い，NTSC複合カラーTV信号では有効利用されていない前述の孔(Fukinuki Hole)があり，これを利用してEDTV（NTSC方式と両立性のある高精細TV）が提案された[2]．すなわち，この孔に輝度Yの水平高精細成分HHを挿入する[†1]ことにより，NTSC方式と完全両立性を保ちつつ，高精細なTVを実現することができる[†2]．これを**図2.28**に示す．

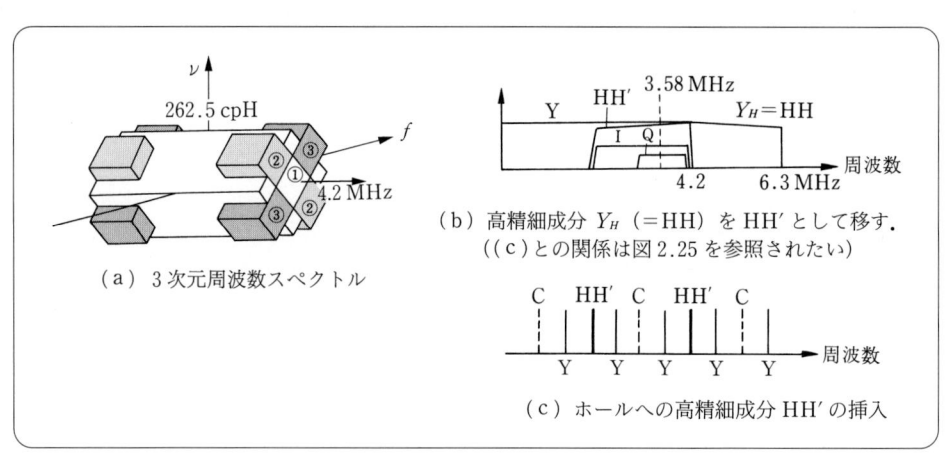

図2.28　3次元周波数領域のホールの利用による帯域圧縮

---

†1 輝度信号の解像度のうち，垂直解像度は，既述の［順次-飛越し-順次］変換より，大幅な向上が可能となる．したがって，共役孔を水平輝度解像度の向上に役立てるのは，素直な考え方であろう．
†2 我が国では，両立性のある高精細TV，EDTV-IIにおいて水平解像度向上のために採用された．
　米国では，ACTV(Advanced Compatible TV)として1980年代後半，NTSC発祥の研究所で提案された．1990年初頭にはこれで次世代TV決定かと思われたが，ディジタルTVへ移行した．

## 2.4 変調と復調

水平高域輝度信号 HH をこの孔に挿入するには，その配置する領域から分かるように，「色副搬送波とは逆に，走査線ごとに降下する副搬送波」を"HH 副搬送波 $\mu_0$"として，HH で振幅変調して多重化すればよい．水平方向の周波数の選び方には自由度がある[†1]．

〔4〕 **ハイビジョンのための帯域圧縮—MUSE[†2]—** 多重オフセット（サブナイキスト）標本化方式として提案された[3]．この方式では，静止領域と動領域[†3]で処理内容が若干異なる．ここでは，多重サブナイキスト標本化を行う静止領域のスペクトルを示そう．

図 2.29(a) は，提案通りに 2 度のサブナイキスト標本化を行うときの水平周波数スペクトルである．このようにすると折返し成分が元の信号に重なるのではないかと心配されるが，これを［時間 $f$-垂直 $\nu$］周波数領域で見るとスペクトルは図 (b) のように配置され，結果的に，図 2.28 の EDTV と原理的に同様になる．MUSE 方式は上記の多重標本化の略であるが，EDTV の水平補強と同じく 3 次元周波数領域での振幅変調と考えてもよい[†4]．

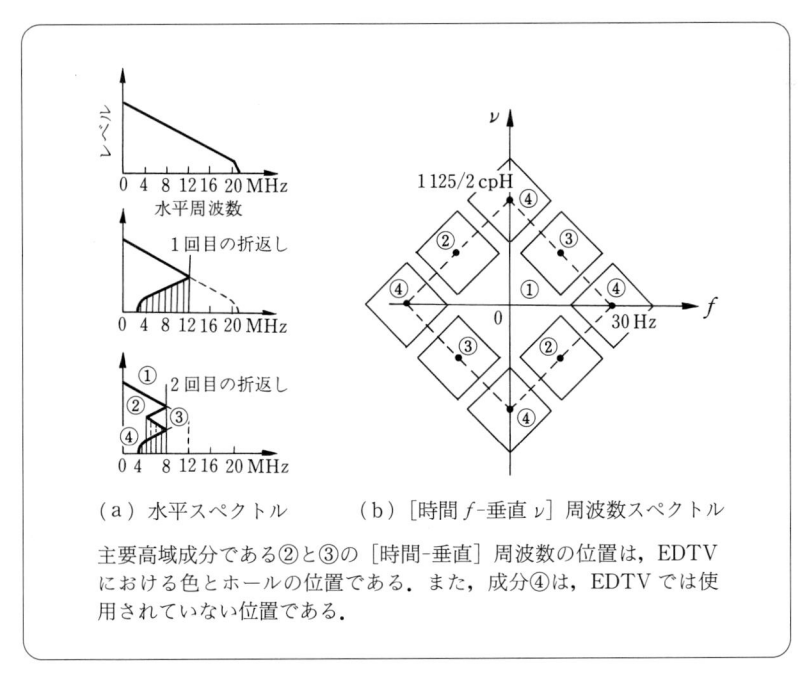

(a) 水平スペクトル　　(b)［時間 $f$-垂直 $\nu$］周波数スペクトル

主要高域成分である②と③の［時間-垂直］周波数の位置は，EDTV における色とホールの位置である．また，成分④は，EDTV では使用されていない位置である．

**図 2.29　MUSE 方式における周波数スペクトル**

---

[†1] $\mu_0$ の選び方により，高精細情報 HH の周波数シフトの様子が異なる．上側帯波を用いる場合と，下側帯波を用いる場合がある．後者の方が既存の NTSC 受像機への画質妨害が小さく，好ましい．

[†2] MUSE：Multiple Sub-Nyquist Sampling Encoding の略．放送衛星による HDTV（ただし，ハイビジョン）放送のため，1984 年 1 月，前述の EDTV に続いて発表された．

[†3] 動領域における標本化：2 フィールドを単位とすると，動領域で大きくボケてしまう．そこで，1 フィールド分の値のみを用いて，2 次元周波数領域で処理する．

[†4] 多次元振幅変調多重ともいえるので，Multi-Dimensional Sub-Carrier Encoding とも考えられる（もちろん正式名称ではない）．振幅変調によれば，波形等化や標本化周波数などの考え方にも自由度が増す．例えば通常の説明では標本化周波数の変換が必須だが，振幅変調で考えればその必要性はない．

## 2.5 ディジタルフィルタ

ディジタルフィルタは画像の進展とともに多次元フィルタとして発展し、今日に大きなインパクトを与えた。本章では、用語確認の意味を含めて学習済みの周知の1次元ディジタルフィルタを復習し、ついで画像工学で重要な2次元、3次元への発展を学ぶ。さらにその応用として、複合カラー TV 信号の YC 分離と、サブバンド信号を学ぶ。

### 2.5.1 ディジタルフィルタは何が有難いか

広義のディジタルフィルタによってディジタル信号処理[†1]を代表させて、これによって何が有難いかを考えてみよう。画像特有の構成法については 2.5.5 項に述べる。

〔1〕 **一般的な有難さ**　ディジタルフィルタは、遅延素子や加減算(と乗除算)から構成される。アナログの場合の素子偏差、経年変化、温度特性などの問題がないこと、LSI に向いていること、計算機(含:DSP)やディジタル伝送路との整合性の良さなどが、挙げられている。このほか重要なことに、送りと受け(符号器と復号器)がペアを作る場合、完全に逆関数の特性にできることがある(アナログでは微妙な誤差は不可避である)。

〔2〕 **画像における有難さと音声における有難さ**　上記の一般的な有難さのほか、この両者でそれぞれ特徴ある有難さがある[b]。

音声帯域の信号を対象にアナログ回路(例えば低域フィルタ)を作る場合、その周波数の低さから、$L$(コイル)や $C$(コンデンサ)は大きく、かつ鉄や銅の塊りであるから極めて重い。一方、ディジタルフィルタの場合、いったん A-D 変換によりディジタル信号になっていれば、後は上記のように LSI で作れ、"重厚長大"を回避することができる。

これに対して、TV 信号の場合、重厚長大回避の有難みは周波数の関係から音声に比べれば薄れる[†2]。本質的な有難みは、1.1.3 項〔1〕で述べたように、本来の多次元信号のままで行える多次元信号処理の実現にある。

---

[†1] 「ディジタル信号処理」の名称の妥当性:本節末の談話室参照。
[†2] TV 信号では、扱う周波数帯域は音声の約 1 000 倍であるので、$j\omega L$ や $1/(j\omega C)$ の式の形からも分かるように、$L$ や $C$ は 1/1 000 でよい。なお、画像処理は、一般に極めて複雑であるため、ディジタル化しなければ実現しない。また、価格的にも LSI 化が必須である。

## 2.5.2 1次元 $z$ 変換と1次元ディジタルフィルタ

〔1〕 **$z$ 変換の定義** 図 2.30 に示すように，標本化周期 $T$ で標本化された標本値系列 $\{x_n\} = x_0, x_1, x_2, \cdots, x_n, \cdots$ が与えられたとき，複素数 $z^{-1}$ の整級数

$$Z\{x_n\} = X(z) = \sum_{n=0}^{\infty} x_n z^{-n} \tag{2.71}$$

を $\{x_n\}$ の $z$ 変換という．$z^{-1}$ は $z$ 変換演算子あるいは単位遅延演算子ともいう[†1]．

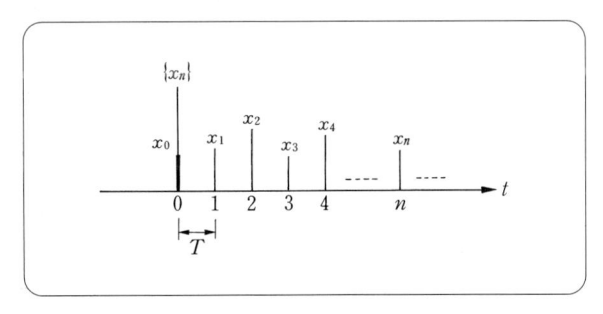

図 2.30 標本値系列 $\{x_n\}$

〔2〕 **逆 $z$ 変換** Cauchy の積分定理(複素積分)が広く説明されている．ただ，実用的には級数展開による方法が分かりやすい[a)]．

〔3〕 **差分方程式と伝達関数** ディジタルフィルタの構成の基本は差分方程式である．これによって伝達関数を求めよう．図 2.30 に示した入力系列 $\{x_n\} = x_0, x_1, x_2, \cdots$，と，フィルタの出力系列 $\{y_n\} = y_0, y_1, y_2, \cdots$，が，差分方程式により

$$y_n = \sum_{k=0}^{M} a_k x_{n-k} - \sum_{k=1}^{N} b_k y_{n-k} \tag{2.78}$$

と表されるものとする．すなわち，時刻 $t = nT$ におけるフィルタの出力 $y_n$ は，$x_{n-k}$ から $x_n$ までの $(M+1)$ 個の過去および現在の入力と，$y_{n-L}$ から $y_{n-1}$ までの $N$ 個の過去の出

---

[†1] $z$ 変換とラプラス変換：インパルス列 $\{x_n\}$ を $x(t) = \sum x_n \delta(t - nT)$ と考え，ラプラス変換すると

$$\mathcal{L}\{x(t)\} = \int_0^\infty x(t) \exp(-st) dt = \sum x_n \exp(-snT) \tag{2.72}$$

と表せる．ここで，$z^{-1} = \exp(-sT)$ とおくと $\mathcal{L}\{x(t)\}$ は $Z\{x_n\}$ に一致する．すなわち，$z$ 変換はラプラス変換の特殊な場合である．$z$ 変換の例を示す．
 (ⅰ) 離散値系における単位インパルス関数：$x_0 = 1, x_1 = 0, x_2 = 0, \cdots$．　$Z\{x_n\} = 1$　(2.73)
 (ⅱ) 単位ステップ関数：$x_0 = x_1 = x_2 = \cdots 1$
  $Z\{x_n\} = 1 + z^{-1} + z^{-2} + \cdots = 1/(1 - z^{-1})$ (2.74)
 (ⅲ) 指数関数：$x(t) = \exp(-at)$ の標本値系列，$x_0 = 1, x_1 = \exp(-aT) \cdots$
  $Z\{x_n\} = 1 + \exp(-aT)z^{-1} + \exp(-2aT)z^{-2} \cdots$
  $= 1/(1 - \exp(-aT)z^{-1}) = z/(z - \exp(-aT))$ (2.75)
 $z$ 変換の性質：前述のことから類推できる．主なものを列挙する．定義に従って確認されたい．
 (ⅰ) 時間推移：$y_n = x_{n-k}$ であれば $Y(z) = z^{-k}X(z)$ (2.76)
 (ⅱ) 畳込み：$y_n = x_n \otimes h_n = \sum x_k h_{n-k}$ であれば $Y(z) = X(z)H(z)$． (2.77)

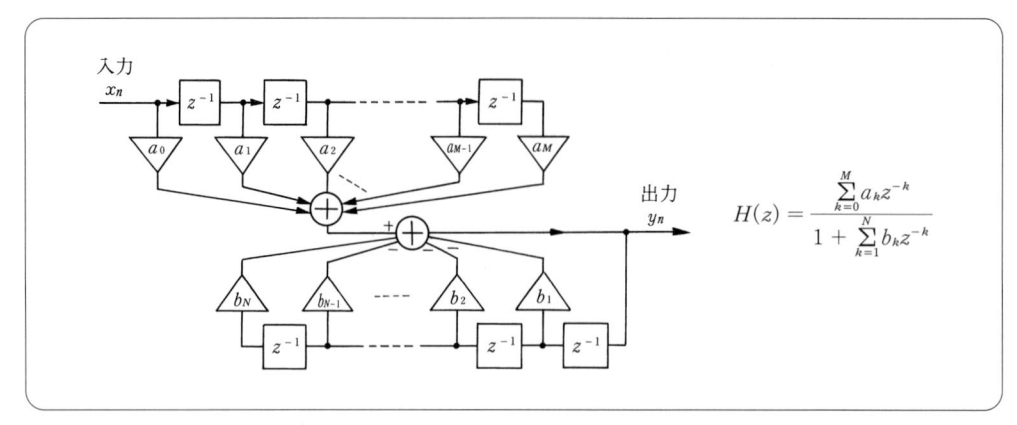

図2.31 ディジタルフィルタの構成（第1直接形）

力のフィードバック値との差分によって決定される．直接的な構成を図2.31に示す．

これから伝達関数を求めよう．式(2.78)を，時間推移則も活用して$z$変換すると

$$Y(z) = \sum_{k=0}^{M} a_k z^{-k} X(z) - \sum_{k=1}^{N} b_k z^{-k} Y(z) \tag{2.79}$$

となる．これを移項して$Y(z)$について整理すれば下式のようになる．

$$Y(z) = \left[\sum_{k=0}^{M} a_k z^{-k} \bigg/ \left(1 + \sum_{k=1}^{N} b_k z^{-k}\right)\right] X(z) \tag{2.80}$$

$$= H(z) X(z) \tag{2.81}$$

ここに，$H(z)$は，入力$X(z)$と出力$Y(z)$を関係づけるものであり，伝達関数という．

〔4〕 **インパルス応答**　　線形回路[†1]の特性を表すものに，インパルス応答がある．図2.32に示すように，単位インパルスを加えたときの応答(インパルス応答)，$Y(z)$は

$$Y(z) = H(z) X(z) = H(z) \quad (\because X(z) = 1) \tag{2.82}$$

となる．すなわち，$Y(z)$から伝達関数$H(z)$を求められる．

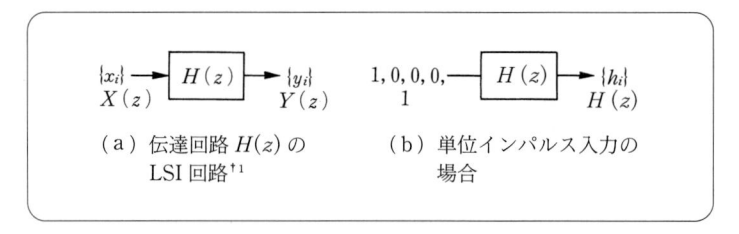

図2.32 ディジタルフィルタとそのインパルス応答

〔5〕 **再帰形と非再帰形ディジタルフィルタ**　　式(2.78)〜(2.80)で係数$b_k(k=1, 2, \cdots)$が全て0なら，フィードバックはない．これを非再帰(非巡回, non-recursive)形とい

---

[†1] 厳密には線形シフト不変(LSI：Linear Shift Invariant)という．シフト不変とは座標をずらしても特性が不変なこと．LSIといっても大規模集積回路(Large Scale Integration)とは関係ない．

う．逆に，フィードバックのあるものを再帰(巡回，recursive)形という．

もう一つの分類として，インパルス応答に着目して，FIR(Finite Impulse Response)フィルタと，IIR(Infinite Impulse Response)フィルタがある．

非再帰形の場合，$H(z) = \sum a_k z^{-k}$ ($k = 0 \sim M$ の和)であるから，$M$ 標本間隔でインパルス応答は終了する．すなわち，FIR フィルタである．一方，再帰形の場合，$H(z)$ の分母を級数展開すれば，通常は無限級数となる．すなわち IIR フィルタである．

しかし，次の例のように，再帰形でも FIR となることがある．

**例** $H(z) = (1 - z^{-K})/(1 - z^{-1})$ は，再帰形，非再帰形，FIR，IIR の関係はどうか．

**解** 再帰形ではあるが，$H(z) = 1 + z^{-1} + z^{-2} + \cdots + z^{-K+1}$ と変形できるので，FIR フィルタである．しかし，$(1 - z^{-K})$ と $1/(1 - z^{-1})$ の縦続接続による構成では，不要な成分が持続する．このため，初期値や接続順序に注意を要する．

〔6〕**フィルタの利得と直線位相** 伝達関数 $H(z)z^{-1}$ に $\exp(-2\pi jfT)$ を代入すればフィルタの周波数特性が得られる．これを $F(f)$ で表すことにする．$\exp(2\pi jfT)$ が $T = 1/f_s$ の周期を持つことから，この特性は，周波数 $f_s = 1/T$ の周期で繰り返される．

音声と異なり，画像は波形伝送である[†1]．このため，位相が周波数特性をもたないこと(直線位相[†2])が重要である．すなわち，$(2N + 1)$項からなる FIR フィルタの伝達関数が

$$H(z) = h_N + h_{N-1}z^{-1} + h_{N-2}z^{-2} + \cdots + h_1 z^{-N+1} + h_0 z^{-N} + \cdots + h_N z^{-2N}$$

$$= \{h_0 + \sum_{n=1}^{N} h_n(z^{-n} + z^n)\}z^{-N} \tag{2.83}$$

のように，左右対称となっていることが望ましい．このとき周波数特性 $F(f)$ は

$$F(f) = \{h_0 + 2\sum h_n \cos(2\pi fnT)\} \exp(-2\pi jNTf) \tag{2.84}$$

のように［実数×遅延項］となり直線位相となる．ただし，水平と垂直において重要な性質であるが，時間方向については，もともと視覚に残像特性があるため，重要ではない．

〔7〕**1次元非再帰形フィルタの構成法** 画像の水平または垂直領域のフィルタとして用いる伝達関数 $H(z) = \sum a_k z^{-k}$ の1次元非再帰形フィルタの構成方法を述べる[†3]．

---

†1 音声の場合：2.5.5項参照．
†2 伝達関数の周波数特性が $G(f) = |G(f)|\exp(-2\pi j\tau f)$ (2.85)
 と表されるとき(位相項の位相が周波数 $f$ に比例するとき)，出力 $g(t)$ は $g'(t - \tau)$ となり，一定時間 $\tau$ の遅れとなる．なお，$N$ 画素の遅延に相当する $z^{-N}$ や $\exp(-2\pi jf\tau)$ は略記して説明する場合が多い．
 式(2.83)では $H(z) = h_0 + \sum h_n(z^{-n} + z^n)$ となる． (2.86)
†3 非再帰形フィルタの一般的設計[a]：上記(1)〜(3)で述べた構成のための伝達関数を求めるには，時間領域と周波数領域の二つの設計方法がある．
　・時間領域の設計：所望のインパルス応答が与えられれば，ただちにフィルタ係数が決定される．
　・周波数領域の設計：下記(i)(ii)の方法がある．
　(i) フーリエ級数展開と窓関数に基づく方法：希望する周波数特性 $F(f)$ を逆(離散)フーリエ変換して，インパルス応答 $\{h_{Di}\}$ を得る．この応答の時間間隔はフィルタのそれと一致させる．これに窓関数 $\omega(t)$ を乗じて有限パルス系列 $\{h_{Mi}\}$ を得る．これが非再帰形フィルタの係数となる．
　(ii) 周波数サンプリングに基づく方法．

**（1） 直接形構成**　最も一般的な構成方法であり，$z$ 変換における単位遅延演算子を，そのまま時間領域における遅延素子に置き換える．図 2.31 における構成で，上半部のみの構成である．トランスバーサルフィルタともいう．

**（2） 縦続形構成**　伝達関数を因数分解して，必要に応じて下式のように実数の範囲で 1 次式の項と 2 次式の項に因数分解し，縦続接続する．

$$H(z) = (\alpha_0 + \beta_0 z^{-1})(\alpha_1 + \beta z^{-1})\cdots(\alpha_p + \beta_p z^{-1} + \gamma z^{-2}) \tag{2.87}$$

**（3） 直線位相の場合の直接形構成の変形**　画像でよく用いられる直線位相のフィルタでは，係数が左右対称であることを活用して，図 2.33 に示す巧妙な構成がある．すなわち，左右対称のタップをあらかじめ加えて，係数 $a_0$, $a_1$, … を乗ずる回路を半減できる．

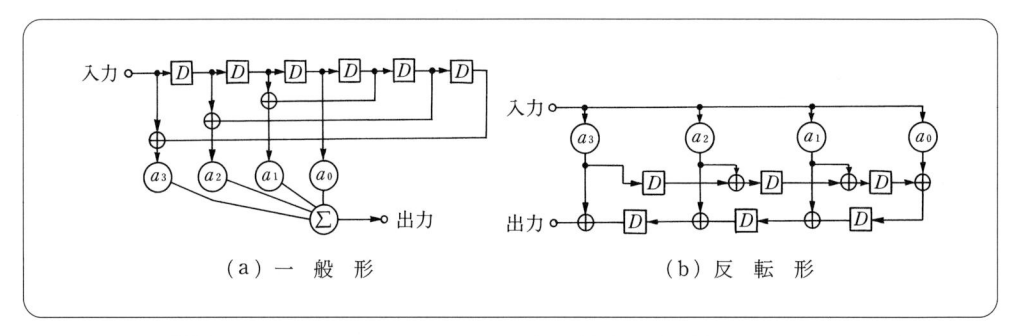

（a）一般形　　　　（b）反転形

**図 2.33**　直線位相トランスバーサルフィルタの構成例（係数が左右対称であることを活用する）

## 2.5.3　2次元 $z$ 変換と2次元ディジタルフィルタ

**〔1〕概要**　多くは 1 次元の場合の拡張によって理解できる．

**（1） 2 次元 $z$ 変換**　1 次元 $z$ 変換と同様に定義できる．2 次元標本値 $x_{k,l}$ に関して，複素変数 $z^{-1}$，$w^{-1}$ の整級数[†1]，2 次元 $z$ 変換 $X(z, w)$ を次のように定義する．

$$X(z, w) = \sum_k \sum_l x_{k,l} z^{-k} w^{-l} \tag{2.88}$$

**（2） 2 次元差分方程式**　2 次元入力信号系列 $x_{m,n}$ と出力信号系列 $y_{m,n}$ が，係数 $a_{k,l}$，$b_{k,l}$ によって次のように差分方程式で表されるものとする．

$$y_{m,n} = \sum_k \sum_l a_{k,l} x_{m-k,n-l} - \sum_k \sum_l b_{k,l} y_{m-k,n-l} \quad \text{ただし，} b_{0,0} = 0 \tag{2.89}$$

総和 $\sum\sum$ の範囲は 1 次元の場合と異なる．走査を伴う TV 信号では，図 2.34 のようになる．1 次元の場合と異なり，$k < 0$ も $\sum$ の範囲に含まれていることに注意されたい．

---

[†1] 演算子 $z^{-1}$, $w^{-1}$ の代わりに，$z_1^{-1}$, $z_2^{-1}$，あるいは，$z_H^{-1}$, $z_V^{-1}$ と表している論文も多い．
2 次元ディジタルフィルタの安定性：再帰形フィルタには安定性の問題が残る．2 次元の場合も，安定の条件は，インパルス応答が $\sum\sum |h_{i,j}| < \infty$（有界）であることである．しかし，このための判定条件は確立されていない．それは極が不明確であるためである．

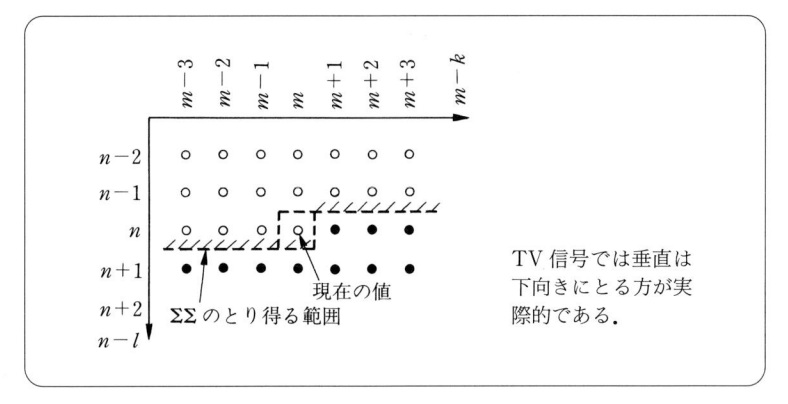

図2.34 2次元ディジタルフィルタにおける入力信号 $x_{m-k,n-l}$，出力信号 $x_{m-k,n-l}$ のとり得る範囲（例）

**（3）2次元伝達関数**　式(2.89)を2次元 $z$ 変換すると

$$Y(z,\ w) = \frac{\sum\sum a_{k,l}z^{-k}w^{-l}}{1+\sum\sum b_{k,l}z^{-k}w^{-l}}X(z,\ w) = H(z,\ w)X(z,\ w) \tag{2.90}$$

となる．1次元の場合と同様，$H(z,\ w)$ を2次元伝達関数という．

**（4）2次元フィルタの特性**　1次元の場合をそのまま拡張して得られる．

（ⅰ）インパルス応答：2次元インパルス($x_{0,0}=1$，他は0)に対する応答は，$Y(z,\ w) = H(z,\ w)$ となる．

（ⅱ）周波数特性：標本点の間隔を $\xi_0$，$\eta_0$ とすると，$z^{-1}$，$w^{-1}$ にそれぞれ $\exp(-2\pi j\xi_0\mu)$，$\exp(-2\pi j\eta_0\nu)$ を代入することにより得られる．

**（5）TV信号に適用するとき注意すべき事項**　画像の解析では，通常，垂直方向 $y$ 軸の上方を正とする．しかし，TV走査では下方に進む．$y$ 軸を逆にとれば解決される．

**〔2〕2次元ディジタルフィルタの構成**　2次元フィルタの構成例には下記がある．さらに，これらの混合形式，部分的に変数分離可能である場合など，多くの変形があり得る．

変数分離可能　　$H(z,\ w) = H_H(z)H_V(w)$ 　　　　　　　　　　　　　　(2.91)

並列形式　　　　$H(z,\ w) = H_1(z,\ w) + H_2(z,\ w) + H_3(z,\ w) + \cdots$ 　(2.92)

縦続形式　　　　$H(z,\ w) = H_1(z,\ w)H_2(z,\ w)H_3(z,\ w)\cdots$ 　　　　(2.93)

なお，これらいずれの形式も不可な場合もある．

**（1）変数分離可能な場合のフィルタ設計**　水平方向と垂直方向の1次元フィルタ，$H_H(z)$，$H_V(w)$ に分離して，それぞれに1次元フィルタの設計手法を適用する．

**（2）並列形式のフィルタ設計方法例**　考え方を図2.35に示す．図(a)の通過域 $H(z,\ w)$ のフィルタの設計には，これを長方形に分割し，変数分離形にする．

図(b)の場合：引算により $H(z,\ w) = 1 - H_1(z,\ w) = 1 - H_H(z)H_V(w)$ となり，

(a) 要求されるフィルタ  
　　の例 $H(z, w)$

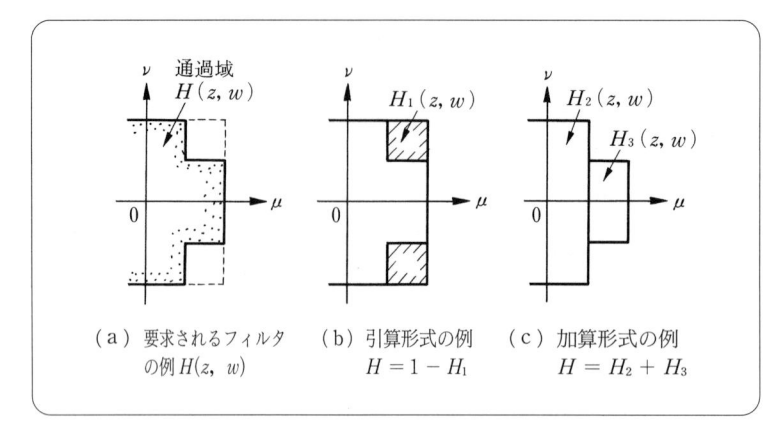

(b) 引算形式の例  
　　$H = 1 - H_1$

(c) 加算形式の例  
　　$H = H_2 + H_3$

**図 2.35　2次元ディジタルフィルタの考え方の例**

$H_H(z)$ と $H_V(w)$ を1次元フィルタとして設計すればよい．図(c)の場合：加算により

$$H(z, w) = H_1(z, w) + H_2(z, w) = H_{1H}(z)H_{1V}(w) + H_{2H}(z)H_{2V}(w) \tag{2.94}$$

として，以下，同様に設計する[†1]．

**(3) 特定の2次元周波数における利得が与えられている場合の設計**　$n$ 個の2次元周波数における利得が与えられているとき，$n$ 個の未知数 $h_{i,j}$ を有する伝達関数

$$H(z, w) = \sum\sum h_{i,j} z^{-i} w^{-j} \tag{2.95}$$

を考える．この $z^{-1}$, $w^{-1}$ と，$H(z, w)$ に与えられた値を代入し，連立方程式を解く．$i$ や $j$ の選び方にコツが要る．この方法は，変数分離の可否に関係なく適用できる．

**(4) インパルス応答による非再帰形フィルタの設計**　1次元ディジタルフィルタにおけるインパルス応答による設計を，2次元にそのまま拡張する．これには下記がある．

(ⅰ) 2次元インパルス応答 $\{h_{i,j}\}$ が与えられたとき，これを2次元フィルタの各タップの係数とするフィルタを構成すればよい．

(ⅱ) 逆フーリエ変換と窓関数による方法　希望する2次元周波数特性を2次元逆フーリエ変換して2次元インパルス応答を得る．これに2次元の窓関数を乗じ，有限の項からなるインパルス応答 $\{h_{i,j}\}$ を得る．以降，上記の(ⅰ)に従う．

## 2.5.4　3次元ディジタルフィルタ

**〔1〕 1次元，2次元フィルタとの共通点と相違点**　1次元→2次元の拡張を，さらに時間を含む3次元に拡張する場合，［水平-垂直］領域と時間領域とでは，視覚特性や信号の

---

†1 この分割による設計の場合，分割の接ぎ目(この例では $\mu$ 軸上)での利得を連続的にするためには $H_{2H}(z) = 1 - H_{1H}(z)$ のように1から引く形とし，$= H_{1H}(z)H_{1V}(w) + (1 - H_{1H}(z))H_{2V}(w)$ とすることが望ましい．なお，図2.35(b)で垂直帯域が全帯域なら，$H_{1V}(w)$ は不要である．

特性も異なり，価格も異なるなど，フィルタ構成上の差がある．

一般的には，2次元への拡張からも類推可能なように下記が成り立つ．ここで，時間方向の標本点間隔を $\tau_0$，周波数を $f$，遅延演算子を $u^{-1}$ と表す．

（ⅰ）3次元 $z$ 変換　　$X(z, w, u) = \sum_k \sum_l \sum_i x_{k,l,i} z^{-k} w^{-l} u^{-i}$ 　　　　　　(2.96)

（ⅱ）3次元差分方程式
$$y_{m,n,p} = \sum_k \sum_l \sum_i a_{k,l,i}\, x_{m-k,n-l,p-i} - \sum_k \sum_l \sum_i b_{k,l,i}\, y_{m-k,n-l,p-i} \quad \text{ただし，} b_{0,0,0} = 0$$
(2.97)

（ⅲ）3次元伝達関数　　$H(z, w, u) = Y(z, w, u)/X(z, w, u)$ 　　　　　　(2.98)

（ⅳ）インパルス応答　　$Y(z, w, u) = H(z, w, u)$ 　　　　　　(2.99)

（ⅴ）周波数特性：前述の $z^{-1}$，$w^{-1}$ のほか，$u^{-1}$ に $\exp(-2\pi j \tau_0 f)$ を代入する．

〔2〕**構成例**　　前述の2次元フィルタの構成と同様，下記がある．

変数分離可能　　$H(z, w, u) = H_H(z) H_V(w) H_T(u)$

並列形式　　　　$H(z, w, u) = H_1(z, w, u) + H_2(z, w, u) + H_3(z, w, u) + \cdots$

縦続形式　　　　$H(z, w, u) = H_1(z, w, u) H_2(z, w, u) H_3(z, w, u) \cdots$

なお，いずれの形式も不可な場合もある．時間領域には再帰形フィルタが使えるなど，空間領域とは様子が異なるため，構成に工夫が要る(2.5.5項〔3〕参照)．特に，順次走査では，空間と時間に変数分離する場合が多い．

〔3〕**飛越し走査の場合の特殊例**　　この場合，［時間-垂直］でオフセット状標本点である．そこで，上記の時間空間変数分離のほか，［水平］と，［垂直-時間］に分け
$$H(z, w, u) = H_1(z) H_2(w, u) \tag{2.100}$$
として設計する（せざるを得ない）場合も多い．

## 2.5.5　画像における構成と音声における構成

音声の場合（聴覚の位相弁別能力の乏しさ）と，画像信号（波形伝送）の場合の設計の考え方の大きな差を，**表 2.2** にまとめて示す．

**表 2.2　画像信号に対するディジタルフィルタの要求条件（音声信号との対比）**

|  |  | 直線位相 | 遮断特性 | タップ数 | フィルタの構成法 |
|---|---|---|---|---|---|
| 音声/音響信号 | | 不要* | 鋭 | 多 | FIR/IIR |
| 画像信号 | 空間 | 重要 | 鈍 | 少 | FIR |
| | 時間 | 不要* | (鈍) | 極少 | IIR も多い |

＊　画像信号の時間領域の場合，直線位相は不要だが，波形は重要である．この点，音声とは異なる．

〔1〕 **空間における直線位相/FIR の必然性**　音声では上記のように利得のみが重要であるから，FIR/IIR いずれで構成してもよい．画像信号の水平，垂直フィルタに要求される第1の条件は直線位相(左右対称および上下対称)であり，FIR 形になる[†1]．

〔2〕 **空間フィルタにおける遮断特性**　画像の低域濾波の様子を，急峻な遮断特性，緩やかな遮断特性，および非直線の各場合について，口絵 11 に示す．急峻な遮断特性ではエッジ部にリンギングが発生する．これを避けるため，遮断特性は緩やかにする．この結果，タップ数は少なくてよい[†2]．多くの場合，「メノコ」である程度の設計が可能である．

〔3〕 **時間フィルタにおける FIR/IIR の選択**　視覚特性に残像があるため，この遅延の範囲なら IIR フィルタで構わない．一般に，この方が少ない遅延素子数で種々の特性を実現できる．なお，このためのフレームメモリは相対的に高価なので，フィルタは段数の少ない単純なことが多い．また，固定特性ではなく，可変特性，特に「動き適応形」フィルタとして用いられることも多い．

〔4〕 **ディジタルフィルタ設計における音声との顕著な差異**　画像の場合，3 次元の周波数領域をいかに活用し，いかに新機軸を発揮するかにポイントがあり，これらの独創性に重要性がある．逆に，各次元にブレークダウンされた後の具体的設計は比較的簡単である．この比重は，音声の場合に比べて逆転する．また，過去のアナログフィルタの財産を活用することはほとんどない[†3]．

## 2.5.6　簡単なフィルタの具体例とYC分離フィルタ

簡単なディジタルフィルタの例を挙げた後，多次元ディジタルフィルタの具体例として，NTSC カラー TV 信号の輝度信号と色信号を分離する YC 分離フィルタを考える[†4]．

〔1〕 **簡単な低域通過フィルタの例**　図 2.36 のように，単位となる簡単なフィルタを縦続接続しても構成できる[†5]，多項式に展開してトランスバーサル形式としてもよい[†6]．

---

[†1] ［水平-垂直］領域で IIR 形フィルタを使うのは，FIR 形特性の伝送路やフィルタの逆特性フィルタの場合であり，例えば DPCM 復号器は，FIR フィルタである DPCM 符号器の逆特性フィルタである．
[†2] 標本化の前置や後置フィルタについて述べたことが一般的にいえる．また，十分に長い期間継続する音声と異なり，画像では上下左右がワクで切れるので，あまりタップ数を多くとれない．
[†3] 多くの本に，アナログフィルタからの変換法として，$s$-$z$ 法や双 1 次法などの詳しい説明があるが，本書では述べない．それは画像工学ではその必要性が薄いからである．
[†4] アナログ放送はいずれ終えるので詳述は避けるが，多次元フィルタの身近な例として意義がある．
[†5] 個々の単位のフィルタの周波数特性を求めよう．$z^{-1}$ に $\exp(-2\pi j f T)$ を代入すると，例えば
$$(z+2+z^{-1})/4 = \{1+(z+z^{-1})/2\}/2 = \{1+\cos(2\pi f T)\}/2$$
[†6] トランスバーサル形式とするには，縦続接続した結果を展開して下記を得る．
$$(z+2+z^{-1})/4 \cdot (z^2+2+z^{-2})/4 \cdot (z^{+4}+2+z^{-4})/4$$
$$= (z^7+2z^6+3z^5+\cdots+7z+8+7z^{-1}+6z^{-2}+\cdots 2z^{-6}+z^{-7})/64$$
数字の並びの規則性に注目されたい．

## 2.5 ディジタルフィルタ

$$\frac{z+2+z^{-1}}{4} \to \frac{1+\cos(2\pi fT)}{2}$$

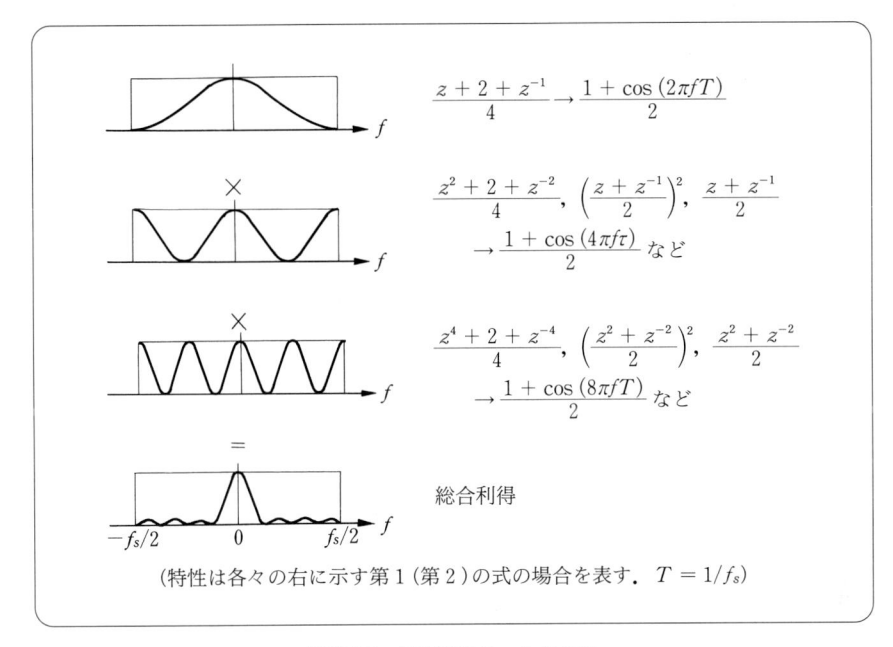

$$\frac{z^2+2+z^{-2}}{4}, \left(\frac{z+z^{-1}}{2}\right)^2, \frac{z+z^{-1}}{2}$$
$$\to \frac{1+\cos(4\pi fT)}{2} \text{ など}$$

$$\frac{z^4+2+z^{-4}}{4}, \left(\frac{z^2+z^{-2}}{2}\right)^2, \frac{z^2+z^{-2}}{2}$$
$$\to \frac{1+\cos(8\pi fT)}{2} \text{ など}$$

総合利得

(特性は各々の右に示す第1(第2)の式の場合を表す．$T=1/f_s$)

**図 2.36　低域通過フィルタの例**

〔2〕 **YC 分離フィルタ[†1]の考え方**　YC 分離特性が不完全な場合の Y，C 間の漏話は，

- 輝度信号から色信号への漏話：クロスカラー
- 色信号から輝度信号への漏話：クロスルミナンス（または，ドットクロール）

と呼ばれる．CZP 画像を撮像して得られる輝度信号を受像機で 1 次元分離や 2 次元分離すると，色信号に該当する周波数成分がクロスカラーとして復調される．**口絵 12** と **口絵 13** に示す．1 次元分離でクロスカラーになる CZP の縦縞の領域が，2 次元分離では正しく輝度信号として分離できている．ただし斜め成分はクロスカラーのままである．

〔3〕 **1 次元 YC 分離フィルタ**　最も初歩的な YC 分離フィルタ（C 成分を取り出す）は，水平方向の 1 次元フィルタである[†2]．これは，$\mu = f_{sc}(3.58\,\text{MHz})$ で利得 1 となる帯域通過フィルタである．標本化周波数 $f_s = 4f_{sc}$ の場合，直線位相なフィルタの簡単な例は

$$H(z) = \frac{-z^2+2-z^{-2}}{4} \tag{2.101}$$

である[†3]が，これで特性が不十分な場合は，$(z^2+z^{-2})/2$ などを縦続接続すればよい．利得

---

[†1] かつての受像機は 1 次元分離であったが，CCD や超音波遅延線を 1H 遅延として用いた 2 次元分離が広まった．最近はフレームメモリを用いた動き適応 3 次元 YC 分離（〔5〕参照）が普及してきた．
[†2] 2 次元，3 次元フィルタにおける水平領域のフィルタでもある．
[†3] 前述の低域通過フィルタ LPF の構成を修正しても設計できる．LPF では
　　　$f=0, (f=f_s/2=2f_{sc})$ で利得=1，　　$f=f_s/4$ で利得=0
であった．したがってこの $f$ を $(f-f_s/4)$ に置き換えて，これに代入すれば，この帯域通過フィルタになる．この関係を $z^{-1}$ に入れれば，$2\pi f_{sc}T = \pi/2$ であることも考慮して，$z^{-1}$ は $jz^{-1}$ に置き換えればよいことが分かる．これにより，上記の帯域通過フィルタを得る．

の周波数特性や構成は図2.36から推察される．さらに一般的な方法もある[†1]．

〔4〕 2次元YC分離フィルタ　　色信号Cの2次元周波数スペクトルは，先に図2.24に示した．ただし，2次元フィルタではフィールド内処理となるため，**図2.37**(a)のように考える．この特性を満たすには，色信号を抽出する2次元フィルタ $H(z, w)$ は

$$H(z, w) = H_1(z) \cdot H_2(w) \tag{2.102}$$

と変数分離して，図(b)に示すように垂直フィルタ $H_2(w)$ と水平フィルタ $H_1(z)$ を縦続接続する．輝度信号Yは，$1 - H(z, w)$ なるフィルタで全体からCを引いて取り出す．

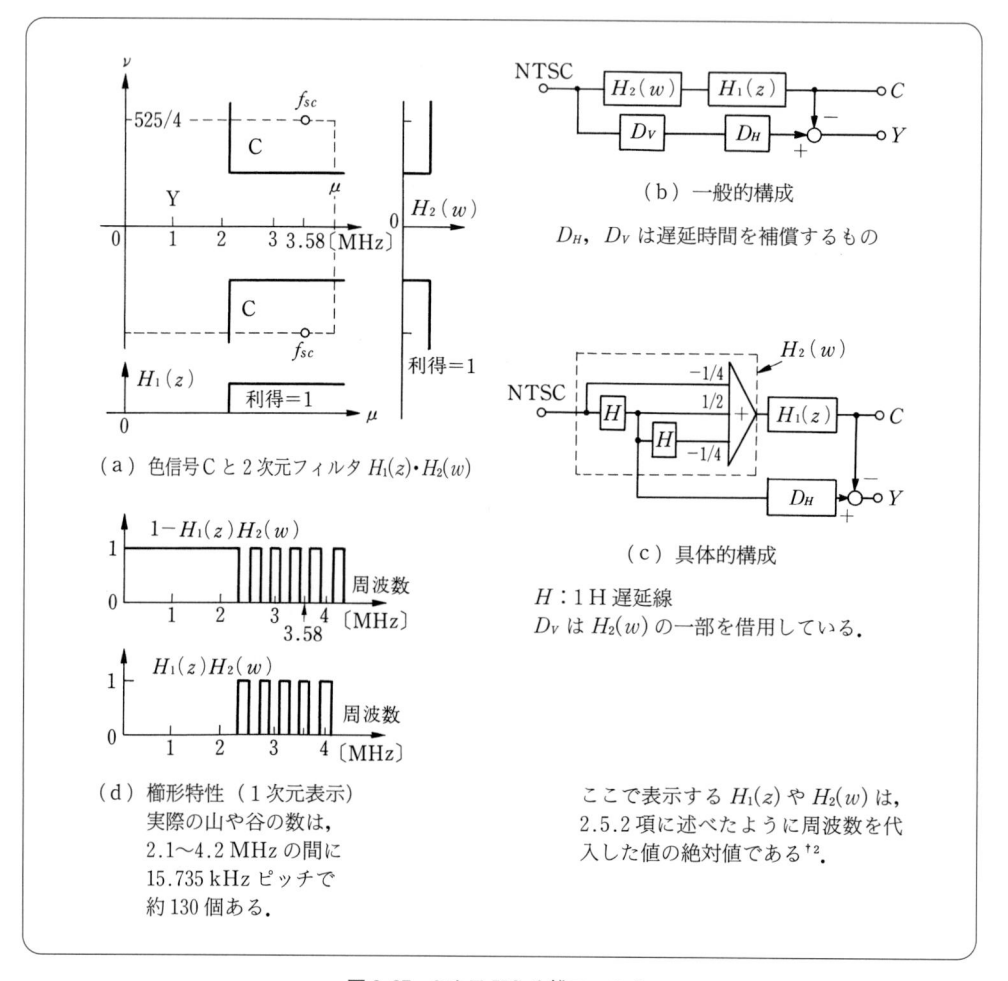

図2.37　2次元YC分離フィルタ

---

[†1] 上記以外の一般的な場合，直線位相の非再帰形フィルタから出発する．これに(i) $f_{sc}$，(ii) 直流，(iii) ある周波数，などにおける利得を定める．そして，連立方程式を解けばよい．

[†2] $z^{-1}$ に $\exp(-2\pi j\mu\xi_0)$，$w^{-1}$ に $\exp(-2\pi j\nu\eta_0)$ を代入する．ここに，$\xi_0$ は水平標本化間隔，$\eta_0$ は垂直標本化間隔(この場合は，フィールドにおける走査線間隔)である．

一般に，走査信号を基に垂直フィルタを構成するには，1H(1水平周期)遅延線を用いる．色成分はフィールド内で1走査線ごとに位相が反転するので，垂直フィルタ $H_2(w)$ は

$$H_2(w) = \frac{-w^1 + 2 - w^{-1}}{4} \tag{2.103}$$

のように構成すればよい[†1]．具体的な構成を図(c)に示す．この周波数特性を図(d)に1次元表示すると櫛形フィルタとなっていることがわかる．

〔5〕 **動き適応 3 次元 YC 分離**　さらに分離性能を向上させるには，フレーム間 YC 分離とフレーム内 YC 分離を適応的に適用するのが望ましい[†2]．

フレーム間では色副搬送波の位相は反転しているので，静止領域でフレーム間差分を求めれば，搬送色信号 C のみが取り出され，また，和を求めれば Y が得られる．ただし，動領域ではフレーム間で Y も C も変化しているので，2次元(フィールド内)分離を行う．

現実の画像では，[静/動]の中間的な状態が多い．そこで，動きの大きさを表す動き係数(パラメータ) $k$ によって徐々に二つのモード出力を切り替える(soft switching)．

## 2.5.7 再構成可能なフィルタバンク

マルチレート信号処理については，既に 2.2.1 項〔2〕で若干触れた．本項では，その中でも実用性の高い「再構成可能なフィルタバンク」[†3]について述べる[4),5),6)]．

〔1〕 **マルチレート信号処理におけるフィルタバンク**　簡単のため 2 分割の場合を述べる．図 2.38 に示すように，標本値系列 $\{x_k\}$ をフィルタ $H_L(z)$ と $H_H(z)$ で，二つの成分(低域成分と高域成分)を取り出す．そしてそれぞれの標本値を一つおき(1/2)に間引いて(ダウン標本化：decimation：↓2 と記す)採る[†4]．もとの標本化周波数 $f_s$ は $f_s/2$ になる．

二つのフィルタが理想フィルタでない限り，それぞれに必ず折返し歪みが発生する．しかし，それぞれの信号系列を，「ある条件」を満たすフィルタを通した後，アップ標本化する，すなわち，標本化周波数を 2 倍して 0 を挿入し(↑2 と記す)，フィルタ $F_L(z)$ と $F_H(z)$ を通して再合成すれば，最終の復調信号 $\{y_k\}$ では各々の折返し歪みは打ち消し合って正しく復調できる．このような信号系列をサブバンド信号という．

---

[†1] 前述の水平フィルタでは，標本化周波数 $f_s$ の 1/4 が通過周波数の中心であった．ここで述べる垂直フィルタでは，垂直標本化周波数であるフィールド内走査線数の 1/2 である．したがって，$z^{-2}$ を $w^{-1}$ に置き換えて考えればよい．この中心垂直周波数 $\nu$ は，フィールド内の走査線数 525/2 の 1/2 であるから，$\nu=525/4$(cpH) である．実際の家庭用受像機では，経済性を重視して，遅延線を 1 本とし，伝達関数 $H(w) = (1 - w^{-1})/2$ としている機器も存在する．この場合，直線位相ではない．
[†2] 動き適応走査線補間(順次走査化)とともに，IDTV 受像機を構成する重要技術である．
[†3] 本項は，信号処理に関心の深い方に向いている．
[†4] 間引きを時間圧縮と考え，周波数はそれに反比例して広がると説明する論文もあるが，本書のように同じ周波数で考える方が考えやすい．挿入(後述)を時間伸張と考えることにも同様の問題がある．

**68**　　2. 画像信号解析の基礎と応用

（a）構成例　　　　　　　　（b）帯域分割特性

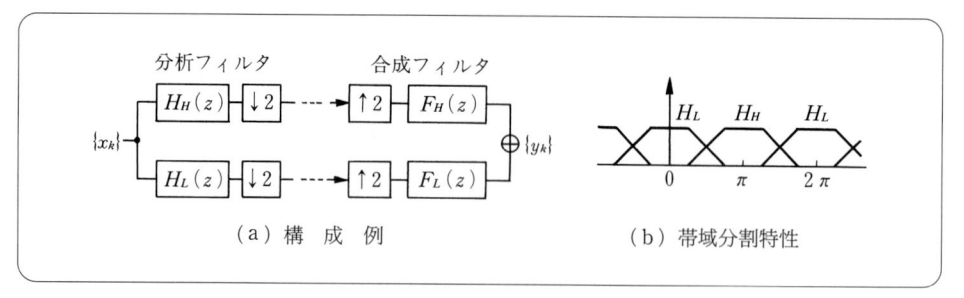

図 2.38　フィルタバンクの構成と帯域分割特性

ここで「ある条件」とは，前置の分析フィルタ(analysis filter)と，後置の合成フィルタ(synthesis filter)の特性に関するものである．構成法の差により，QMF(後述)，CQF，SSKF(後述)などがある[†1]．QMF は最も広く使われる．

サブバンド信号の利点は，分割された成分の有効活用，例えば，信号を周波数帯域に分割してそれぞれの帯域に最適の符号化(サブバンド符号化[†2])が可能になることにある．

〔2〕 **QMF**(**Quadrature Mirror Filter**)　　送信側では，図 2.38(a)に示したように，ほぼ $f_s/2$ を遮断周波数とする分析フィルタ群の低域フィルタ $H_L(z)$ と高域フィルタ $H_H(z)$ で分離する．これらフィルタ出力をそれぞれ $f_s/2$ に間引く．

受信(再生)側ではアップ標本化して $f_s/2$ から $f_s$ に戻す．0 内挿してもスペクトルは変わらず，不要な成分(虚像，image)はそのまま残っている．そして合成フィルタ群の $F_L(z)$，$F_H(z)$ を通し加算する．このとき，二つの分析フィルタと二つの合成フィルタの間に

$$F_L(z) = H_H(-z), \quad F_H(z) = -H_L(-z) \tag{2.104}$$

なる関係があると，折返し成分は打ち消され，受信側には，折返し成分のない信号系列が再生できる．そして伝達関数 $T(z) = Y(z)/X(z)$ として

$$T(z) = \frac{H_L(z)H_H(-z) - H_H(z)H_L(-z)}{2} \tag{2.105}$$

を得る[†3]．QMF では，さらに，$H_H(z)$ と $H_L(-z)$ が周波数 $f_s/2$ に関して対照なペア，すなわち，$H_H(z) = H_L(-z)$ の条件を付加する．$H_H(z)$ の応答は，$H_L(z)$ のそれの鏡像(mirror image)である．QMF の語源はここにある．

なお，ここでは 2 分割の場合を述べたが，等帯域幅 $M$ 分割に拡張できる．

---

[†1] QMF は折返し歪みは除去できるが，必ずしも完全な再構成はできない．CQF(Conjugate Quadrature Filter)では，これらが可能であるが，フィルタ構成が非直線位相となって，画像では好まれない．SSKF では，完全再構成と直線位相が満足され，さらに，2 タップのフィルタ(次数：1 次)では，これらのほか，直交性も実現できる．

[†2] サブバンド符号化(6.3.4 項参照)．時間方向を含む 3 次元フィルタバンクは，画像の性質からか，あまり利用されていない．

[†3] (次ページにあり)

2.5 ディジタルフィルタ **69**

〔3〕 **直交変換の再合成可能フィルタバンクとしての見方**[†1]　例えば前述の1次元離散フーリエ変換DFTでは，$[G_m] = [f_{m,k}][g_k]$（式2.46），および，$[g_k] = [f'_{k,m}][G_m]$（式2.49）と行列表示できる．これを，再構成可能なフィルタバンクに対応づけよう．

結論から述べると，分析フィルタの出力が変換結果(変換係数)に対応し，合成フィルタで再構成することが逆変換に対応する．また，直交変換において変換と逆変換で元に戻ることが，再合成可能に対応する．ここで，**図2.39**に示す4次のDFTを考えよう．4個に等分割した等帯域幅フィルタバンクを考え，それぞれ4個のフィルタのインパルス応答が

（a）フィルタバンク
　（例：4次のDFT）

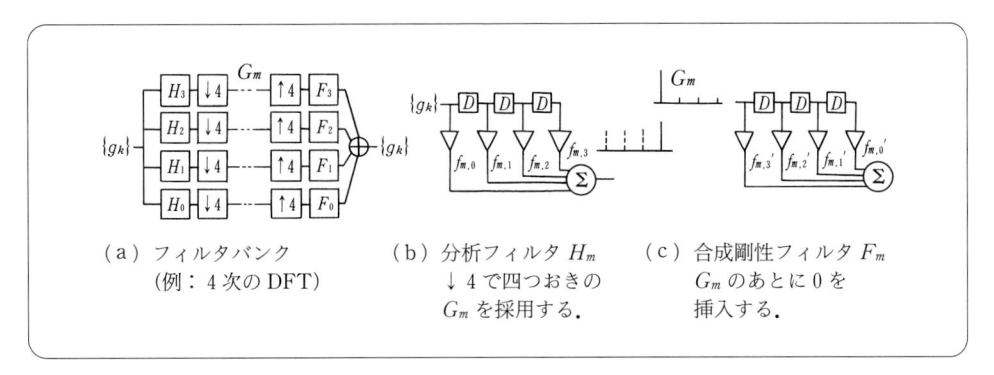

（b）分析フィルタ $H_m$
　↓4で四つおきの
　$G_m$を採用する．

（c）合成剛性フィルタ $F_m$
　$G_m$のあとに0を
　挿入する．

**図2.39　直交変換の再合成可能なフィルタバンクとしての見方**

---

[†3] ［前ページの脚注］分析フィルタ，合成フィルタの条件：標本値系列を2:1で間引くことは，$f_s/2$で再標本化することである．$f_s/2$の周波数で標本化した信号のスペクトルは，もとの信号スペクトル，$S(z)|_{z=\exp(j2\pi fT)}$のほか，半周期$f_s/2$だけずれた成分　$S(z)|_{z=\exp(j2\pi(f+f_s/2)T)} = S(z)|_{z=-\exp(j2\pi fT)}$の和となる．

すなわち，2:1の間引きにより，$S(z) \to \{S(z) + S(-z)\}/2$となる．この$S(-z)$は，いわば虚像(image)であり，折返し成分に対応する．

分析フィルタ$H_L(z)$を経由する信号は$H_L(z)X(z)$となり，間引き回路(↓2)で間引かれるから
$$H_L(z)X(z) \to \{H_L(z)X(z) + H_L(-z)X(-z)\}/2$$
となる．この信号は，受信側で0挿入され，合成フィルタ$F_L(z)$を通るから，その出力は
$$F_L(z)\{H_L(z)X(z) + H_L(-z)X(-z)\}/2$$
となる．同様に，分析フィルタ$H_H(z)$を通る信号は
$$F_H(z)\{H_H(z)X(z) + H_H(-z)X(-z)\}/2$$
となる．QMFの出力$Y(z)$は，以上の二つを加算して
$$Y(z) = \{F_L(z)H_L(z) + F_H(z)H_H(z)\}X(z)/2 + \{F_L(z)H_L(-z) + F_H(z)H_H(-z)\}X(-z)/2 \tag{2.106}$$
となる．第1項は，折返しのない成分である．
$X(-z)$を含む第2項は折返しの虚像成分である．ここでこれが0であれば，第1項のみが生き
$$Y(z) = \{F_L(z)H_L(z) + F_H(z)H_H(z)\}X(z)/2$$
となり，線形に結ばれる．第2項=0の条件は
$$F_L(z)H_L(-z) + F_H(z)H_H(-z) = 0$$
である．このための十分条件(必要条件ではない)は
$$F_L(z) = H_H(-z), \qquad F_H(z) = -H_L(-z) \tag{2.107}$$
である．第1項が単なる遅延であれば歪みはないが，必ずしもそうならない．合成フィルタ$F_L(z)$，$H_H(z)$の目的は，折返し虚像成分を除くことにある．

[†1] 既述のDFTなどのほか，高能率符号化(6.3.4項)でも詳述する．

分析フィルタ $H_m(m=0\sim 3)$ のインパルス応答　$H_k(m):f_{m,k}$　$(k=0\sim 3)$

合成フィルタ $F_m(m=0\sim 3)$ のインパルス応答　$F_k(m):f'_{m,3-k}$　$(k=0\sim 3)$

となるように構成する．すなわち，分析フィルタのインパルス応答は直交変換の各基底ベクトルとし，一方，合成フィルタではこれを時間的に反転したものとする[†1]．

このように，DFT では完全再構成可能である[†2]．これは，これが QMF のみでなく SSKF の条件も満足しているからである．

〔4〕**ウェーブレット変換 WT**　応用の広さと理解のしやすさを考えて，WT[†3] のうち，離散ウェーブレット変換 DWT(Discrete Wavelet Transform)について説明する．前述のフィルタバンクでは周波数帯域を等帯域幅に分割した．DWT では等比分割する．

最初の説明〔1〕では，図 2.39(a)に示したように，低域 $H_L(z)$ と高域 $H_H(z)$ のフィルタで二つに分割した．WT では，**図 2.40(a)** に示すように，レベル 2 として，この低域成分をさらに 2 分割する．このとき，最初と同様の構成のフィルタを用いるが，標本値は 1/2 に間引かれているので時間間隔は 2 倍になる．したがって，フィルタの伝達関数は，$z$ の関数ではなく $z^2$ の関数となり，低域 $H_L(z^2)$ と高域 $H_H(z^2)$ として働く．

(a) ツリー構成によるフィルタバンク

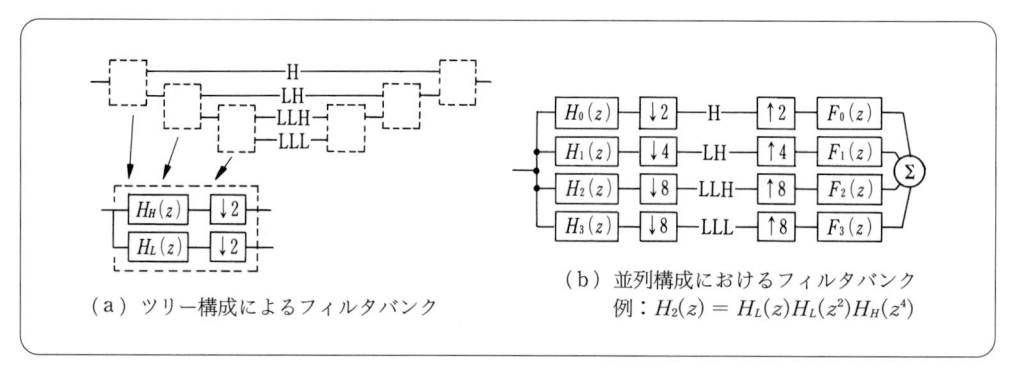

(b) 並列構成におけるフィルタバンク
例：$H_2(z)=H_L(z)H_L(z^2)H_H(z^4)$

図 2.40　ウェーブレット変換の構成

以下，レベル 3 でこれを繰り返す[†4]．ここでは間隔がさらに倍になるので，伝達関数は低域 $H_L(z^4)$ と高域 $H_H(z^4)$ となる．等価的には，図(b)のように構成してもよい．

これから分かるように，周波数に応じて時間(空間)解像度は変化する．低域成分ほどタップ数(基底長)は多く(間引き率が大きく)，周波数帯域幅は狭い．高域成分ではこれらが逆で

---

[†1] $f'_{m,3-k}$ のように $3-k$ となっている(4次の場合)のがそれである．

[†2] DFT 変換と逆変換の性質からも当然である．

[†3] 厳密には，離散時間 WT というべきであろう．なお，WT 自身は，下記のようにアナログ領域で説明されることが多い．

$$Wf(ab)=-\frac{1}{\sqrt{a}}\int_{-\infty}^{\infty}f(t)\psi^*\left(\frac{t-b}{a}\right)dt$$

なる関数で定義される(詳細略)． (2.108)

[†4] 周波数を 1/2 ずつに等比分割するので，オクターブ分割という．

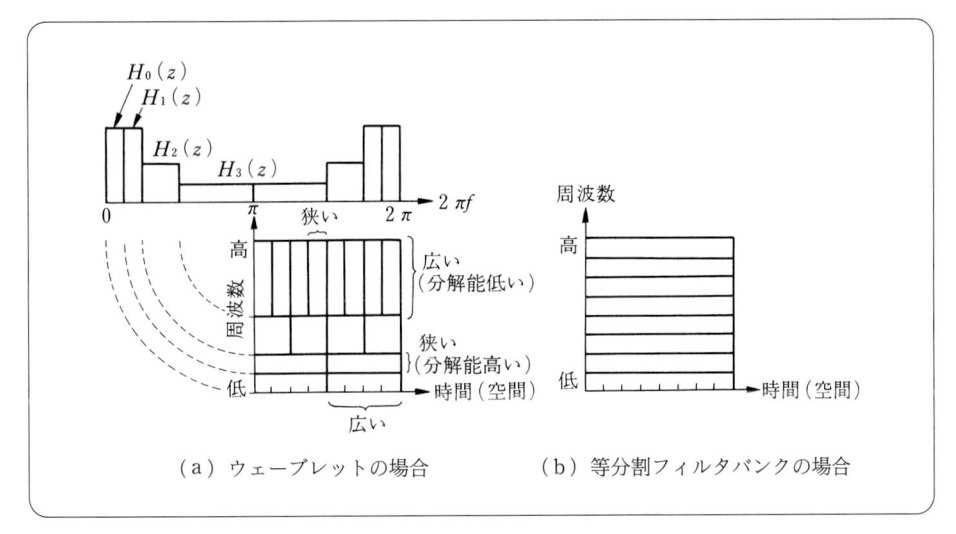

**図 2.41　時間（空間）周波数分解能（8 画素の場合を示す）**

(a) ウェーブレットの場合　　(b) 等分割フィルタバンクの場合

あり，細かな時間(空間)を対象とする．これを図 2.41 に示す．この性質は人間の視覚特性に適合しており，等分割の場合よりさらに周波数成分に適した処理が可能になる[†1]．

〔5〕 **SSKF (Symmetric Short Kernel Filter)**　　前述の QMF では，折返し歪みは除去できたが，周波数特性は平坦ではなかった．SSKF のねらいは，これを完全再構成とすることにある[†2,7]．QMF の伝達関数(式(2.105))において

$$P(z) = H_L(z)H_H(-z) \quad (\text{Production filter ともいう}) \tag{2.109}$$

とおいて，伝達関数 $T(z)$ を書き改めると

$$T(z) = \{P(z) - P(-z)\}/2 \tag{2.110}$$

となる．完全再構成であるためには伝達関数 $T(z)$ は単なる $m$ 標本間隔の遅延，すなわち

$$T(z) = z^{-m} \tag{2.111}$$

となる必要である．このためには，SSKF では，QMF における鏡像の条件を外し，代わって，$P(z)$ として対称な多項式とする[†3]．最も簡単な例は，対称形である条件から

$$P(z) = a_0 + z^{-1} + a_0 z^{-2} \tag{2.112}$$

である．ここで，例えば，$a_0 = 1/2$ とおけば，$P(z) = H_L(z)H_H(-z)$ は

---

[†1] ちなみに図 2.41(b) に示す等分割の場合(DFT など)，全て同じ長さの画素を対象に周波数成分を求める．

[†2] この技術は，EDTV-II において，480 P を [360 I＋480 P との差分] へ変換するために採用された(5タップと3タップのフィルタ)．同様に，例えば，720 P を [480 P＋両者の差分] として送るためにも活用できよう．

[†3] symmetric の由縁である．$P(z)$ は，一般的に

$$P(z) = a_0 + a_2 z^{-2} + \cdots + a_{2p-2} z^{-2p+2} + z^{-2p+1} + a_{2p-2} z^{-2p} + \cdots + a_0 z^{-4p+2} \tag{2.113}$$

のように，長さ $(4p-1)$ の多項式で書き表せる．

$$P(z) = \{1 + z^{-1}\}/\sqrt{2} \cdot \{1 + z^{-1}\}/\sqrt{2} \tag{2.114}$$

と分解できる[†1]．この場合，伝達関数は，$T(z) = z^{-1}$ となり，完全再構成となる．

---

### ■ 談 話 室 ■

**「ディジタル信号処理の理論」は「ディジタル信号処理」の理論か？**

ディジタル信号処理は，厳密にディジタル信号に関する処理なのだろうか．各処理がどう定義されているかを，時空間と振幅が連続か離散かを考えて振り返ってみよう．

よく考えてみると，標本化，$z$ 変換，差分方程式，ディジタルフィルタ，DFT…などの理論は，いずれも時間的に離散化された信号系列を対象とするが，すべて振幅方向には連続した値を想定して定義されており，表 2.3 において B に属する．

**表 2.3 ディジタル信号処理の理論と実システム**

|  |  | 時間連続 | 時間離散 |  |
|---|---|---|---|---|
| 振幅 | 連続 | A(アナログ系) | B(ディジタル信号処理の理論) | アナログシステム |
|  | 離散 | C(非同期システム) | D(実際のディジタルシステム) | ディジタルシステム |

純粋に離散振幅に関する議論は，興味深いことに量子化関連事項のみである．

一方，現実の技術の世界では，図の C，D(すなわち，☐ の部分)．特に D をディジタル(システム)と呼ぶ場合が多い．

このように，ディジタル信号処理の理論の多くは，厳密には「離散時間アナログ信号の処理」の理論であり，これをディジタルシステムで活用しているというべきであろう．

---

### 本章のまとめ

❶ 周波数とは：位相の時間変化/$2\pi$．2 次元周波数と CZP(位置と周波数が対応する)(2.1 節)．

❷ 1 次元標本化，2 次元標本化，3 次元標本化(2.2 節)．

❸ 走査：[時間-垂直]領域における 2 次元標本化であり，飛越し走査はオフセット標本化である(2.2.4 項)．

❹ 量子化：平坦部に生ずる偽の輪郭(低域成分のある画像に特有の現象)と，これを解消するディザ手法(2.3.1 項)．

---

[†1] これより，
$$H_L(z) = (1 + z^{-1})/\sqrt{2}, \quad H_L(-z) = (1 - z^{-1})/\sqrt{2} \tag{2.115}$$
を得る．これは後述のアダマール変換(6.3 節)である．

❺ 1次元変調，2次元変調，3次元変調(2.4節)．
❻ 帯域(幅)圧縮：周波数スペクトルの隙間に高精細度成分を挿入する(2.4.3項)．
❼ 帯域圧縮の実現：振幅変調による方法と標本化による方法．変調の方が自由度が大きい(2.4.3項)．
❽ 映像信号におけるディジタルフィルタ：1次元，2次元，3次元(2.5節)．
❾ ディジタルフィルタの有難さ：画像信号と音声の場合で違う(2.5.1項〔2〕)．
❿ 画像におけるディジタルフィルタ構成の特徴：空間的にはFIR(かつ，直線位相)が望ましく，時間方向は用途によって使い分ける(2.5.5項)．

●理解度の確認●

**問 2.1** 等しいピッチで，水平軸と絶対値の等しい角度の，右下がりと右上がりの二つの縞模様がある．2次元周波数はどういう関係にあるか．

**問 2.2** $g(x, y) = 2\sin(4\pi x)\cdot\cos(2\pi y)$ なる信号の 2 次元周波数はいくらか．

**問 2.3** $G(f) = \delta(f)$ となる時間関数 $g(t)$ を求めよ．フーリエ(逆)変換可能のための通常の条件，すなわち，絶対収束との関係を述べよ．

**問 2.4** 前置フィルタを外し，1 MHz の正弦波信号と 3 MHz の正弦波信号を，それぞれ 4 MHz で標本化し，正規の後置フィルタ(遮断周波数は 2 MHz 弱)を通して取り出した．それぞれ，どんな信号が得られるか．それぞれの波形と標本値の例を示し，双方の標本値系列が同一波形となることを示せ．

**問 2.5** 図1.3(c)における 2 次元周波数スペクトルを，同図(a)(b)と図2.7のA′，A，B′，Bの関係から述べよ．

**問 2.6** 通常のアナログ TV 信号でも，標本化された信号だという．どういうことか．

**問 2.7** 画像を少数ビットで量子化するとき生じる特徴ある画像劣化とは，どんな現象か．雑音を加えると，この現象が目立たなくなるのはなぜか．音声信号でこの効果がないのはなぜか．

**問 2.8** 高域信号をもとの信号の帯域内に多重化するとき，その手段として，標本化と変調の二つの方法がある．これらを説明しその是非を述べよ．

**問 2.9** カラー TV カメラで CZP を撮像して，その信号を通常(最新式でない受像機．厳密には 2 次元 YC 分離の機器)の受像機で観視すると，4 隅に近い所に色の輪ができて，かつ，中央から湧き出したり吸い込まれたりする．その位置はどこか．

**問 2.10** 現入力と 1 標本周期前の入力との平均を求める回路の伝達関数 $H(z)$ を求めよ．

**問 2.11** 現入力と，一つ前の出力との差を求める回路の伝達関数 $H(z)$ を求めよ．

**問 2.12** 音声では直線位相が要求されないのに，画像では水平や垂直領域で望ましいのはなぜか．その結果，フィルタの構成はどうなるか．

**問 2.13** 上記の問題で，画像の時間方向はどうか．これに関係する視覚特性は何か．

**問 2.14** LSI(Linear Shift Invariant)と，直線位相(linear phase)の両"linear"の意味は，それぞれ何か．

# 3 画像に関連する性質

　画像の多くは実際に存在する情景を撮像したものであり，かつ最終的にはヒトの目で見るものである．また，伝送に際しては雑音が重畳される．画像系を開発設計するには，これらの性質を熟知して整合のとれたものとすることが必要である．本章ではこれらを学ぶ．

## 3.1 画像の統計的性質

画像情報を有効活用するには，対象の画像の統計的性質を把握しておく必要がある．半世紀前に帯域圧縮の研究をスタートさせた端緒は，自己相関の測定結果であった．

### 3.1.1 画像信号の統計的性質

〔1〕 **確率過程と剛体仮定**　画像は空間的(水平，垂直)には確率過程で考えられる．すなわち，ある位置の値が分かったら隣接する位置の値は確率的に分布すると考える．

一方，次の時刻(フレーム方向)の値は，移動量が分かれば確定的である．それは，硬い物体が一体となって動くと考えられるからで，剛体仮定といわれる(4.2.1項〔1〕)．

〔2〕 **空間的な相関**　画像の空間的な統計的性質には，隣接画素間の自己相関，自己相関関数と電力スペクトル(両者はフーリエ変換対)，R，G，B間の相互相関，などがある．

〔3〕 **画像の自己相関関数**　前述のように歴史的にも意義深い画像の自己相関関数について述べる．2次元自己相関関数 $\phi(\xi, \eta)$ は，次のように定義される[†1]．

$$\phi(\xi, \eta) = \lim_{X, Y \to \infty} \frac{1}{XY} \int_{-Y/2}^{Y/2} \int_{-X/2}^{X/2} g(x+\xi, y+\eta)g(x, y)dx\,dy \tag{3.1}$$

〔4〕 **画像の自己相関関数の傾向**　多くの測定結果が発表されており，負の指数関数で近似されるとされる．すなわち，1次元的，2次元的に次のように表される．

$$\phi(\xi) = \phi(0) \exp(-\alpha|\xi|) \tag{3.2}$$

$$\phi(\xi, \eta) = \phi(0, 0) \exp(-\sqrt{(\alpha\xi)^2 + (\beta\eta)^2}) \tag{3.3}$$

あるいは

$$= \phi(0, 0) \exp(-\alpha|\xi| - \beta|\eta|) \tag{3.4}$$

なお，$\phi(0)$ や，$\phi(0, 0)$ で正規化したもの(すなわち，上式で exp(・) の部分のみ)を「相関

---

[†1] 音声信号などと異なり，画像には次のような特殊事情がある．
(i) 画像信号は単極性，すなわち，$g(x, y) \geq 0$ であるから，上記の $\phi(\xi, \eta)$ を求める際には，あらかじめ平均値 $\bar{g}(x, y)$ を差し引いておく場合が多い．数値的に大きな差となるので，データを見るとき注意が必要である．
(ii) 実際には1フレームで考えるので，上式のように極限を求めることは実態に合わない．さらに，$\xi, \eta$ だけずらすときの積分の範囲(画像の周辺部)の扱い方などは，あいまいである．

## 3.1 画像の統計的性質

(a) $\exp(-\sqrt{(\alpha\xi)^2+(\beta\eta)^2})$　　(b) $\exp(-\alpha|\xi|-\beta|\eta|)$

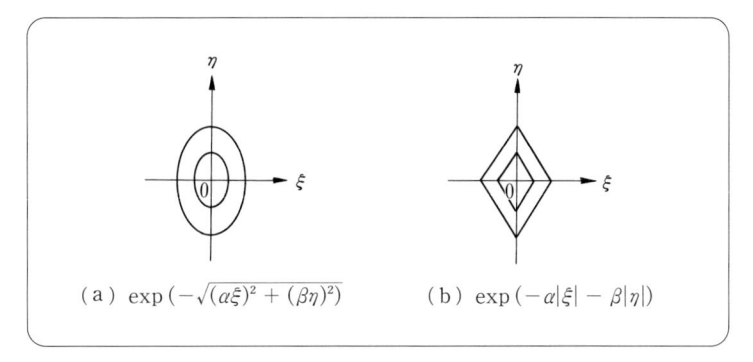

**図 3.1　2 次元自己相関関数における等相関曲線**

係数」として混同的に使用している．ここに，$\alpha$，$\beta$ は相関の減衰の程度を示す定数である．2 次元画像の等相関曲線を**図 3.1** に示す．現実の画像では，建築物，水平線や杉立木のように，斜めに比べて垂直や水平の相関が強い．このため，式(3.4)の方が実際に近い．かつ，この式は変数分離できるので解析に都合がよい．測定例を**図 3.2** に示す[†1]．

(a) GIRL　　　(b) COUPLE　　　(c) MOON

$\phi(0,0)$ で正規化してある．$\rho_H$ や $\rho_V$ は，それぞれ $k=1$，$l=1$ のときの値である．

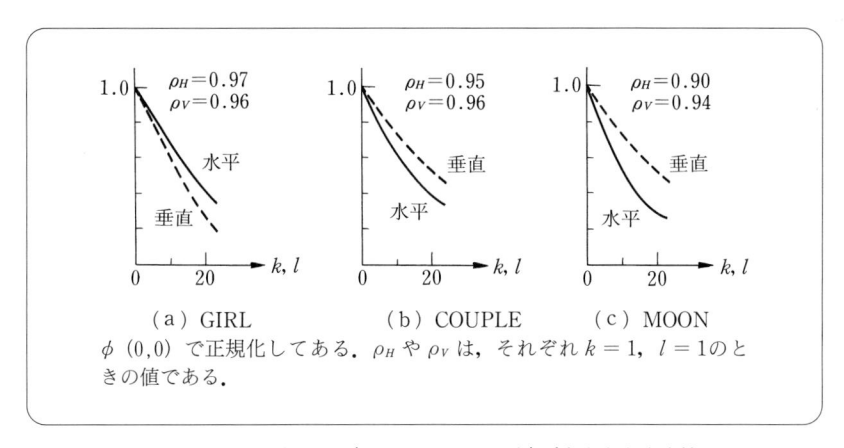

**図 3.2　自己相関関数の例（$k$：水平・$l$：垂直）**〔東京大学生産技術研究所 SIDBA 画像（画素数：256×256）による〕

格子状の標本点の場合，水平方向に $k$ 画素，垂直方向に $l$ 画素離れた画素との相関係数 $\rho_{k,l}$ は，式(3.4)に基づいて($x_0$，$y_0$：標本点間隔)

$$\rho_{k,l}=\phi(kx_0,\ ly_0)=\exp(-\alpha kx_0)\exp(-\beta ly_0)=\rho_H^k\cdot\rho_V^l \tag{3.5}$$

と表せる．ここに，$\rho_H$，$\rho_V$ はそれぞれ水平，垂直隣接画素との相関を表す．特に，$\rho_H=\rho_V=\rho$ のときには[†2]

---

[†1] 容易に想像できるように，技術的に意味のあるのは，数画素程度までの相関である．
[†2] $\alpha$ や $\beta$ は，遠景，近景などによって大小の傾向があるといわれている．しかし筆者の経験では，数画素以上離れると，別の要因の方が大きい．
　　飛越し走査におけるフィールド内では，垂直方向画素は水平画素の 2 倍離れているので，$\rho_V=\rho_H^2$ と考えがちである．しかし，垂直方向に高域成分を含むと，フリッカになる．したがって，この場合も，$\rho_V\fallingdotseq\rho_H$ と考えてもよいようである．

$$\rho_{k,l} = \rho^{k+l} \tag{3.6}$$

となる．形が単純で計算の便も良く，かつ有効な関係なので，解析などによく用いられる．

〔5〕 **画像信号の電力スペクトル** 周知のように，自己相関関数 $\phi(\xi, \eta)$ と，電力スペクトル $\Phi(\mu, \nu)$ はフーリエ変換対である．そこで，式(3.4)において，$\alpha = 2\pi\mu_0$，$\beta = 2\pi\nu_0$，$\phi(0, 0) = \sigma^2$ とおき，$\phi(x, y) = \sigma^2 \exp\{-2\pi(\mu_0 x + \nu_0 y)\}$ と書き改め，フーリエ変換すれば，2次元電力スペクトル $\Phi(\mu, \nu)$ が

$$\Phi(\mu, \nu) = \sigma^2 \frac{1/(\pi\mu_0)}{1 + (\mu/\mu_0)^2} \frac{1/(\pi\nu_0)}{1 + (\nu/\nu_0)^2} \tag{3.7}$$

と求められる[a]．すなわち，画像信号の電力スペクトルは，$\mu_0$，$\nu_0$ を遮断周波数とする1次バターワーススペクトル密度になっている．これは，白色雑音をこれら遮断周波数の1次バターワースフィルタ(例えば $CR$ 積分回路)に加えたときの出力の電力スペクトルである．これより，4 MHz の TV 信号の場合，$\mu_0 < 100$ kHz である[†1] [2.4.3項談話室参照]．

☕ 談 話 室 ☕

**自己相関関数の測定と落とし穴** 画像を情報として見た最初の試みは，Kretzmer(1952)による自己相関の測定[1]であろう．当時は計算機も使えないので，彼は**図3.3**のような装置を作った．この測定では，同じ画像の2枚のポジスライドを作り，これを$(\xi, \eta)$だけずらして重ね，これに均質な光を当て，透過した光量を測定した[16]．相関関数の定義に従って忠実に測定したことになる*．この測定結果，1950年代後半の帯域圧縮など大きな反響を呼んだ．その結果は2.4.3項談話室に述べた通りである．

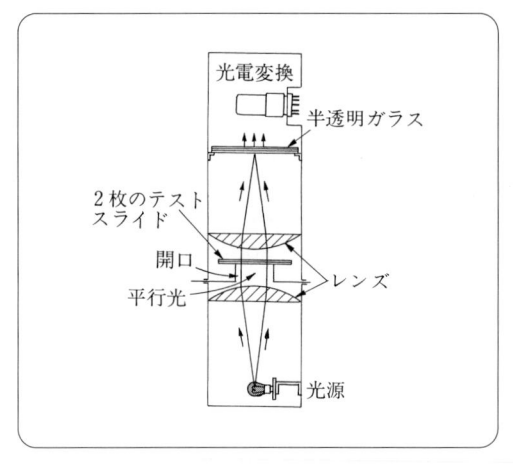

図3.3 相関関数の歴史的測定装置

\* ［理解度の確認(問3.1)］を参照のこと．

†1 （次ページにあり）

### 3.1.2 そのほかのフレーム内の統計的性質：2, 3のパラドックス

重要な性質に隣接画素との差信号の分布がある．自己相関が高いのでこの差は小さいと考え，多くの処理方式が提案された．差分符号化［6.2節参照］もその例である．

［1］**差信号の分布** 　前画素との差 $\varepsilon_i = x_i - x_{i-1}$ の分布，$p(\varepsilon)$ は経験的にラプラス分布（負の指数乗分布）されるといわれている．$\sigma_\varepsilon^2$ を分散（平均電力）とすれば

$$p(\varepsilon) = \frac{1}{\sqrt{2}\,\sigma_\varepsilon} \exp\left(-\frac{\sqrt{2}}{\sigma_\varepsilon}|\varepsilon|\right) \tag{3.9}$$

となる．この差分値の電力 $\sigma_\varepsilon^2$ を，画像信号の平均電力 $\sigma^2$，相関係数 $\rho$ として表すと

$$\sigma_\varepsilon^2 = \overline{\varepsilon^2} = \overline{(x_i - x_{i-1})^2} = \overline{x_i^2} - 2\overline{x_i x_{i-1}} + \overline{x_{i-1}^2} = 2\sigma^2(1-\rho) \tag{3.10}$$

となる．例えば，$\rho = 0.95$ とすれば，$\sigma_\varepsilon^2 = 0.1\sigma^2$，$\sigma_\varepsilon \fallingdotseq 0.3\sigma$ となり，意外に大きい[†1]．

［2］**相関に関するパラドックス** 　目安を得る目的で，式 $\rho = \rho_H^k \cdot \rho_V^l$ を仮定する．一例として，水平差分信号 $\varepsilon_i = x_i - x_{i-1}$ と，この一つ前の差信号 $\varepsilon_{i-1} = x_{i-1} - x_{i-2}$ の相関は，$\overline{\varepsilon_i \varepsilon_{i-1}} = \overline{(x_i - x_{i-1})(x_{i-1} - x_{i-2})} = (\rho - \rho^2 - 1 + \rho)\sigma^2 = -(1-\rho)^2\sigma^2 < 0$ となる．興味深いことに，水平方向に隣接した水平差分信号には，負の相関がある．単純な差分信号 $\varepsilon$ でなく，複合差分（差分の差分）とすれば，さらに0近傍に集中すると思いがちであるが，実際はむしろ電力（分散）は大きくなる．他の例は脚注を参照されたい[†2]．

### 3.1.3 画像信号のフレーム間の統計的性質

［1］**3次元相関** 　時間を含む3次元領域における自己相関は，2次元相関関数の経験則を時間方向に拡大して $\rho_T^p$（ここに $p$ は例えばフレーム数）とする場合が多い[†3]．しかし，

---

[†1]［前ページの脚注］$\rho_H = 0.95$ のとき，式(4.12)の $\mu_0$ を，標本化周波数 $f_s(=1/T)$ との関係で示そう．
$$\rho_H = \exp(-2\pi\mu_0 T) \fallingdotseq 1 - 2\pi\mu_0 T \tag{3.8}$$
これより，$\mu_0 = 0.008 f_s$ を得る．$f_s = 10\,\text{MHz}$ の場合，$\mu_0 = 80\,\text{kHz}$ となり，極めて低い周波数であることがわかる．

[†1] このことから，原信号の電力に比べて差信号の電力はかなり小さいことが分かる反面，平均振幅では原信号の30％程度となる．意外に大きいともいえる．

[†2] そのほかの例：
　（1）単純な差分ではなく $x_i - \rho x_{i-1}$ とし，$\delta_i = x_i - \rho x_{i-1}$ と，$\delta_{i-1} = x_{i-1} - \rho x_{i-2}$ との相関は
$$\overline{\delta_i \delta_{i-1}} = \overline{(x_i - \rho x_{i-1})(x_{i-1} - \rho x_{i-2})} = (\rho - \rho^3 - \rho + \rho^3)\sigma^2 = 0$$
すなわち，水平方向に隣接したこの差分は無相関になる．
　（2）上下の差分の相関，すなわち，$\varepsilon_i = x_i - x_{i-1}$ と，この直上の走査線における水平差分信号 $\varepsilon_i' = x_i' - x_{i-1}'$ との相関は（導出されたし），$1/\overline{\varepsilon_i^2}$ で正規化すれば $\rho_V$ となる．すなわち，上下に隣接する走査線間の水平差分の間には，1に近い（$=\rho_V$）相関がある．
　（3）白壁や青空の画像の自己相関係数は，意外にも極めて小さい．なぜなら，平均値を引くと，残りは雑音が主であるから（自己相関の定義の矛盾でもある）．

[†3] MPEG の検討での実測によると，動き補償を行う場合，時間方向には $\rho_T^p$ よりは，$\rho_T \sqrt[r]{\rho}\,(r=3\sim5)$ に近い[2]．ただし，$\rho_T$ の値そのものは画像によって大きく異なり特に意義はない［6.4.1項［3］参照］．

2次元相関を拡大しても意味がない．それは，画像の種類によって統計的性質が大きく異なり一般性がないこと，確率過程ではなく剛体仮定に基づくこと(前述)，などである．

〔2〕 **フレーム内相関とフレーム間相関** 通常，フレーム間相関は大きいといわれている．しかし，この両者が等しくなるのは，(TVカメラにおける蓄積を無視すれば)原理的に明らかなように，1フレームに1画素の速さで隣接画素方向へ動くときである．しかし，この動きは，水平方向の場合，画面を約30秒かかって横切る速さであるから，極めてゆっくりした動きである．したがって，TV画像のフレーム間相関は大きいとはいえない[†1]．

〔3〕 **TVカメラの動作に基づく動画特性** TVカメラでは，光の強さに応じて蓄積した電荷を走査によって取り出す．したがって，動画では動く方向に沿って蓄積によって高周波成分が消滅する．その結果，動く方向のフレーム内相関が大きくなる[†2]．

## 3.2 雑音の性質と統計的な扱い

通信[†3]の究極の目標は，存在する雑音を前提として，受信側における［信号：雑音］比の許容範囲の条件で最大の情報を送ること[†4]である．これの十分な理解が望まれる．

〔1〕 **雑音の性質と統計的な扱い** 雑音を扱うには，平均電力あるいはその平方根 rms(root mean square) で考えるのがよい[†5]．幾つかの例を示す．

（1） 雑音 $n(t)$ と信号 $s(t)$ を加算した場合の平均電力：雑音の定義から信号とは独立であると考える．平均電力を求めると，この独立性から，$\overline{2s(t)n(t)} = 0$ であるから

$$\overline{\{s(t) + n(t)\}^2} = \overline{\{s(t)\}^2} + \overline{2s(t)n(t)} + \overline{\{n(t)\}^2}$$

---

[†1] フレーム間相関が大きいといわれるのは，動領域の面積比が小さいからであろう．この比は画像によって大きく変わる．TV会議やTV電話のようにカメラが固定の場合，この比は小さい．これは後述のフレーム間符号化に適した性質である．一方，TVカメラがパニングする場合，画面全体が相対的に動き，見掛け上の動面積比は大きいが，動き補償(後述)により実効的に小さくなる．

[†2] ある移動物体の2画面の間の移動距離が等しいとき，コマ落しにより得た2枚のフレームと，連続する2フレームとでは，フレーム内相関は異なる．後者では蓄積効果が大きいので高域情報が失われ，フレーム内相関が大きい．

[†3] 通信路符号化や情報源符号化．

[†4] アナログ伝送は，許容されるSN比の範囲で最大の情報を送ることが目標である．ディジタル伝送では，符号誤り率に起因する情報劣化が許容範囲内で，最大の情報量を送ることが目標である．

[†5] 厳密には，時間平均や集合平均など条件の吟味が要る．詳細は通信理論の成書を参照されたい．雑音には，対象とする周波数帯域で一様なスペクトルを有する白色雑音と，一様でない有色雑音がある．

$$= \overline{\{s(t)\}^2} + \overline{\{n(t)\}^2} \tag{3.11}$$

となる．信号と雑音の電力を独立に加算して考えてよいことが分かる．

（2） 独立な雑音 $n_1(t)$ と $n_2(t)$ を加算した場合の平均電力：上記と同様に

$$\overline{\{n_1(t) + n_2(t)\}^2} = \overline{\{n_1(t)\}^2} + 2\overline{n_1(t)n_2(t)} + \overline{\{n_1(t)\}^2}$$
$$= \overline{\{n_1(t)\}^2} + \overline{\{n_2(t)\}^2} \tag{3.12}$$

となる．雑音の平均電力は独立に加算される．平均電力(平均電力$=\sigma^2$とする)が等しい二つの独立した雑音，$n_1(t)$，$n_2(t)$ を加算すると，$2\sigma^2$ となる．したがって，平均振幅は $\sqrt{2}\sigma$ となる．同様に，$n$ 個の独立した雑音を加算すると，$\sqrt{n}\sigma$ になる．

（3） 平均電力が等しい $n$ 個の雑音の平均を求めると，$\sqrt{n}\sigma/n = \sigma/\sqrt{n}$ となる．

**例題** 信号を $n$ 個のルートに並列に送り，受信端で平均をとるものとする．各ルートで平均電力の等しい雑音が加わると，一つのルートで送る場合と比べてどうなるか．

**解** 信号はそのまま伝えられるが，雑音は $1/\sqrt{n}$ 倍になるので SN 比が大幅に改善される．

〔2〕 **画像の雑音低減例** 信号を残して雑音を抑圧することには，必ずしも統一的手法はない(あり得ない)と思う．代わって，画像の性質を巧みに活用した方法が実用化されている[†1]．ちなみに，各画素ごとの近傍画素との平均(荷重相加平均)により雑音を低減できる．これは，この操作が FIR 形低域フィルタだからである．ただし，信号も同様に低域濾波されて高域成分が失われるため，画像(例えば，輪郭部)がボケる．

# 3.3 ヒューマンインタフェース

画像は，最終的には人の目で見るものであるから，見た感じも重要である．目に不要な過剰情報を送っても意味がない．方式を選択する場合も，理論で押せる所までは押すが，最終的には人の目で判断する必要がある．これらの性質と扱いを学ぶ．

## 3.3.1 視覚特性

〔1〕 **視覚特性の特徴** 開発や設計には，視覚特性の把握が重要であるが，この特性は

---

†1 従来，雑音低減に関する論文は多いが，高度の理論の割には，はっきり効果のある方法は少ない．代わって，画像に関して何らかの仮定を置かざるを得ない [4.3 節参照]．

非線形な特性を示し，またパラメータ依存性が極めて強い．新たな視覚特性を知ろうとしても，既存データの線形加算などによって得ることは必ずしも可能ではなく，個々の系に対してデータを得る必要がある．これが画像の，煩わしくかつ興味のあるところである．

なお，注意すべきは，これらの視覚特性の乱用である[†1]．

〔2〕 **定常画像に対する視覚の空間周波数特性 MTF**　視覚の空間周波数特性を表すのに，MTF(modulation transfer function)を用いる．これは，縦縞正弦波パタン(直流＋明暗が空間的に変化する正弦波)の周波数やコントラストを変えながら被験者に観察させ，知覚できる限界を測定するものである[†2]．これを既に図1.7に示した．これには，明暗(輝度)に対する特性と，色(色差信号)に関する特性があり[6]，両者に明確な差がある．

（1） 明暗(輝度特性)に対するMTF：図1.7に見るように帯域通過形特性を呈する．

（2） 色差に対するMTF：輝度を一定に保って測定すると，同様に帯域通過形となる[†3]．その周波数は明暗の場合の1/10近く低い[†3]．カラーTV方式はこの特性に基づく．垂直方向の特性も水平方向とほぼ同様であるが，斜め方向の解像度はやや弱い．近年の技術進歩に伴って，時間方向の変化を含む3次元MTFも重要である〔〔5〕参照〕．

〔3〕 **Weber-Fechnerの法則と明るさの弁別**　ある明るさの刺激 $B$ を与えて，それを微小量だけ変化させ，その変化を感じるための最小閾値 $\Delta B$ (弁別閾)を測定する．その結果は，通常，$\Delta B/B=$一定と近似できるとされている．これをWeberの法則という．

また，$\Delta B$ に対応する感覚 $\Delta \psi$ を感覚の最小単位とすれば，これは $\Delta B/B$ に比例し，$\Delta \psi = k \Delta B/B$ と表せる．これを積分すれば

$$\psi = k \, \log(B/B_0) \quad (B_0 は，\psi = 0 に対応する基準量) \tag{3.13}$$

を得る．すなわち，感覚は刺激の対数に比例する．これをFechnerの法則といい，この両者を合わせてWeber-Fechnerの法則という．

〔4〕 **差感度(contrast sensitivity)**　輝度差が大きいとその輝度差に対する弁別能力が低下する．これを差感度という[†4]．なお，差感度と対比されるものに，よく知られているマッハ(Mach)効果，すなわち，エッジが強調される現象がある(口絵10の例えば最下段参照)．ただし，差感度のためにステップの輝度差(振幅方向)の感度が鈍い[†5]．

---

[†1] 信号処理開発者は，視覚解像度の低下を過度に活用(乱用)して開発を行う傾向がある(〔5〕参照)．

[†2] 明暗の知覚に要するコントラストの閾値，すなわち弁別閾(discrimination threshold)の測定である．パタンの輝度の最大，最小を $L_{max}$, $L_{min}$ として，$(L_{max}-L_{min})/(L_{max}+L_{min})$ で定義される．そしてこの閾値の逆数をコントラスト感度と考える．

[†3] 特性は色の対によって差があるとされている．現NTSC方式では，I軸(橙-シアン)色差に対する視力が弱いとして1.5MHzの帯域を与え，これに直交するQ軸(黄緑-紫)はさらに低いとして0.5MHzを与えた．日本人の場合，若干異なるともいわれている．

[†4] この性質は高能率符号化で活用される〔6.1節参照〕．

[†5] MTFから明らかなように，視覚は低域成分に比して中域に対する感度が高いため，口絵10の最下段など各段におけるステップ状の画像ではエッジ部の周波数成分が強調されて見える．ただし，その差の大きさに対しては鈍い．すなわち，差が大きくても小さくても，その違いは分からない．

## 3.3 ヒューマンインタフェース

**〔5〕 視覚の時空間周波数特性の概要** 視覚特性は，静止対象と動対象とでは大きく異なる．ここでは，動きなど，時間的に変化のある場合の視覚特性について記す．

**（1） 短時間提示したときのMTF** 動対象，あるいは短時間提示されたときには，図3.4 に示すように，視覚解像度は低下し，かつ帯域通過形から低域濾波形に移行する．また，視点が移ったときその点を十分な視力をもって見るには，ある程度の時間を要する[3]．なお，追随視(目が動きを追っている見方)のときは，必ずしも低下しない[†1]．

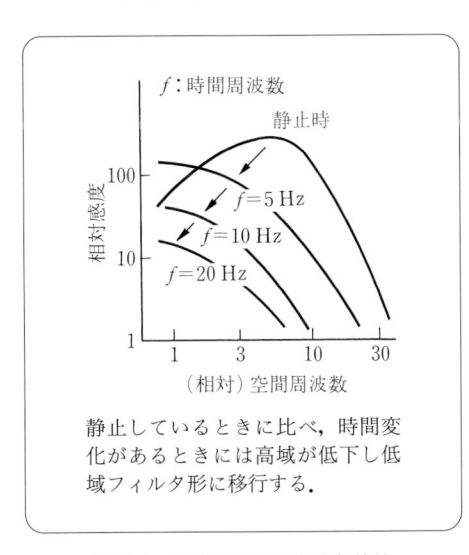

図3.4 視覚の時空間周波数特性

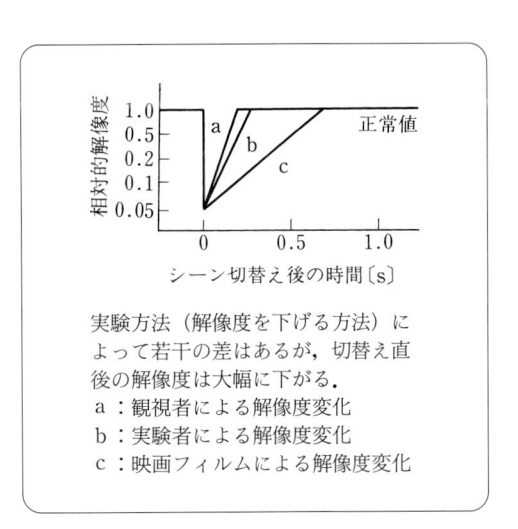

静止しているときに比べ，時間変化があるときには高域が低下し低域フィルタ形に移行する．

図3.5 シーン切替え時の視覚の解像度特性

実験方法（解像度を下げる方法）によって若干の差はあるが，切替え直後の解像度は大幅に下がる．
a：観視者による解像度変化
b：実験者による解像度変化
c：映画フィルムによる解像度変化

**（2） シーン切替り直後の視覚特性** 図3.5に示すように画面シーンが切り替わった直後に解像度を正常時の1/20に落としても，約0.2秒後にもとに戻せば半分の人は気が付かないというデータがある[4]．この性質はフレーム間符号化に都合がよい[†2]．

**（3） フリッカ感度** ある輝度 $L_0$ に，ある率の小振幅($\pm mL_0$)の時間的正弦波変化を重畳して表示する．そして，この重畳された時間変化(フリッカ，2.2.4項〔6〕参照)がちょうど知覚できるときの率 $m$ を調べる[†3]．図3.6 より下記の視覚特性が分かる[5]．

- 面積が大きいと感度が高くなる．大面積フリッカという．小面積なら検知しにくい．
- 平均輝度 $L_0$ に依存する．暗いと気が付きにくい(この図だけでは分かりにくい)．
- 周波数特性は帯域通過形であり，小面積なら50 Hz 程度で急速に落ちる．

---

†1 視線が動きをゆっくり追跡している範囲(追随視)では，視覚特性は必ずしも低下しない．したがって，低下するとして安易に画像をいじると，大幅な画質劣化に陥るので，注意を要する．
†2 シーン切替えのように，フレーム間相関が失われる場合，最初は解像度の低い(帯域の狭い)画像を送っておき，これだけの時間をかけて徐々に解像度を上げればよい．ただ，このような極端な解像度の低下は，シーン切替えのような急激な変化の場合に限られる．追随視の場合は，上記(†1)を参照されたい．
†3 率の逆数を，フリッカ感度(flicker sensitivity)という．

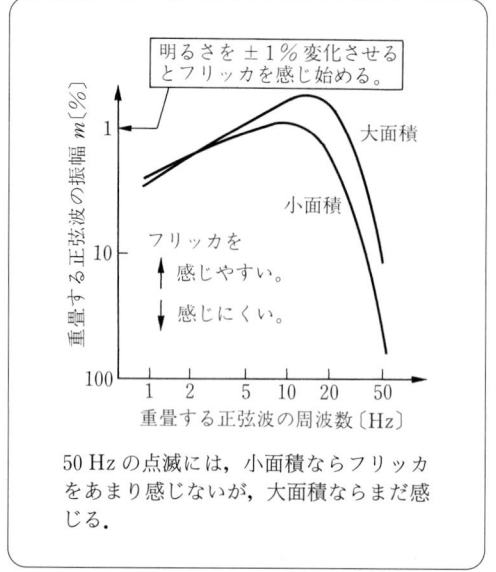

図3.6 フリッカを感じる時間周波数の特性

図3.7 動体に対する特異な知覚の例

〔6〕 **帯域制限に対する特異な視覚特性**　通信工学の"常識"では，信号の多重化や標本化の際にはこれに先立って帯域制限が必要である．ただし，2.2.1項でも触れたように，あまり厳しく制限せずある程度漏話を許容する方が総合的に画質がよい．完全に制限するとボケた感じになる．音声と異なる画像の特徴である．

〔7〕 **動体に対する特異な視覚特性**　特に3次元信号処理では，標本化定理やフィルタなどに関する通信工学の常識が，異なって感じられる．図3.7(a)のように，点灯するランプをAからBに切り替えると，かなり離れていてもAからBに光が移動したように知覚される．これを仮現運動という．この仮現運動のため，時間領域における標本化(フレーム，フィールド)と視覚特性の関係は単純ではない．

例えば，走査を［時間-垂直］領域の標本化と考えて，標本化定理の通り時間周波数帯域を制限するとボケた感じになって画質劣化が著しい．逆に，TVカメラの前にシャッタを付けて電荷の蓄積時間を低減し，動きの滑らかさは仮現運動に期待する方が画質がよい．視覚特性がもたらす神秘性である．ただし，目の疲労は別に考慮すべきであろう．

なお，視標の対応が付く図(b)の場合，視覚で間を補間できるが，この対応が付かない図(c)の場合では，場合によっては異なったスポークを対応付けるため，逆に回ったり，異なる速度で回るように見える[†1]．時間領域における折返し歪みである．

---

[†1] 映画では，図3.7(c)に示す車輪が逆転したり静止したまま前進するということをよく経験する．この理由の一つは，映画用カメラではシャッタが付いているが，対応付けのための明確な視標が存在しないため本来の動きを再現するのに期待されるのとは異なった仮現現象が起きるためである．

## 3.3.2　画質の評価

　画像の符号化などの画像信号処理をした後，これを評価する必要がある場合が多い．これには物理的尺度[†1]もあるが，主観的に評価する方法が採られることが多い[7][†2]．これは，物理的尺度が実感と合わない場合が多いからである．

　評価法として，評定尺度法，系列範疇法，一対比較法[†3]などがある．このうち，評定尺度法がその実験の容易さなどから広く用いられている．これには表3.1に示すように

- 品質尺度(quality scale)：画面全体として総合的に評価する．
- 妨害尺度(impairment scale)：基準画を基に，雑音，妨害などの劣化要因を評価する．

などがある．画像信号処理の分野では，後者(妨害尺度)がよく用いられる．例えば高能率符号化では，原画を基準5として，符号化画像での劣化や妨害を評価する[†4]．

表3.1　評定尺度法のカテゴリー

| 評点 | 品質尺度 | 妨害尺度 | |
|---|---|---|---|
| 5 | 非常に良い<br>(excellent) | 画質劣化が全く認められない<br>(imperceptible) | 検知限界 |
| 4 | 良い<br>(good) | 画質劣化が認められるが妨害とならない<br>(perceptible but not annoying) | 許容限界 |
| 3 | 普通<br>(fair) | 画質劣化がはっきりと認められわずかに妨害となる<br>(visible, slightly annoying) | 実用限界 |
| 2 | 悪い<br>(poor) | 妨害となる<br>(annoying) | |
| 1 | 非常に悪い<br>(bad) | 非常に妨害となる<br>(very annoying) | |

---

†1　最も典型的な物理的な尺度は，PSNR［2.3.1項参照］である．
†2　難解な理論に基づいて解析したり研究開発した装置や方式を，「やや妨害になる」「劣化が気になる」などの文学的な表現で評価することには，戸惑いを感じる向きもあろう．ただ，これに代わる良い方法がないことも事実である．劣化要因を分け，これらの荷重加算で定量的に評価する方法も試みられた．しかし，新しい信号処理手法の提案のたびに新しい劣化が生まれるため，この試みも容易ではない．
†3　新しい評価法も模索されている．例えば，二重刺激妨害尺度法(5段階妨害尺度を用いる評定尺度法の一種)，二重刺激連続品質尺度法，単一刺激連続品質評価法，などである．なお，一対比較法では評価すべき対象の全てに比較の対を作り比較する．どちらが良いかをyesあるいはnoで答える．
†4　妨害尺度の場合，最初に基準となる画像を見せ，これを5として，以後の評価をしてもらう．
　評価対象は複数回現れるようにする．その中に基準となる画像も含ませる．評価者の疲労に配慮する．最初に最悪の画像を見せておいたり，1回簡単なリハーサルをする，なども良い効果を与える．
　主旨を明確にすることも重要である．例えば，妨害が実質的にないことを確認するための評価なのに，何か劣化を見付けなくては責任が果たせないと勘違いし，基準画像にまで評価3を付ける場合などがある．また，評価対象に含まない劣化については主旨を説明する．
　本格的な評価では，測定環境(照明，管面輝度など)を測定する，被験者を10数名以上集めることなど，細かいルールがある．
　評価者の中には，不適格者(注意力散漫，近視)も混じるので，そのデータは排除する．ただし，捏造とならないように，条件をあらかじめ決めておく，例えば，基準画像に対する評価が3(または4)の者，同一画像の評価が2以上離れる者(4と2など)．

改善に関する方式や機器の評価では，改善する前の画質に比べての改善度に関する評価も意義がある．これには改善尺度があり，+2(大いに改善)，+1(やや改善)，0(変らない)，−1(やや劣化)，−2(大いに劣化)，などと評価する．[+3〜−3]とすることもある．

このようにして得られた複数の被験者の評点(1〜5，あるいは，−2〜+2，など)を単純に算術平均したもの，すなわち，平均オピニオン評点(Mean Opinion Score, MOS)を，評価データとする．

---

**本章のまとめ**

❶ 画像の自己相関の経験則(水平 $k$ 画素，垂直 $l$ 画素)：$\rho_{k,l} = \rho_H^k \rho_V^l$ (3.1.1項).

❷ 自己相関関数と電力スペクトルはフーリエ変換対：(3.1.1項〔5〕).

❸ 独立な等しい大きさの $n$ 個の雑音の平均振幅は，$1/\sqrt{n}$ 倍になる(3.2節〔1〕).

❹ 視覚空間解像度特性：輝度に比べ色差に対する視覚解像度は低い(3.3.1項〔2〕).

❺ 視覚の時空間解像度：フリッカ，動対象に対する視覚解像度低下(3.3.1項〔5〕).

❻ 動く剛体に対する特異な視覚特性：仮現運動(3.3.1項〔7〕).

❼ 画質に関する評価：MOS，品質尺度，妨害尺度(3.3.2項).

---

●理解度の確認●

**問 3.1** 3.1節の談話室図3.3の装置で自己相関が測定できる理由を説明せよ．

**問 3.2** 画像の自己相関は極めて大きいが，相関関数と電力スペクトルがフーリエ変換対であることから，何がいえるか．これをどう解釈するか．

**問 3.3** 飛越し走査TV信号で画面全体が静止した時に1フレームを取り出し，水平，垂直自己相関を測定した(ただし，square pixel と仮定し，また，フリッカに対して配慮済みとする)．静止画像をスキャナで読み取る場合に比べて，垂直，及び水平の相関はどう考えられるか．

**問 3.4** TV信号の水平に連続する画素(標本値)の値，$x_0, x_1, x_2$ において，$x_0$ から $x_1$ への変化分 $(x_1 - x_0)$ が $x_1$ から $x_2$ への変化分であると考えて，$x_2 = x_1 + (x_1 - x_0) = 2x_1 - x_0$ と外挿するのは，極めて自然に思われるが，この考え方は成り立つか？

**問 3.5** 真っ暗な部屋で，雨戸に少し隙間を開けたときの明るさの感じ方の変化と，2枚，3枚と開けたときの変化を，ある法則で説明せよ．

**問 3.6** 図1.10(b)のパタンを小面積フリッカの立場から説明せよ．

# 4 画像の処理

2章の「線形処理に基づく画像信号処理」に対して，論理的な処理の多い狭義の「画像処理」がある．これには，空間的論理的な処理や動物体に特有の剛体仮定を基盤とする動画像処理などがある．これらは，パタン認識や画像通信の前処理として扱われることもある．このほか，線形の理論を一見超越するようにも見える信号処理の考え方を学ぶ．

## 4.1 画像の空間的処理

画像の空間的な論理処理を中心に述べる．具体的な対象として多値画像(自然画像)と2値画像があり，この両者の橋渡しに，処理前の多値画像から2値画像への変換や，多値画像の2値画像表現などがある．処理内容には，幾何学的な補正を伴うものと，これを伴わない画像強調/画像復元や画像特徴抽出[†1]などがある．

### 4.1.1 空間的処理の概要

〔1〕 **幾何学的な補正を伴う処理**　不完全な撮像系の欠陥を補う処理や，得られた画像を別の位置(現実に撮像できない位置など)から見た画像に変換する処理などがある．

〔2〕 **画像強調/復元や特徴抽出**　振幅に関する非線形処理(広義)を行うことが多い．

強調や復元では，人間の視覚の補強が主な目的である．雑音や歪みを伴ったり，不鮮明な画像を見やすい画像に変換したり，劣化した画像をできるだけ元の画像に復元したりする．例えば，雑音除去やボケの回復などがある．なぜなら，線形フィルタ[†2]によれば，単に輪郭をボカしたり雑音を強調する場合が多い．これを避けるため，非線形を含む適応的な処理が模索されている．もともとボケた画像の補強は輪郭線の強調や輪郭抽出に発展する．

2値画像処理[†3]は，文字認識や工業用認識に多用される[†4]．この際の特徴抽出の前処理などに，幅をもつ線から中心線を残すとか，閉ループを見いだすなどが行われる．

このほか，趣味/芸術的変換(例：自然画を版画風の絵に変換する)も盛んになってきた．

〔3〕 **空間処理における信号の流れ**　TV系では，1960年代中頃までは画像データを1次元で扱っていた．着目する画素の空間的(2次元的)な近傍との演算(代数演算，論理演算)は，狭義の画像処理系(パタン認識など)で始まったように思う[1]．これには，水平画素

---

[†1] 画像強調(image enhancement)，画像復元(image restoration)，特徴抽出(feature detection)．
[†2] 画像の空間処理のうち，周波数領域における線形処理はディジタルフィルタとして既に述べた．
[†3] 2値画像では，習慣的に，白=0，黒=1と表す．身の回りの書類を見ても分かるように，黒に情報があると考えるからである．TVとは逆である．
[†4] かつてはメモリなど回路部品が高価であったため，工業用認識(自動化製造装置)では2値画像にせざるを得なかった面もある．しかし，最近ではその必然性は薄い．

数を有するシフトレジスタ(遅延素子)と組み合わせて，**図 4.1** のように構成する．これはその後進展した TV 系の 2 次元(多次元)実時間フィルタの一般的構成でもある．

最近では，PC や DSP(Digital Signal Processor)で行う場合が多い．

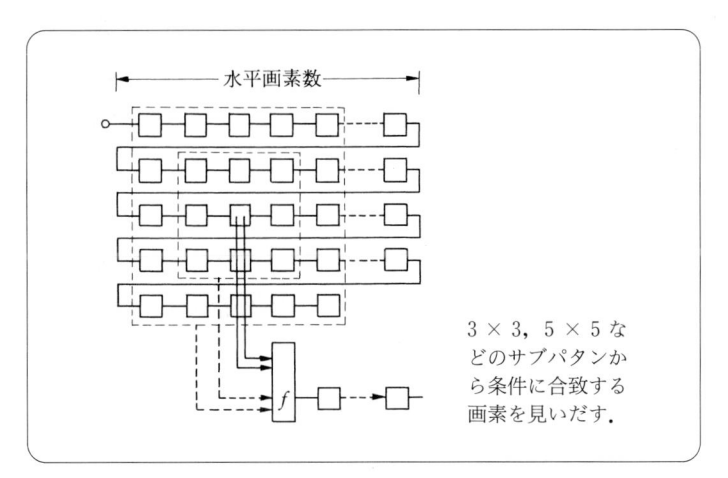

**図 4.1** 実時間空間画像処理のための 1 次元–2 次元変換の構成（ある"古典"的構成から）[†1]

## 4.1.2 多値画像の論理的な処理

画像を変形したり，歪みを除去したり，見やすい画像に変換する処理について述べる．

〔1〕**座標変換** 幾何的変換を表現するものに，下記のアフィン変換がある．

$$\begin{bmatrix} x' \\ y' \end{bmatrix} = \begin{bmatrix} A & B \\ C & D \end{bmatrix} \begin{bmatrix} x \\ y \end{bmatrix} + \begin{bmatrix} E \\ F \end{bmatrix} \tag{4.1}$$

ここで，$(x, y)$ はもとの座標を，$(x', y')$ は変換後の座標を表す．$A \sim D$ は回転と拡大縮小を規定し，$E, F$ は中心位置 $(x = 0, y = 0)$ の移動を表す．**口絵 14** を参照されたい．

〔2〕**エッジ保存形平滑化**[†2]**フィルタによる雑音抑圧** 画像の平滑化によって雑音が軽減できるが，単純に行えばボケる．これを避けるため，エッジ(輪郭)保存形の平滑化フィルタがある．これには，メディアンフィルタ[†3]や，適応形低域フィルタ[†4]がある．

〔3〕**メディアンフィルタ** ある画素 $x(i, j)$ を，この近傍領域内の画素の輝度値のうちの中央の値(メディアン)に置き換える．最も単純な場合，**図 4.2(a)** に示す $x(i, j)$ と，

---

[†1] 1970 年代になると，TV 系の 2 次元フィルタとして一般的になった．その後，水平(1 H)遅延素子やフレームメモリが利用できるようになった．このため，途中から出力が取り出せなくなり図 2.37(c)のように，これらの遅延をまとめる構成になった．
[†2] エッジ保存平滑化：edge preserving smoothing.
[†3] median filter. パタン認識系の研究者に好まれているが，通信技術系の研究者には，理論的に扱えないなど，好みに合わないようである．
[†4] 4.3.2 項で，noise reducer やシワ取りへの応用として述べる．

(a)では5番目の値に置き換える.
(b)では，8通りの［5画素の組合せ］（3通りのみ図示）の中で，例えば，最も大小の差の小さい組合せを選び，その中で3番目の値の画素に置き換える.

(a) 最も単純な構成
(b) 方向性のあるメディアンフィルタの例

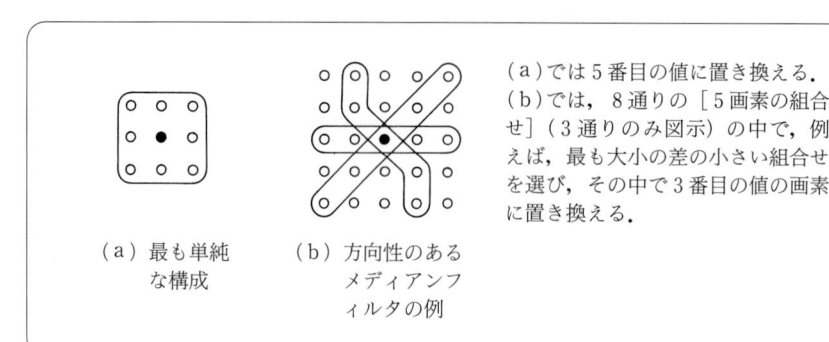

図4.2　メディアンフィルタ

その近傍8画素の計9画素の中で大きさ（明るさ）の順に並べて5番目の値で置き換える.

このフィルタによって平滑化される画像は，ボケが少なく，かつ雑音除去の効果がある．近傍領域の採り方に各種の方法が提案されている．一例を図(b)に示す.

〔4〕　**画像の強調**　　これには，瞬時非線形変換，高域強調，擬似カラー，などがある.

瞬時非線形変換は，ある画素の輝度値をその値ごとに単独に（周囲の画素と無関係に）非線形変換するものである．例えば，信号 $x(0.0～1.0)$ を $y=\sqrt{x}$ の関係で非線形変換すると，$x=0.1$ は $y\fallingdotseq 0.3$ となり，暗い領域で輝度の範囲が広がり階調が見やすくなる.

一方，一般に画像の高い空間周波成分を強調することにより，鮮鋭化(sharpening，あるいは，enhancement)できる．この高域強調は微分処理に対応する．ただし，雑音の強調にもなるので，注意が必要である.

これらとかなり考え方の異なるものに，擬似カラーがある．地図で，低い平野は緑，高い山は茶色に表すように，画像中の明るさ（輝度）に対応して擬似的に色を与える.

〔5〕　**エッジの検出**　　エッジは輝度の変化（微分値の絶対値）の大きな領域であるから，上記の画像の強調をさらに発展させると検出できる．したがって，これには，既述の空間フィルタの一種である1次微分や2次微分がよく用いられる.

1次微分に関係あるものとして，画像 $f(x, y)$ の輝度勾配を考えてみよう．ベクトル解析で周知の勾配(gradient)は，水平方向，垂直方向の単位ベクトルを $\boldsymbol{i}, \boldsymbol{j}$ として

$$\operatorname{grad} f(x, y) = \boldsymbol{i}\frac{\partial}{\partial x}f(x, y) + \boldsymbol{j}\frac{\partial}{\partial y}f(x, y) \tag{4.2}$$

で表される．これは，輝度値を土地の高さに例えると，降った水が流れる方向（の逆の方向）と勾配の急峻さに相当する．この絶対値

$$|\operatorname{grad} f(x, y)| = \sqrt{\left(\frac{\partial}{\partial x}f(x, y)\right)^2 + \left(\frac{\partial}{\partial y}f(x, y)\right)^2} \tag{4.3}$$

$$\fallingdotseq \left|\frac{\partial}{\partial x}f(x, y)\right| + \left|\frac{\partial}{\partial y}f(x, y)\right| \text{（近似形として）} \tag{4.4}$$

により勾配の大きさが分かる．これがある閾値を越える領域がエッジとして検出できる[†1]．

〔6〕 **テクスチャ特徴と解析** 織物の布目や芝生のように，ある領域で「完全に周期的ではないが，ある統計的な性質のもとで繰返し配置されている」画像領域を，テクスチャ(texture)という．画像認識では，細部の形状よりもテクスチャの特徴に着目してその領域を求めるテクスチャ解析が重要な場合がある．

このためには，空間自己相関関数，輝度ヒストグラム，ランレングス統計[†2]，フーリエ変換などにより，類似の統計的な性質を持つ画像領域を求め，これをテクスチャ領域とする．

〔7〕 **2 値 化** 濃淡画像[†3]から，ある閾値により黒か白かを決めて2値画像を得る．実用的[†4]にも重要である．ただし，閾値の選び方など，意外に難しい．これには，
- 画像入力装置の不完全さ（シェーディング[†5]，経年変化，など）
- どの閾値で白黒を判定すべきかは，画像内容に立ち入らないと判断できない[†6]．

がある．特に，後者では，対象画像の性質が既知の場合は，ある程度経験的に閾値を設定できるが，一般には，どの情報を2値画像として知りたいかで閾値は変わる[†6]．この設定方法には各種の提案があるが[†7]，これらの理由からいわゆる理論はあまり役立たず，結局は経験に基づく．**図4.3**はこのための回路例である．

〔8〕 **多値画像の2値表現** A-D変換(2.3.1項)で，少ビット数で量子化する際にあらかじめ雑音を加える方法（ディザ法）を述べた．この極端な場合，すなわち，1ビット（白黒の2レベル）で量子化する場合の画像をディザ画像という．プリンタやファクシミリでは2値レベルのみが印刷可能な場合が多く，これに中間調画像を表示するのに活用できる[2]．

視覚評価によると，ランダムなものより規則性のある雑音の方が望ましい．その中でも一般的なものが**図4.4**に示すベイヤ(Bayer)パタンである．図(c)に画像例を示す．

---

[†1] さらに2次微分に発展させると，次のようにラプラシアン $\nabla^2$ (Laplacian)で定義される．画像処理ではよく用いられるオペレータである．
$$\nabla^2 f(x, y) = \frac{\partial^2}{\partial x^2} f(x, y) + \frac{\partial^2}{\partial y^2} f(x, y) \tag{4.5}$$
この右辺各項の絶対値の和により，上記の1次微分の場合と同じようにエッジが検出できる．
なお，2次微分は1次微分よりもさらに雑音に弱いため，適用する際は注意を要する．

[†2] ファクシミリの高能率符号化でも用いるが，ある状態（白，黒など）の継続距離（画素数）を表す．

[†3] 印刷された画像では，輝度の代わりに「濃度」ということが多く，かつ，値の大小関係が逆になる．ただし，本書では輝度で統一した．

[†4] ファクシミリに日常的に用いられているほか，簡易形の画像処理では処理を簡単化したりメモリ容量を減らす目的で実用化されている．

[†5] シェーディングとは，機器の光学的な不完全さにより，全体的に明暗に差ができること．

[†6] 適当に手元にあるポスターや雑誌の表紙を見て，どのパタンや文字を残すべきかを考えてみるとよい．

[†7] 閾値の設定方法には下記がある．
 (i) 濃度ヒストグラムに基づく方法：横軸に濃度（輝度）をとり，縦軸に頻度をとってヒストグラムを作る．もし双峰になれば，その谷間を閾値とする．一見よさそうだが，必ずしもそうでもない．
 (ii) 画像の局所的性質を生かして利用する方法：微分により，輪郭部を強調した後，閾値で切る．
 (iii) 画像を分割し，各領域ごとに設定する方法：

*92*　　4. 画 像 の 処 理

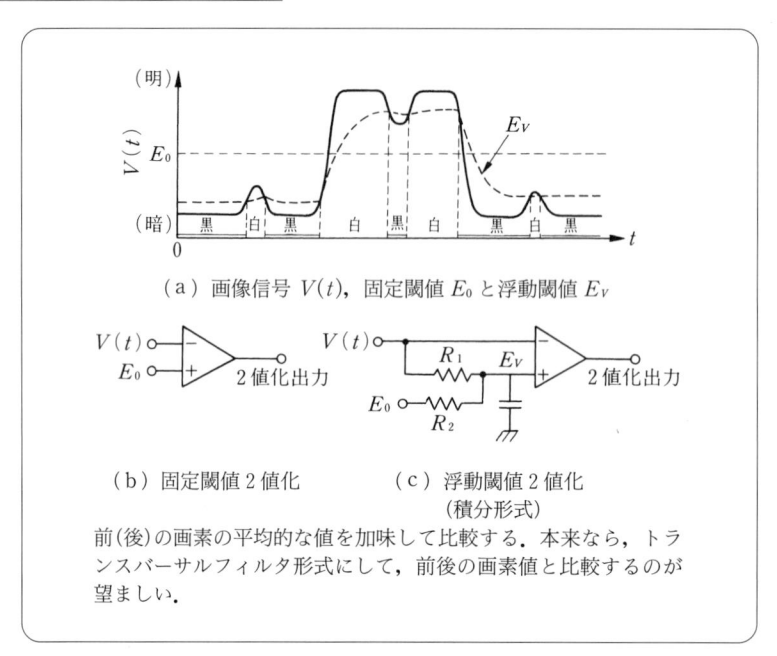

(a) 画像信号 $V(t)$，固定閾値 $E_0$ と浮動閾値 $E_V$

(b) 固定閾値2値化　　(c) 浮動閾値2値化
　　　　　　　　　　　　　　（積分形式）
前(後)の画素の平均的な値を加味して比較する．本来なら，トランスバーサルフィルタ形式にして，前後の画素値と比較するのが望ましい．

**図 4.3　2値化回路の例**

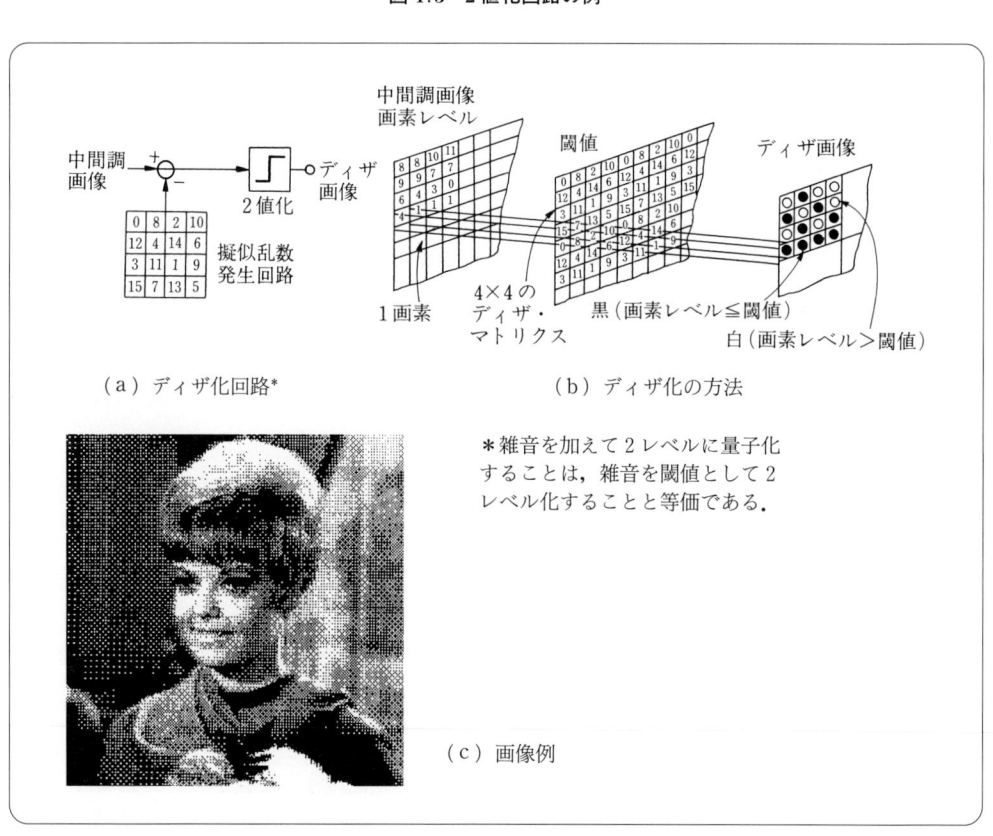

(a) ディザ化回路*　　　　　(b) ディザ化の方法

＊雑音を加えて2レベルに量子化することは，雑音を閾値として2レベル化することと等価である．

(c) 画像例

**図 4.4　ディザ画像の原理と例**

## 4.1.3　2値画像の処理

主な性質[†1]と，特徴抽出のために重要な論理処理の例を述べる．

〔1〕**2値画像における連結性**　囲碁を例に画素間の隣接関係の定義と図形の連結性を述べる．図4.5に示すように，白番で×に打つと黒2石は取れる．これは，取るときは斜め方向にでもつながっていれば連結している（8連結）とし，逆に取られる場合は斜め方向は切れている（上下左右のみをつながっている：4連結）と見なすからである．通常，注目する画像を8連結で考える場合には，背景となる領域は4連結（逆の場合は逆）で定義する．

同様に，近傍の画素に関して，4近傍（上下左右）や8近傍（4近傍＋斜め）を定義する．

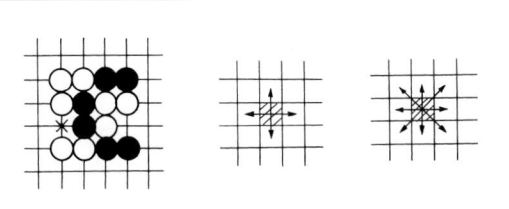

図4.5　画素の連結性

図4.6　画素間の距離の定義

〔2〕**画素間の距離**　図4.6に示す二つの画素 $P_1(k_1, l_1)$，$P_2(k_2, l_2)$ 間の距離を，次のように定義する[†2]．

1）　ユークリッド距離 (Euclid distance)　　$d_e = \sqrt{(k_1 - k_2)^2 + (l_1 - l_2)^2}$　　(4.6)

2）　街区画距離 (city block distance)[†3]　　$d_4 = |k_1 - k_2| + |l_1 - l_2|$　　(4.7)

3）　チェス盤距離 (chess board distance)[†4]　　$d_8 = \max\{|k_1 - k_2|, |l_1 - l_2|\}$　　(4.8)

〔3〕**細　線　化**　帯状の線からなる画像では，その線幅には情報がない場合が多

---

[†1] このほか，次のような事項が関係する．
- オイラー数（黒画素と孔の関係），ハフ変換（直線の検出），領域のラベル付け（画像中の個々の対象物の番号付け），分散度（円形への近さ），伸張度（細長さ），凸状，など．
- 線図形の特徴点の数の関係：あまり知られていないが，オイラー数に近いものに，下記がある[1]．
　　端点数 $\lambda$ −分岐点数 $\mu$ +2×ループ数 $\nu$ =2
　　ちなみに，複数（$N$ 個）の線図形が混在するとき，この式を計算すれば $2N$ になる．
- 画素の将棋形表示と囲碁形表示（仮称）：図4.5や図4.6に見られるように，画素が領域で示される場合（将棋形）と，交点で示される場合（囲碁形）がある．両図では特に区別せずに示した．

[†2] 本項に述べる距離は，離れて存在する二つの画素の間の距離であり，2値画像には限定されない．

[†3] 碁盤目状の京都の町を目的の場所まで歩くときの距離を考えればよい．Manhattan 距離ともいう．これは，4近傍距離ともいう．4近傍の画素のみを通って行くからである．

[†4] 斜めでも距離1と考える．8近傍距離ともいう．8近傍の画素を通ることに対応する．

く[†1]，線幅を1画素に規格化する方が後の処理に都合がよい場合が多い[1][†2]．この操作を細線化(thinning)という[†3]．実際に細線化では，以下の点に留意する[†4]．

1) 連結性：原図形の連結性を保存すること
2) 線幅：心線の線幅を1にすること

そして，これらの条件を満足させながら線図形の周辺の画素から順次削っていく[1]．改良案も多く，いわゆる図形のヒゲ(本来ない偽の骨格を残すことがある)に若干の差が生じる．図4.7(a)に削る条件の例を，図(b)に実際の細線化の例を示す．

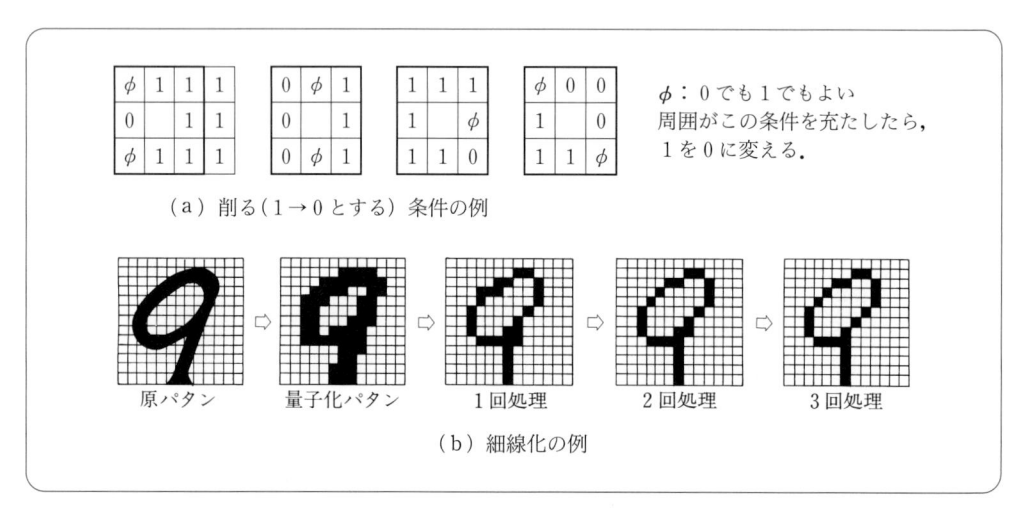

図4.7　2値パタンの細線化[1]

〔4〕ループの検出　　周りから画素を埋めていき，最後に残ればループである．

具体的には，画素の値の0と1を交換して考えれば，上記の細線化がほぼループ検出になる．違いは，細線化の場合に端点として保存したものを，ループ検出の場合には順次切り取ってゆく必要がある．そして，0の周りが全て1となる画素をループの中心とする[1]．

切り取る回数が多いので，細線化の場合に比べて，はるかに多くの繰返し回数を要する．

---

[†1] ただし，機械設計図，道路地図などでは線幅に意味がある．
[†2] もともと，パタン認識における特徴点(例えば，端点，分岐点，屈曲点など)の抽出のために，必要に迫られて考え出された[1]．細線化された図形が得られると，これから特徴点を抽出するのは容易である．
[†3] 細線化と骨格抽出とは概念的に似ている．ただし，骨格抽出は図形の再現性を重視しているのに対し，細線化は図形の連結性に重点を置いている．
[†4] このほか，下記の点に留意が必要である．
・雑音強度：線図形周辺部の小さなギザギザ(形状雑音)の影響を受けないこと．
・心線の位置：心線は原図形の中心にあること．
・安定性：端点を削り取り過ぎて心線を短くしないこと．

## 4.2 動画像処理

1次元の音声から2次元の静止画像への発展をさらに発展させると，動画像の3次元信号処理になる．既述の3次元領域における周波数やディジタルフィルタなどである．ただし，この発展では説明のつかない事実も多い．その原因には，本項で述べる「画像信号の持つ特殊性(剛体仮定など)」(3.1.1項)と動体に対する視覚特性(3.3.1項〔7〕)がある．

### 4.2.1 動画像処理の特徴

〔1〕**剛体仮定に基づく処理**　動画像処理では，画像が任意に時間的に変化するのではなく，ある物体が形を変えずにそのまま移動すると考える方がよいことが多い．これを剛体仮定という．したがって，ある物体のフレーム間の変化を知るため，物体の各フレームごとの対応を求めることが基本となる．この解析は，確率過程ではなく，構造抽出に基づく．

最近の傾向として，周波数領域の処理の高度化に，これらの処理を取り入れつつある．動き測定(検出)や，フレーム間符号化(後述)における動きベクトル測定がその例である．

〔2〕**剛体の重なり**　剛体の対応付けを難しくするものに物体の重なり(occlusion)がある．物体が移動すると，他の物体を隠したり陰に隠れたり，また，新たに現れる物体もある．これを正しく対応付けるには，物体の動きの立体的関係に着目した画像の領域分割がある．この例を図4.8に示す．静止領域は，動物体との関係から背景と前景に分けられる．

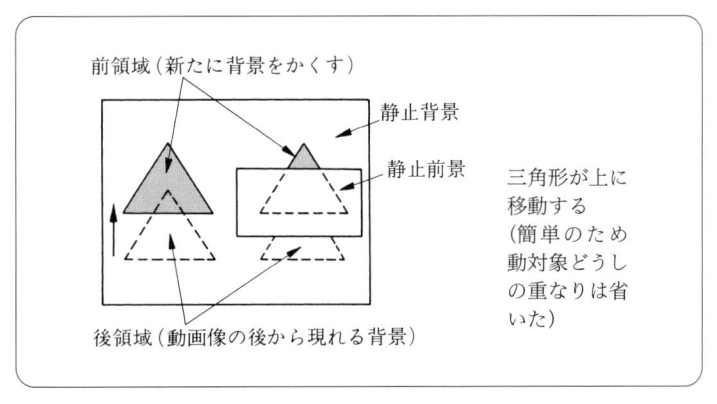

図4.8　剛体の動きによる領域分割の例

**96**　　4. 画 像 の 処 理

人物像を例にとれば，背景は壁や黒板などであり，前景は手前の机などである．重なり領域には，図示するように前領域(front region)と後領域(rear region)がある．

〔3〕 **時間的な内挿(フレーム内挿)**　　剛体仮定に起因する処理の特殊性の例に，連続するフレームからその間のフレームを作り出すフレーム内挿がある[†1]．これは，「動画像信号のフレーム(時間方向に標本化した値)の間の値の内挿」である．

通常，1次元や2次元の標本点の間の内挿では，標本化定理に従って原信号を復元し，その時刻を代入して得る[†2]．しかし，時間領域の変化のように剛体仮定(視覚的には仮現現象)が成立する場合，この考え方は適切ではない[†3]．代わって，動きベクトルを求め，動対象の位置を時間比で内挿して移動して内挿画像を得る．構成例を図4.9に示す[3]．

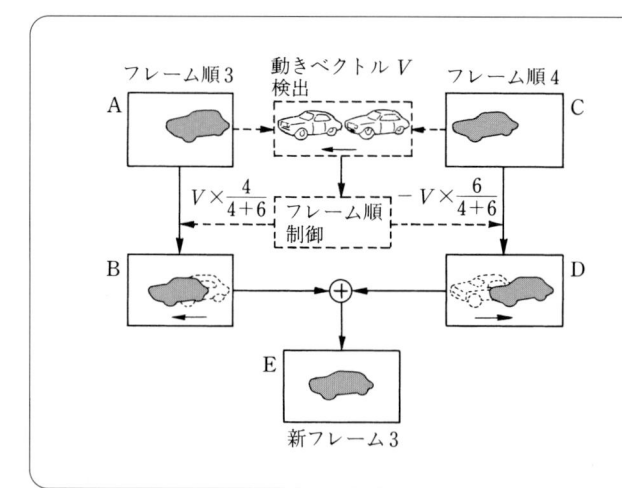

図4.9　フレーム内挿の例[3]

## 4.2.2　動きの検出，測定

〔1〕 **概要と問題点**　　TV信号の連続するフレームからの動き検出やその程度の測定は，3次元処理の広範な利用とともに重要になる[†4]．要求される「動き」には下記がある．

---
[†1] 具体的な利用例に下記がある．方式変換(25フレーム/sと30フレーム/sの相互変換など)，コマ落しした信号からもとのTV信号の再生，順次走査とインタレース走査の変換(2.2.4項)など．
[†2] 従来の1次元，2次元の類推である．これは原理的には最もよさそうであるが，輪郭がボケてしまい画質はよくない．これは，もとの画像が必ずしも標本化定理を満足するような時間方向の帯域制限がされていないからで，動画像に対する視覚特性の特殊性(神秘性)による．
[†3] 意外に画質は良いのが，必要に応じてフレームを単純に繰り返す方法である (2.2.4項〔6〕)．仮現運動が効いて比較的連続的な動きの画像となる．ただし，飛越し走査のままで繰り返すと，フィールドの関係で時間順が逆転し，動領域でフリッカとなり，実用に耐えない．
[†4] 略して動検ともいう．主な用途には，下記がある．なお，動きベクトルを伴うものは別項で述べる．
　（i） 動き適応フィルタ：YC分離，ノイズリデューサ．
　（ii） 動き適応画像補間：走査線補間，画像内挿．
　（iii） 動領域抽出：フレーム間符号化．

1) 二つのフレームの画像が等しければ静止とみてよいもの：通常の場合．
2) 等しくても動きを検出する必要のあるもの：動きが"縮退"する場合(補間など)．

このうち2)には検出漏れと誤検出の問題がある．通常の用途では経験的に検出漏れの方が画質劣化に与える影響が大きい．しかし，検出方法に決め手のない場合も多く，根気の要る開発を伴うが，最後は妥協も要る．具体的には，画素単位に動きをどう検出するか，周囲の画素との関連を含めどのように総合的に判定するか，などの課題がある[†1]．

なお，IDTV受像機の動き検出では，動きの程度(動き係数 $k$)を求める場合が多い．

〔2〕 **フレーム間差による方法**　簡単な場合として，図4.10に示すような順次走査された信号を対象にフレーム間差で検出する場合を考えよう．差分信号には

$$d_1 = g_0 - g_{-1} \tag{4.9}$$

$$d_2 = (g_0 - g_{-1}) + (g_0 - g_1) = -g_{-1} + 2g_0 - g_1 \tag{4.10}$$

$$d_3 = |g_0 - g_{-1}| + |g_0 - g_1| \tag{4.11}$$

などが考えられる．$d_1$ の場合を図(a)に示す．この周波数領域を図(b)に示す．差信号を求めることは，フレーム間(時間領域)の一種のフィルタにより，［フレーム周波数/2］成分の有無の検出である[†2]．現実のTV信号の場合は，更なる工夫を要する[†3]．

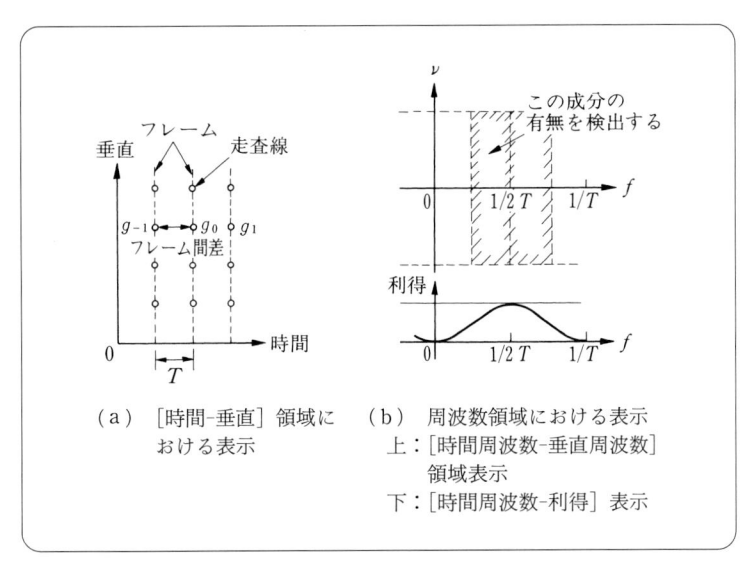

図4.10　フレーム間差の例

---

[†1] 実際のTV系に適用する場合の問題点や検討課題には，下記がある．(i)速度検出の考え方を導入した検出精度の向上．(ii)飛越し走査に起因する問題．(iii)複合カラーTV信号における輝度と色信号の分離の不完全さに起因する問題．(iv)送像側において信号を加工することによる受像機識別機能の向上．
[†2] この改善のためには，速度を併用する動き検出がある（上記脚注(i)）．
[†3] 輝度信号が一定で色のみが変化する場合もあるので，これら双方に対する検出が必要な場合もある．

〔3〕 **飛越し走査に起因する問題——"縮退"**　　飛越し走査信号ではスペクトルの縮退がある(2.2.4項). 例えば縦縞模様がフィールドごとに半ピッチ, フレームごとに1ピッチずつ水平移動する場合(図2.20), フレーム間差は0であり原理的にも検出できない. 周波数領域で見ると, フレーム間差分信号は, 図4.10(b)に示すように, $f = 15$ Hz 近傍の成分であり, $f = 30$ Hz 付近の成分は検出できない. 検出は図2.17のA′とBの識別であり, 受信信号からは区別できない. 現実の装置では多くの妥協を要する[†1].

## 4.2.3　動きベクトル

〔1〕 **動きベクトルとその活用分野**　　TV信号のような動画像信号の画面内での物体の動きに着目し, その動きの方向と大きさを動きベクトル(motion vector)という. パタン認識分野ではオプティカルフロー(optical flow)ともいう. 最近, 画像の3次元信号処理が進むにつれて, 動きベクトルを用いる処理がますます多くなってきた. 主要用途に, フレーム間符号化における符号化効率向上, フレーム内挿(フレーム数変換やフレーム追加)などがある. 必要とされる情報の種類と正確さには, 用途によって差がある[†2][†3].

測定法には, 相互相関関数法[†4], フーリエ変換法[†5], ブロックマッチング(BM)法, 勾配法[4),5),6)]などがある. 実用的にはBM法が使われることが多いが, この測定には膨大な繰返し計算を要する. 理論的な解析では勾配法が用いられることが多い.

---

[†1] 成分A′はフリッカの原因なので, 実効的に垂直低域フィルタで除外しているが, 上記動画像信号には存在する. なお, 複合カラーTV信号の場合は, 検出すべき周波数帯域に色信号が存在する.

[†2] 物体の対応付けが分からないと, 動きベクトルは正しくは求められない. 例えば, 飛越し走査で縦縞模様が1フレームごとに$n$ピッチ($n$:奇数)ずつ水平移動している場合, フレーム間差=0となるが, 次の各用途で, 必要な動きベクトル情報が異なる.
　(ⅰ) 動き補償フレーム間符号化：静止画像とみてよいので, 動きベクトル=0でもよい.
　(ⅱ) 60フィールド/sから50フィールド/sへの動き補償形の方式変換：正しく求める必要あり.
　(ⅲ) 順次走査変換：前述の縮退の問題があって, 検出の可能性の保証がない.

[†3] 正答率：例えばフレーム間符号化の場合, 統計的に符号化効率が向上すればよいので, ある確率で一部(1%程度?)のベクトルの誤測定は許されよう. それは, 仮に誤っても, 予測誤差が若干増加するだけでこれに吸収され, 画像には直接現れないからである. これに対し, 例えばフレーム内挿の場合は極めて厳しい. 長時間に1個の誤りであっても, 画面に現れ目立つからである.

[†4] 相互相関関数方法：二つの画像信号を$t = 0$で$g_0(x, y)$, $t = \tau$で$g_1(x, y)$とすれば, 相互相関関数 $h(\xi, \eta)$は下記のように定義される.

$$h(\xi, \eta) = \iint g_0(x - \xi, y - \eta) g_1(x, y) dx\, dy \tag{4.12}$$

$h(\xi, \eta)$を最大にする偏位$(\xi, \eta)$を, 動きベクトルと判定する. 原理的にはマッチング法に近い.

[†5] 画像信号$g(x, y)$のフーリエ変換を$G(\mu, \nu)$とする. $(\xi, \eta)$だけ移動した画像信号のフーリエ変換は

$$\mathcal{F}\{g(x - \xi, y - \eta)\} = G(\mu, \nu) \exp\{-2\pi j(\mu\xi + \nu\eta)\} \tag{4.13}$$

となる. したがって

$$\mathcal{F}\{g(x - \xi, y - \eta)\}/G(\mu, \nu) = \exp\{-2\pi j(\mu\xi + \nu\eta)\} \tag{4.14}$$

を求め, $(\xi, \eta)$を求めることができる.

〔2〕 **ブロックマッチングによる方法**　TV信号のフレーム間符号化装置で広く使われている．16×16画素程度のブロックに分け，このブロックで現在の画像信号 $g_i(x, y)$ と，時間的に少し前の画像 $g_{i-1}(x, y)$ との間で，現在の画像ブロックに一番似ている領域を前の画像から探す．このため，空間的なズレ $(\xi, \eta)$ を変えながら

$$\mathrm{SAD}(\xi, \eta) = \sum_k \sum_l |g_i(x_k, y_l) - g_{i-1}(x_k - \xi, y_l - \eta)| \tag{4.15}$$

を求める[†1]．そして，$\mathrm{SAD}(\xi, \eta)$ が最小になる $(\xi, \eta)$ を動きベクトルとする．SADのほか，差分2乗和SSDで求める場合もある．

〔3〕 **勾　配　法**　理論的に面白く，論文でよく利用されている．$g(x, y, t)$ なる画像(図4.11)が，$t=0$ から $t=\tau$ の間に $(\xi, \eta)$ だけ平行移動するとき，下記の二つの関係(表現法の差である)が成り立つ[4),6)][†2]．

$$\xi\, g_x + \eta\, g_y + \tau\, g_t = 0 \tag{4.16}$$

ここに，$g_x, g_y, g_t$ はそれぞれ偏微分値．例えば $g_x = \partial/\partial x\, g(x, y, t)$．

$$\boldsymbol{V} \cdot \mathrm{grad}\, g(x, y, t) + \partial/\partial t\, g(x, y, t) = 0 \quad (\text{・はスカラー積，}\boldsymbol{V}\text{は速度}) \tag{4.17}$$

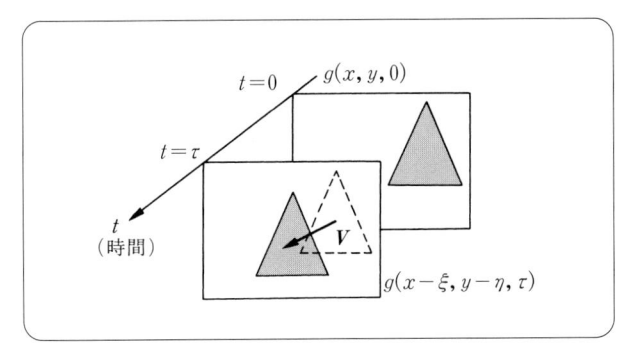

図 4.11　剛体の移動 $(\xi, \eta)$

このように，画像のある位置における勾配 $\mathrm{grad}\, g(x, y)$ と，フレーム間差から，移動量 $\tau \boldsymbol{V}$ が求められる[†3]．しかし，スカラー積の性質から分かるように，勾配方向の成分 $V_n$ は

---

[†1] SAD(Sum of Absolute Difference)，MAE(Mean Absolute Error)ともいう．
　　 SSD(Sum of Squared Difference)．
[†2] 筆者の特許であり，特別の愛着を感じている．次のように証明される．$t=0$ のときに $g(x, y, 0)$ なる画像が，$t=\tau$ までに $(\xi, \eta)$ だけ平行移動すれば，画像は，$g(x-\xi, y-\eta, t-\tau)$ と表される．ここで，$\xi, \eta$ が小さいものとして，これをテーラー展開し，1次の項のみをとれば
　　　$g(x-\xi, y-\eta, t-\tau) = g(x, y, t) - (\xi\, \partial/\partial x + \eta\, \partial/\partial y + \tau\, \partial/\partial t) g(x, y, t)$
となる．剛体仮定により，$g(x-\xi, y-\eta, t-\tau) = g(x, y, t)$ であるから
　　　$\xi\, \partial/\partial x\, g(x, y, t) + \eta\, \partial/\partial y\, g(x, y, t) + \tau\, \partial/\partial t\, g(x, y, t) = 0$
となる．これから式(4.16)を得る．$\tau$ で割って速度に関する式(4.17)のベクトル表現もある．
[†3] 勾配法は，既に周波数領域で求めた関係式 $u\mu + v\nu + f = 0$ (2.19)と，等価である[7)]．これらは，$g(x-ut, y-vt)$ という関係から出発したものであることからも推察される．

求められるが，接線方向の成分 $V_t$ は求められない(後述)．接線方向を含めた動きベクトルは，同一方向に動く剛体の，異なる勾配方向を持つ複数個の画素から求める．精度を上げるには，より多くの画素から最小2乗法によって解く方法がある[6]．

〔4〕 **測定の可能性と無意成分による不確定性**　勾配法で述べたことは，ブロックマッチングの場合などを含めて一般的にいえる．特徴がない単調パタンで，2枚の画像の間の動物体の対応付けが困難な場合，原理的に測定不能である．また，一見求め得たと思われた成分も，雑音成分を含んで実際の動きとは異なる場合が多い[†1]．これを図4.12に示す[a),b)]．

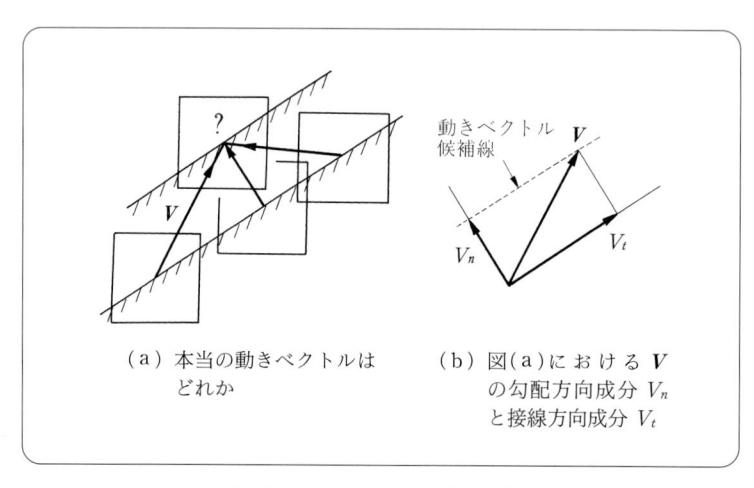

**図4.12　動きベクトルの不確定性と無意成分**

(a) 本当の動きベクトルはどれか
(b) 図(a)における $V$ の勾配方向成分 $V_n$ と接線方向成分 $V_t$

図(a)にみるように，画像の勾配方向の動き，すなわち，$V_n$(有意ベクトル成分，図(b)参照)は測定できるが，この直交方向(等輝度線の接線方向)の成分 $V_t$(無意ベクトル成分)は測定できない．これは，ブロック内の画像が単純で，各画素の勾配がほぼ同一方向であるときに起き，測定される $V$ は，図(b)に示す動きベクトル候補線上にある．しかし，実用上は問題がない場合もある[†2]．

〔5〕 **動きベクトル探索のそのほかの問題**　そのほか，検討を要する問題を挙げる．

（1）**ブロックマッチング法での探索ステップ数の低減**　MPEGなどの動き補償フレーム間符号化で最も処理量の多いのがこの探索である[†3]．下記のような低減策がある．

・多段法(間引き法)：1回目には画素やズレを間引いて計算して大まかに見当を付け，だんだんと詳しく調べる[†4]．

---

[†1] 例えば，領域別ベクトル，すなわち，動きベクトルによって境界領域の分割を行う場合，誤分割の危険性がある．これは，同一領域に属すべき同一動体であっても，法線方向が異なれば有意ベクトルが異なること，無意成分に惑わされること，などによる．
[†2] 例えば，フレーム間符号化［6.4節］を参照されたい．ともかく，似たフレームであれば何でもよい．
[†3] DSPなどによって全てソフトウェアで行おうとする場合，その90％程度以上が探索である．これが全ソフト化を妨げている．したがって，このステップ数の低減は実用的に極めて意義深い．
[†4] 大幅な低減が可能だが，極値(局部最適)を動きベクトルとする危険性もある．

- 予測法：既に探索済みの上や左の隣接ブロックの動きベクトルの周囲を探索する[†1]．
- 無意成分抑圧法との組合せ：上記予測法において特に前述の無意成分を抑圧する[8][†2]．

（2）ウォーピング（warping）[†3]　具体的には，例えばブロックの4隅の動きベクトルを求め，その間の各点の動きベクトルを内挿によって得る．

（3）回転や変形を含む動き　通常の動きベクトルは完全な平行移動を前提とするが，より高度に動きを規定しようとすれば，このほか，回転や変形を考慮して表現する[†4]．

## 4.3 画像に関する仮定に基づく高度な処理

通信の理論によれば，失われた信号成分は再生できないし，雑音や歪[†5]によって混入した成分は，これら単独では除去できない．しかし，画像の性質（RGB 3色間の関係など）や視覚特性に関して仮定を設ければ，これが可能になり，画質改善などができることがある．この「（一見）理論を超えた処理」を整理し，活用例を述べる．

### 4.3.1　画像の特性に関する仮定の例

〔1〕**雑音と信号に関する仮定（単色信号）**　「時間的に小さな変動は雑音と見なし，大きな変化は信号と見なす」という考え方がある．これを時間方向（フレーム間）に適用した雑音低減装置や，空間領域で適用して顔のシワを除去する試みもある［4.3.2項参照］．

〔2〕**カラー信号成分間の性質に基づく仮定**　カラー画像信号には，音声信号や白黒画像などのほかの信号にない大きな特徴がある．それは，経験則としてあるいは原理的に，ある領域に存在する「赤R，緑G，青Bの間の極めて大きな相互相関」である．色度で見ると，さらに大きな自己並びに相互相関がある．これを用いた例を挙げる．

---

[†1] MPEG-2/4 では，符号化済みのブロックの動きベクトルとの差分ベクトルを符号化するので，この考え方が生きる．
[†2] 動きベクトルが無意成分を含むと上記の的中率が下がる．この改善とともに見掛けの情報量を減らす．
[†3] warp とは，「歪ませて張り付ける」という意味．ただ，各隅の動きベクトルに無意成分が含まれており，その内挿が必ずしもうまくいくとは限らない．
[†4] 回転や若干の変形を伴う動きベクトル：部分的あるいは全面的にアフィン変換の考え方を導入することに相当する．MPEG-4 で大まかな動き（global motion compensation）の表現に考慮されている．
[†5] 歪みには折返し歪み（エイリアシング）なども含まれる．

(1) **色にじみ取りへの応用**　「輝度と色差に変換した YIQ 信号では，Y の変化点と IQ のそれとは一致する[†1]」といえる．機器によっては，Y 信号の解像度に比べて，IQ 信号のそれは 1/10 しかないこと[†2]もあり，色が変化するエッジでは，色がにじむ．この一致を使って Y 信号の変換点で色差信号 IQ を補正すれば，にじみが解消される．

(2) **CCD カメラ偽色軽減への応用**　単板式 CCD カラーカメラ(TV カメラ，あるいは，静止画カメラ)で，例えばベイヤ形色画素配置(図 5.2 参照)の場合，G 信号はオフセット標本化であり，R, B 信号は水平方向垂直方向ともに 1/2 サブ標本化であるため，それぞれエイリアシングが発生する．これは，上記の仮定を行えばかなり軽減される[9][†3]．

まず，かなり乱暴な仮定であるが，「偽色が発生したときに気になるのは，飽和度が低い[†4]領域である」と仮定すれば，その領域では $R ≒ G ≒ B$ である．これを利用すれば，G 成分が垂直高域領域か水平高域領域かの識別が可能になる．この結果に基づいて，方向性補間を行うと，G 成分のエイリアシングは(斜め成分の場合を除いて)解消できる．

次にこの結果を利用して「局部的に色はほぼ一定($R:G:B$ の比はほぼ一定)」と仮定すれば，G の結果に基づいて，B, R 成分も比例的に補間できる．

(3) **カラー画像信号の高能率符号化への応用**　「色度 $(x, y)$[†5]は自己相関性が高い」と仮定すれば，これを生かして高能率符号化の効率を向上できる．

## 4.3.2　画像の雑音低減例

〔1〕 **いわゆる noise reducer**[†6]　画像をボカすだけの単なる平滑化(低域フィルタ)に代わる効果的な動画像(TV 信号)の雑音抑圧を述べる．

各フレームの雑音は独立であると考えられるから，図 4.13(a)のように $n$ 枚の画像を重ねて平均をとれば，雑音は $1/\sqrt{n}$ に低減される．

次に，フレーム遅延による IIR フィルタを考える．この構成を図(b)に示す．すなわち，1 フレーム遅延演算子を $u^{-1}$ とし，その伝達関数 $H(u)$ を

---

[†1] 同一物体や同一領域では，もともと同一色である(色度が一定である)場合が多い．これが光の当たり方で RGB の大きさは相互に比例的に変化する．一方，画像中の物体の境界(画像中のエッジ)では，これらは大きく変化する．したがって，RGB あるいは YIQ の大きさが大きく変化する位置は，相互に一致することが多い．

[†2] 例えば SVHS の VTR では，Y の帯域は 6 MHz, IQ のそれは 0.5 MHz である．

[†3] 専門的で十分に理解するだけの紙面がないので，ここでは感じを汲み取っていただきたい．

[†4] 色がギラギラした状態を「飽和度が高い」といい，グレイに近い状態を「飽和度が低い」という．

[†5] この場合の色度は，CIE の定義だけではなく "一般的な色" である．この仮定を用いると，輝度信号 Y が大きく変化するまでは色は一定であると考えて，送るべき情報量を減らせる．

[†6] この方法は実際の放送に利用されている．事件現場のように暗い所で撮像すると，SN 比の劣る画像しか撮れず，そのままではニュースに使えない．そこで，この装置に通して画質を改善する．

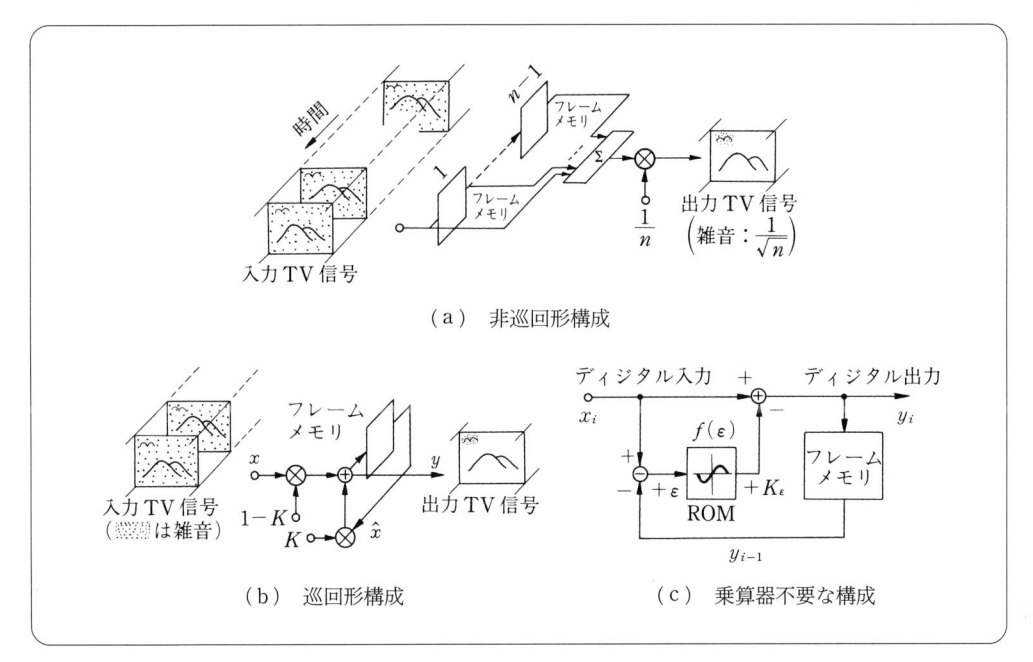

**図 4.13** 動画像信号に対する noise reducer

$$H(u) = (1 - K)/(1 - Ku^{-1}) \tag{4.18}$$

とする[†1]．静止領域では適応的に $K \to 1.0$ とする．ちなみに，式(4.18)を級数展開すれば

$$H(u) = (1 - K)(1 + Ku^{-1} + K^2 u^{-2} + K^3 u^{-3} + K^4 u^{-4} + \cdots\cdots) \tag{4.19}$$

となり，多くのフレームの加算であるから，雑音は大幅に軽減されることが分かる．

一方，動領域で上記のように重ねれば，像はボケる．そこで $K \to 0.0$ として(すなわち $H(u) \to 1$ として)，入力 $x_i$ を直接出力 $y_i$ とする．ただし，こうすれば動領域では雑音軽減の効果はない．しかし，目が対象の動きに幻惑されて雑音に気付きにくい．

このように雑音軽減効果を左右するのが動きの係数 $K$ である．この検出(決定)には，

大きな変化(フレーム差分：大)は，画像の動領域であり，

小さな変化(フレーム差分：小)は，静止領域であって差分は雑音である，

と仮定する．ただし，これらの具体的な決定は，経験的に最適化される[10]．

〔2〕 **顔のシワ取り**　　上記の noise reducer の考え方をフレーム内処理に置き換えると「大きな変化は信号(輪郭など)であり，小さな変化は雑音である」となる．これによれば輪

---

[†1] 式(4.18)は，現在の画像 $x_i$ と過去の平滑化画像 $y_{i-1}$ を上記 $K$ により加重和した下式から得られる．
$$y_i = (1 - K)x_i + Ky_{i-1} = x_i - K\cdot(x_i - y_{i-1}) \tag{4.20}$$
ここで，$K$ も $\varepsilon = (x_i - y_{i-1})$ の関数であるので，$K\cdot(x_i - y_{i-1})$ もまた，$\varepsilon = (x_i - y_{i-1})$ の関数である．したがって，$K\cdot(x_i - y_{i-1})$ を $f(x_i - y_{i-1})$ とおけば，式(4.20)は
$$y_i = x_i - f(x_i - y_{i-1}) \tag{4.21}$$
と書ける．図4.13(b)では2個の乗算器が要ったが，この構成では乗算器が不要で，代わりにROM 1個からなる非線形回路 $f(\varepsilon) = f(x_i - y_{i-1})$ があればよい．これを図4.13(c)に示す[11]．

郭を残したまま細かな雑音は軽減できる．しかし，時間的な変化と異なり，静止画像で行うと，恒常的に画像を修正してしまうことになり，例えば細かなテクスチャ(布目など)を消失させる．しかし，例えば顔の領域に限定して適用すれば，老人の顔のシワを抑圧できる[†1]．

具体的には，前述の式(4.21)をフレーム内に置き換え，かつ若干修正して

$$y_i = x_i - f(x_i - x'_i) \tag{4.22}$$

とする．これによりエッジ保存形の平滑化フィルタとなる．ここで，$x_i$ は入力画像，$y_i$ はシワの取れた画像，$x'_i$ は3.2節〔2〕で述べた平滑化(ボカシ)のための2次元低域フィルタ(LPF)出力である[†2,12]．この構成を図4.14に示す．前式で前フレーム画像 $y_{i-1}$ であったのを低域フィルタ出力 $x'_i$ と置き換えたのは，水平垂直領域では直線位相のフィルタが望ましいことと，フレーム間と異なりハード的制約がないことによる．

$x'_i$：$x_i$ とその周辺画素を入力とする2次元LPF出力．
ROM：$(x_i - x'_i)$ をアドレスとして $f(x_i - x'_i)$ を出力する．

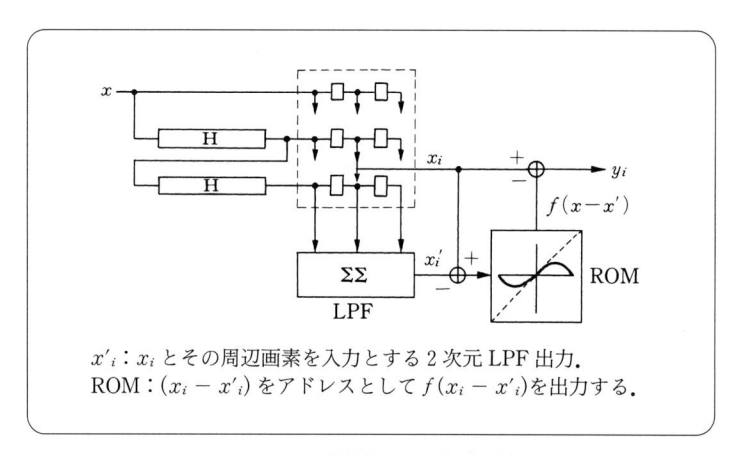

**図4.14　顔画像のシワ取り回路**

## 本章のまとめ

❶ 2値画像における連結と近傍：4連結，4近傍，8連結，8近傍がある(4.1.3項〔1〕)．

❷ 画素間距離：ユークリッド距離，街区画距離，チェス盤距離(4.1.3項〔2〕)．

---

[†1] この方法は，DCT量子化などにおけるブロック歪み(6.3.2項〔2〕参照)の抑圧にも有効である(映情学会誌 vol.57, No.10, pp.151-153(Oct. 2003))．

[†2] 入力画像 $x_i$ とボカした画像 $x_i'$ を，平坦度 $K$ によって加重和し，$y_i = (1-K)x_i + Kx_i'$ を得る．これから，式(4.21)と同様，式(4.22)を得る．$\varepsilon_i = x_i - x_i'$ とおくと $y_i = x_i - f(\varepsilon_i)$．
  ・平坦領域 ($K \to 1.0$) では，$y_i \to x_i'$ であるため，雑音などを抑圧した画像が得られる．
  ・非平坦領域 (輪郭部など．$K \to 0.0$) では，$y_i \to x_i$ であり，もとの画像が保たれる．
平坦領域 ($\varepsilon_i \approx 0$) と非平坦領域 ($|\varepsilon_i|$：大) で，$K$ をそれぞれこれらの値とするには，例えば，$K = 1 - |\varepsilon_i|/\varepsilon_0$ ($|\varepsilon_i| \leq \varepsilon_0$)，$= 0$ ($|\varepsilon_i| > \varepsilon_0$) とすればよい．$f(\varepsilon_i) = K \cdot \varepsilon_i$．
　なお，これを人物像に適用すると衣服の布目模様も消えてしまうので，肌色領域にのみ適用するなどの工夫が必要である．

❸ 細線化：サブパタンに着目して条件的に削る．逆に，ループ検出では逆に広げる(4.1.3項〔3〕)．

❹ 動きを伴う画像処理の特徴：剛体仮定，重なり，視覚特性の特殊性(仮現現象)，折返し歪みを許容する時間方向標本化(4.2.1項〔1〕〔2〕)．

❺ 動き検出：フレーム間差(式(4.9)～(4.11))．飛越し走査における"縮退"．

❻ 動きベクトル探索の方法：ブロックマッチング(式(4.15))，勾配法(式(4.16))．

❼ 画像に関する仮定による「理論限界を越えた特性」の可能性：信号と雑音，RGB 3色間の相関，色度の相関などの仮定(4.3.1項)．

❽ RGB 間の相互相関や色度の自己相関は輝度信号の自己相関より大きく，これによるカラー画像処理の高度化ができる(4.3.1項)．

❾ レベルによる信号と雑音(不要信号)の仮定に基づく低 SN 比画像の雑音抑圧や，顔のシワ取り(4.3.2項)．

## ●理解度の確認●

**問 4.1** 囲碁において連結性はどう考えているか．"5並べ"ではどうか．

**問 4.2** 画素間の距離の表し方を三つ挙げよ．その大小関係はどうか．三つが等しいのはどういう場合か．

**問 4.3** 図 4.4 に示す擬似乱数(ベイヤパタン)は($4 \times 4$)画素からなるブロックを単位とするが，($2 \times 2$)画素をブロックするときのパタンはどうなると思うか．($4 \times 4$)にある規則性に着目して考えよ．逆に，この($2 \times 2$)のパタンを($4 \times 4$)に上げるときの規則性を考察せよ．

**問 4.4** 動画像処理において，[水平-垂直]の空間的な画像処理に比べて特徴的なことに，どんなものがあるか，三つ挙げよ．

**問 4.5** 動画像において，二つのフレームの間のフレームを内挿するとき，単に時間間隔の逆比で二つのフレームの画像の振幅を加重平均すれば，どんな絵が合成されると予想されるか．

**問 4.6** 動きベクトルの無意成分をスカラー積の性質から説明せよ．

**問 4.7** 一つの剛体に属し勾配が異なる二つの画素において，それぞれ勾配法で動きベクトルが求まれば，この剛体の動きが分かることを示せ．

**問 4.8** 画像の信号処理において，(一見)理論を超越するようなことが可能になるのはなぜか．カラー画像にのみ成立する処理を可能にする仮定と白黒画像でも成立する処理

を可能にする仮定の例をあげよ．

**問 4.9** 図 4.14 の回路で輪郭や顔の造作などはもとの画像を保つのに，シワは取れることを説明せよ（シワと見なされる場合と，輪郭と見なされる場合で，式 4.22 がどのように近似できるかを考えてみよ）．

# 5 画像機器

　人や画像対象と画像システムの接点が，撮像機器[1]および表示機器[1]である．このうち，TV系では，従来，（まえがきに述べたように）電子ビーム系デバイスによる機器が全盛で，この特性がTV方式を決めた面もあった．最近では，マルチメディア機器としての用途の多様化に従って，情報がインタフェースを決める．また，固体化が進むなど，機器を取り巻く環境が大きく変わった．このほか，蓄積（記録）系機器や非TV系機器（例えばFAX）がある．

## 5.1 TV 機器

TV 機器には，撮像系，表示系(や，記録系など)がある．アナログ TV 放送からディジタル放送への変遷に伴い，機器の入出力条件の考え方も変わってゆこう[†1]．

### 5.1.1 撮像機器(TVカメラ)

TV カメラなどは，光の強さとして 2 次元的に表現される対象物を，光学系と光電変換を経て電気信号に変換し，走査を経て 1 次元信号として出力する．光電変換デバイス(イメージセンサ)には，固体撮像板(素子)と撮像管があり，最近は前者が用いられている．

〔1〕 **カラー TV カメラと色分解系**　TV カメラには 3 板(管)式と単板(管)式がある．これは，入射光を 3 原色に分解する方法(プリズム式と色フィルタ式)が関係する．

（1）**3 板(管)式とプリズム式**　RGB 3 色に対応する 3 個の撮像デバイスを用いて色信号を取り出す．構造を図 5.1 に示す．撮像レンズから入射した光は，第 1 のプリズムの出口で青色光が反射され，第 2 のプリズムでは赤色光が反射され，残った緑が透過光として取り出される．そして，各色の撮像デバイスの感光面上に，各色の画像を結像する．色ごとにデバイスを用いるので，通常は，単板(管)式(後述)に比べて解像度や画質が優れる．

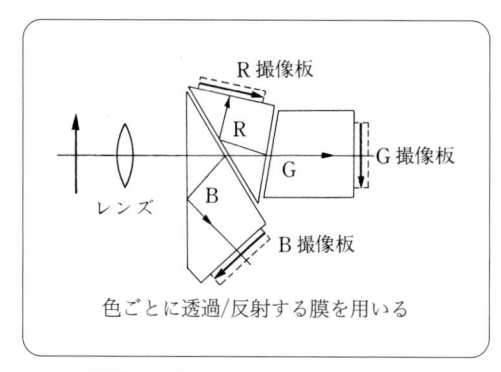

図 5.1　色分解系と 3 板式撮像デバイス

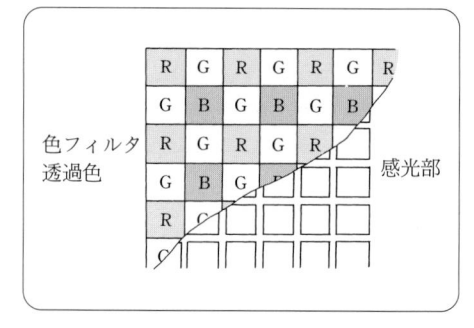

図 5.2　単板式カラーカメラの色配置の例（ベイヤ形）．各画素に R, G, B を配置する．

---

[†1] (既述)電波法から民間の任意規格に移される．

**（2）　単板（管）式と色フィルタ式**　　一つの撮像デバイスを用いて3原色信号を得る．2次元的に配置された色フィルタを，デバイスの感光面の前面に重ね合わせる．

　固体撮像では3種類の色フィルタを画素ごとに配置する．この配置には，ベイヤ形，インタライン形，Gストライプ形などがある．広く用いられているベイヤ形を図5.2に示す[†1]．

　ここでは，赤Rと青Bはそれぞれ垂直，水平とも1/2（2画素で1画素）に間引く．視覚特性上重要な緑Gはオフセット状に間引いて配置する[†2]．間引いた結果，標本化の折返し歪みが発生し，細かなパタンを撮像すると偽色が発生する[†3]．これを口絵15に示す．

**〔2〕　イメージセンサ/固体撮像板（素子）**　　規則的に並んだフォトダイオードによる受光部と，信号読出し部とからなる．受光部に蓄えられた電荷（後述）を内蔵の電子回路出力によりディジタル的に画素選択[†4]して読み出し，1次元の電気信号（走査信号）に変換する．

　これには，図5.3に示すインタライン転送形CCD[†5]が一般的である．まず順次走査60Pの場合を述べる．ここでは，受光部ではフレーム期間，光の強さに比例する電荷を蓄え，これを垂直同期期間に画面全部のフォトダイオードの電荷を垂直CCDに掃き出す．以後，ここでは垂直1画素分を走査線周期で下方にシフトして，1走査線分の電荷を順次，水平CCDに送り出す．そして，この電荷を画素単位でシフトして出力する[†6]．上記フレーム期間に，次フレームの電荷蓄積と現フレームの電荷読出し（走査）が同時並行で行われる．

　飛越し走査60Iではまず順次走査60Pで動作させる．第1フィールドでは第0＋第1走査線のように偶数と奇数走査線の出力を（内部または外部で）加算してTV信号とする．第2フィールドでは奇偶の組合せをずらせる[†7]．電荷蓄積の周期はフィールド期間である．

---

[†1] 習慣的に，各色を1画素と表すことが多い．3板式の場合は，各画素がRGBの情報を持っており，両者の画素数を区別する必要がある．

[†2] 撮像管の場合，電子ビームを絶対的な走査線単位や画素単位に位置制御することは不可能であるので，画素ごとに色フィルタを配置することはできない．代わって，3種類の色を，垂直または斜めに並べたストライプ（縞）状の光学的色フィルタを用いる[a]．

[†3] 偽色軽減（4.3.1項〔2〕（2）参照）．

[†4] ちなみに，撮像管では電子ビームを偏向することによってアナログ的に指定する．

[†5] CCD（Charge Coupled Device）：バケツリレーのように，順次，電荷を運ぶアナログシフトレジスタ．このほか，フレームCCD転送方式がある．ここでは，受光部で一定期間信号電荷を蓄積した後，すべての画素の蓄積電荷をメモリ部へ送る．その後，順次並行して水平CCDを通して出力する．
CCD形のほか，MOS形撮像素子がある．現在は一般的ではないが，小電力の点では好ましい．ここでは，$X$（水平）軸と$Y$（垂直）軸の交点に接続されたMOSゲートを両軸パルスで駆動して，電荷を走査順に読み出し（アドレス選択形読出し），出力する．

[†6] 全ての垂直CCDの最下端にある電荷（光学系で上下が反転しているので，最上段の画素）を，1走査線期間に水平シフトレジスタを通して全て出力する．次に，垂直CCDの電荷を1走査線分だけ垂直下方に移動させると，第2走査線が最下段になる．以下，これを繰り返し，全画面の走査が終了する．これを全画素同時読出し（プログレッシブスキャン）という．

[†7] 全画同時素読出しに対して，飛越しスキャンもある．かつては垂直CCDの中で加算された．2走査線分を加算するから，垂直解像度は1/2になる．撮像管の場合も，これと似た動作になる．加算せずに一方の出力を捨てる方法もあろうが，フリッカやSN比の点から必ずしも好ましくない．
電荷を垂直CCDに掃き出すとき，あるフィールドで偶数走査線の電荷を，別フィールドでは奇数走査線分を掃出することも考えられる．ただし，取り出す周期が30Hzなので，動領域で画像がボケる．

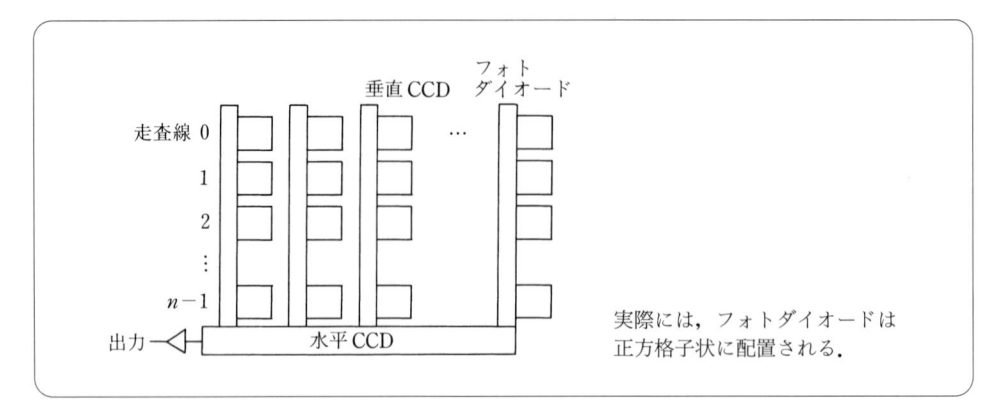

図5.3 インタライン転送形CCDイメージセンサ

〔3〕 **光電変換**　光を電気信号に変換するには光電効果を利用する．これは，光を照射すると，ある物質が光のエネルギーを吸収してその電気的状態が変化することをいう．この結果得られる電荷を，前述のように取り出す．

光電効果には，外部光電効果(光電子放出：物質に光を照射すると電子を放出する現象[†1])と，内部光電効果(光導電効果と光起電力効果)がある．光導電効果とは，ある種の半導体に光を当てるとその導電率が変わる現象である[†2]．光起電力効果とは，金属と半導体の接触面や半導体の pn 接合に光を当てると，起電力を生じる現象をいう．

〔4〕 **撮像デバイスの動作条件と信号の特性**　得られる信号は，瞬間の画像ではない．光電変換の動作から明らかなように，ある期間の光量の蓄積(積分値)である．したがって，撮像対象物体が移動すれば，その軌跡に電荷が蓄積されるから，画像はボケる[†3]．

空間解像度の高い信号を得るには，蓄積期間を短くする必要がある．これには，フレーム周波数を上げればよい．あるいは，シャッタを設けて開口率(光を通す時間率)を下げればよい．例えば映画は 24 コマ/s であるが，機械的シャッタを設けて開口率を下げて露光時間を制限し，ボケを防いでいる．固体撮像では電子的シャッタによる[†4]．

---

[†1] 光電子放出形(イメージ形)を用いた撮像管として，光電子増倍管などがある．

[†2] 前述のように，光によってたまった電荷を読み出すと考えてよいが，厳密には光導電効果が用いられる．すなわち，光導電膜は暗い状態では高い電気抵抗を示すが，光が照射されると導電性が増す．また，容量性を持つ．面に沿った方向には高い抵抗性を持ち，画素ごとに独立した容量が分布している．読出しのために電荷を与えると，光導電膜の容量に一定量の電荷が蓄積される．

この電荷は光導電膜の導電性に応じて放電される．光導電膜の導電性は，照射された光の強さによって変化するので，放電される電荷量はその光の強さを表す．次の周期に再び読出しのために電荷を与えると，放電した電荷に相当した分量の充電電流が流れ，これが信号電流として取り出される．

[†3] 光点が移動すれば，その軌跡の画素に，速度に反比例した量の電荷を与え，線としての画像信号が得られる．また，縦縞パタンが水平移動すると，その領域に電荷を与え，平坦な長方形の画像となる．

[†4] 3.3.1項〔6〕参照．信号読出し(いわば本番)の前に信号読出し(いわば空読み)を行う．これにより実効的に露光時間を制御でき，シャッタの役割を果たす．

なお，シャッタ(機械，電子とも)により露光時間を短縮すると，出力信号は小さくなり，SN比は劣化する．また，時間方向には，ますます標本化定理を満足しなくなる(図2.13(c)参照)．

## 5.1.2 表示機器（ディスプレイ）

撮像装置や電子的手法で得た画像信号を，電光変換により2次元画像として表示する．

撮像装置はかなり固体化されたが，表示では電子ビームによるCRT（Cathode Ray Tube）も健在である．1990年頃から，プラズマ表示（PDP：Plasma Display Panel），液晶表示（LCD：Liquid Crystal Display）などの多くの新しい平板形表示（FPD：Flat Panel Display）が実用化され始めた．ここでは，カラー画像表示装置を主体に述べる．

（1）表示形態　発光表示（CRT，PDPなど），透過光と反射光（LCDなど）[†1]．

（2）画像の位置（アドレス）の指定の方法　大別して二つの方法がある．

・電子ビーム走査：CRT形表示（真空管内面の蛍光体を電子ビームで走査する）．
・画素対応の表示素子の発光制御：PDPやLCDなどの多くの平板形表示で行われる．

ここでは，異なるフォーマットに対応するにはアドレス変換が必須である[†2]．

（3）直視画像表示と拡大画像表示　大画面表示には拡大表示も使われる〔〔4〕参照〕．

（4）表示装置例　以下〔1〕〜〔3〕に例を示す[†3]．

〔1〕**カラーCRT表示装置**　古くから最も一般的で，かつ，現在も広く用いられている[†4]．最も一般的なのはシャドウマスク形受像管であり，構造を図5.4に示す．

R，G，B三原色の各色ごとの信号値に応じて，三つの電子銃から電子ビームが発射される．これらは，シャドウマスクの穴を通過し，対応する色の蛍光体のみを刺激し，カラー表示を行う[†5]．ただし，信号電圧 $E$ と発光出力 $L$（輝度）の間には，RGB各色とも

$$L \propto E^\gamma \quad (\gamma \fallingdotseq 2.2. \text{ ただし，現実のCRTではもう少し大きいようである}) \quad (5.1)$$

という関係（$\gamma$（ガンマ）特性という）がある[†6]．信号と発光出力を比例させるには，CRTに加える信号（電圧信号）を $\propto \sqrt[\gamma]{E}$ と，あらかじめ補正しておく．これを $\gamma$ 補正という．現行アナログ放送の信号では，カメラ側で，[YIQ] へ変換する前の [RGB] 各信号に $\gamma$ 補正

---

[†1] 反射には，表示素子自体で反射する場合と，透過と表示素子の背面の反射との組合せの場合がある．

[†2] PCでは，CRTの場合，各種フォーマットに対応できるが，PDPやLCDのような画素対応発光装置ではフォーマット変換が必須であり，かつ画質が劣化することが多い．なお，TVで飛越し走査の場合，PDPやLCDでは，走査線数が同じでも，[飛越し→順次] 走査変換して表示する場合が多い．

[†3] そのほかの画像表示：微小なミラーや色車の群（色に応じて角度を制御）．電界発光（EL：Electro Luminesence）現象．発光ダイオード（LED：Light Emitting Diode）蛍光表示管，など．

[†4] CRT：ブラウン管ともいう．これ単独では，50インチを超える大形表示は，重量やガラスの力学的強度の点で困難である．

[†5] 三原色の蛍光体のピッチは細かいので，離れて見ると各色が混合され，中間色として感じる．
シャドウマスクと各色の蛍光体が全画面で正確に配列されることや，3本の電子ビームが1点に集まることなど，極めて精巧な構造や動作が要求されるが，長期にわたって使われてきた．
シャドウマスクには，図示の三角形状のデルタ（Δ）配列のほか，ストライプ形などがある．

[†6] $\gamma$補正せずに表示すると，RGBの発光出力の比が変わるため，もとの色と色調が変わる．なお，TV系では，ガンマ補正により撮像から表示までの特性を線形化するが，映画ではフィルムのガンマ特性を積極的に生かして，独特の画風を形成する．

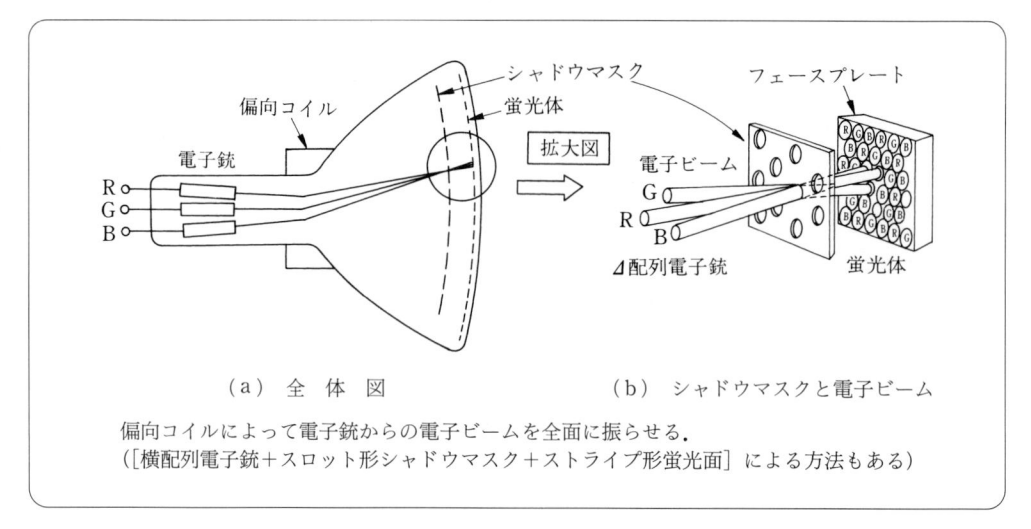

**図5.4　シャドウマスク形受像管の構造**[1]

(a) 全体図　　(b) シャドウマスクと電子ビーム

偏向コイルによって電子銃からの電子ビームを全面に振らせる．
（[横配列電子銃＋スロット形シャドウマスク＋ストライプ形蛍光面]による方法もある）

を行う[†1]．式(1.5)，(1.6)で $R, G, B$ と記したのは，$\gamma$ 補正後の値 $R', G', B'$ である．

〔2〕**液晶ディスプレイ**　　液晶は，液体のような流動性と，結晶のような規則的な分子配向を併せ持つ物質で，電界や磁界によって容易に分子の配向を変化できる．

図5.5のように液晶セルに電圧をかけると，液晶の配向が変化し，偏光を伴って光の透過を制御（光シャッタ）する．これを画素に対応させる．これ自体は発光しないが，シャッタ機能により反射光（反射形の場合）や透過光（透過形の場合）を変化させ，画像表示する．

カラー表示のためには，R，G，B の色フィルタを LCD の各画素対応に配置する．そして，背後から蛍光灯や面状発光光源などで照明を行い，画素および色に対応する LCD の光

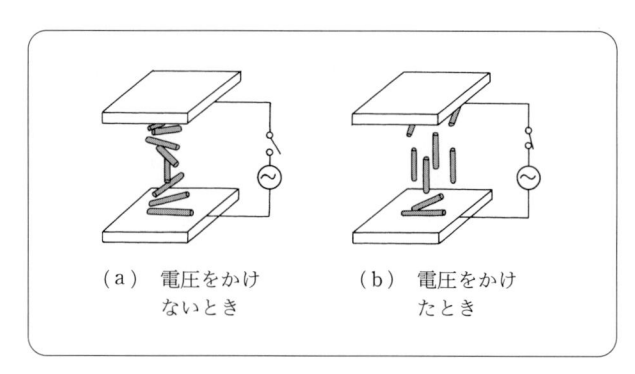

(a) 電圧をかけないとき　　(b) 電圧をかけたとき

**図5.5　TN形液晶のセル構造**

---

†1　多くの受像機で補正するより，TVカメラでまとめて補正する方が経済的なためである．ただし，これによる矛盾や歪みが多くの処理で現れる．最近のディジタルTVでは事前の補正はしない方向にある．上記カメラ出力から得るRGBは$\gamma$補正後であり，PC（例）で合成する画像は$\gamma$補正していないこともある．PC画面に表示するときには，注意を要する．

シャッタ効果により透過光を断続させ，カラー表示を行う．

〔3〕 **プラズマディスプレイ**[†1]　ネオンを主体とする希ガスを2枚のガラス板の間に封入し，これを放電単位(放電セル)として画素に対応させる．そして，電圧を印加して放電を発生させ，その発光現象により画像を表示する．

セルの駆動のため，放電セルの配列に対応する［水平-垂直］直交する放電電極を配列し，その交点にこの放電セルを対応させる．電圧の印加方法には，直流電圧形と交流電圧形がある．階調表示を行うには，放電時間や放電回数を変化させる[†2]．

カラー化には，放電空間の表面側のガラス板の内面にRGBの各セルを設け，それぞれの色の蛍光体を塗布し，ガス放電による紫外線で蛍光体を励起発光させる．

〔4〕 **大形拡大表示**　前述〔1〕～〔3〕の表示系の原理を用いて大形表示できる．

現在，3本の投射(投写)管(projection tube)[†3]の画像をレンズ系を経て拡大表示するものや，液晶を光シャッタとして拡大するプロジェクタが広く用いられている．

投射管による方法では，R，G，Bの各色画像の投射管を用い，レンズ系を経てそれぞれの画像を投影面(スクリーン)に投射し，この面上で加法混色する．大画面(例：300インチ以上)も実用化されている．

スクリーンに拡大投射して表示する方法には，前面投射(スクリーン前面からの投射)と，背面投射(透過性スクリーンに背面から画像を投射)がある[†4]．その構造を図5.6に示す．

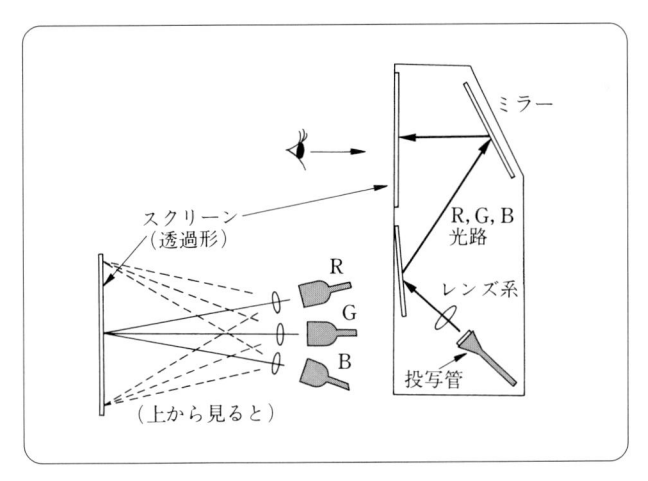

**図5.6　背面投射形拡大表示**

---

[†1] 専門家の中には，ガス放電(gas discharge)表示と呼ぶ人もいる．
[†2] 直流形では放電時間を変化させて中間調画像を得る．交流形では1フレーム内での放電回数を変えて明るさを変化させる．
[†3] 投射管とはRGBいずれか1色の蛍光体のCRTである．通常のカラーCRTと異なり，シャドウマスクがないので，電子ビームの利用率が上がり明るくできる．通常のCRTを投射する簡易形もある．
[†4] 前面の場合，高輝度化や大形化が容易であるが，スクリーン上の反射光を見るので，周囲光の影響を受ける．背面投射形ではその逆である．

液晶プロジェクタでは，液晶を光シャッタとして大形スクリーンに投影する．特に大形の前面投射形が，PC 出力の表示などに会議場や教室で広く用いられている．

## 5.1.3　そのほかのTV（動画像）機器

〔1〕　**TV 受像機**　　関連する放送方式や信号処理系の進歩に伴って下記のような著しい進展がある．

（1）　アナログ TV 受像機の進展　　受信信号から最大の情報を取り出して表現するため，3 次元周波数領域での解析理論や開発が進展し，実用機にも下記の変革があった[2)]．

・かつての 1 次元や 2 次元 YC 分離から動き適応 YC 3 次元分離[†1]へと進展した．
・動き適応順次走査化[†2]が実用化した．これはディジタル TV の場合も共通である．

（2）　ディジタル TV 放送への進展　　伝送系は，CS（通信衛星）や BS（放送衛星），さらには地上波によるディジタル TV 放送へと発展している．

（3）　走査変換　　ディジタル TV 放送での多様な画像フォーマットへの対応が必須事項になった．また一般に，高画質化のために上記の順次走査変換は重要技術である[†2†3]．

（4）　（狭義の）TV 受像機と PC との融合　　これからの大きな話題である．「近い将来，TV 受像機はなくなり，PC に統一される」という積極論が強い．しかし，「本質的に別だ」との異論も交錯している．今後，議論と実用体験を通じて，方向が定まっていくことであろう．さらに携帯電話や携帯データ端末との関連も重要である（1.1.2 項参照）．

〔2〕　**TV 信号の記録蓄積機器**[†4]　　従来，業務用，家庭用ともアナログ VTR が主流であった．しかし，大きな傾向として，従来のアナログ記録に代わってディジタル記録が中心になった．また，リニア記録からノンリニア記録[†5]へと移行しつつある．さらに，特に民需機器では非圧縮記録から圧縮記録[†6]へ移りつつある．

このほか，既述のように特に米国では，映画フィルムが動画像の記録媒体として極めて大きな意義を持つ．

---

[†1]　動き適応 3 次元 YC 分離：2.5.6 項〔5〕を参照されたい．
[†2]　動き適応順次走査化：2.2.4 項〔5〕を参照されたい．
[†3]　このほか，飛越し走査の形もとり得る"飛順"走査（sF（セグメンテッドフレーム））への対応も重要になった（1.2.1 項〔4〕や 1.2.2 項〔2〕を参照）．
[†4]　具体的な記録機器，（VTR や DVD（もとは Digital Video Disk，最近は D. Versatile D. の略））などについては，専門書を参照されたい．
[†5]　リニア（もとの語源は線形）はテープ（VTR）を指す．ノンリニア（非線形）には，ディスク（や半導体メモリ）がある．後者には，アクセス時間が短いという利点がある．
[†6]　記録の場合の特徴として，高速再生（早送り）や，時間的に逆に再生する機能が重要である．なお，非圧縮記録にも歴史的な記録としての意義が残る．

## 5.2 静止画像機器

画像機器としては TV 系の機器が中心になるが，そのほかにも重要な機器がある[3]．

### 5.2.1 ファクシミリ

〔1〕 **概　要**　ファクシミリ(以下，FAX)は，文書を電気信号に変換して伝送し，受信側で再び紙などに記録する．歴史は古く 19 世紀にさかのぼる．「眠れる巨人」といわれた時代を経て，1970 年代から広く使われ始めた[†1]．

FAX は，国際機関により，Group I，II，III，IV の 4 種(G1，G2…と略記する)が定義されている．前二者は低速であるため現在は用いられていない[†2]．G3 と G4 の特徴は，画像データの高能率符号化を行う点にある［6.5.3 項参照］．そのうち，G3 機はモデム[†3]を介して公衆電話網に接続されて用いられている．G4 機はデータ回線用である[†4]．

〔2〕 **G3 機の構成**　構成を図 5.7 に示す．

（1）光電変換(撮像)　送るべき文書をラインセンサ(水平 1 走査線分の光電変換素子)で電気信号に変換する．機器の小形化のためセンサが文書に実寸大で密着する形式と，レンズ系を通して小形センサを使う形式がある．この出力信号を 2 値化する[4.1.3 項参照]．ライン内の水平走査を主走査，文書移動方向(垂直方向)を副走査という．

（2）符号化/伝送　2 値画像化された画像を高能率符号化し，モデムを経由して伝送する．1 走査線の符号化が終わると一つ先の走査線の画像を読み込む．先に全てを読んでお

---

[†1] 1970 年代当時，画像通信は将来の通信として期待されたが，事業としての成功は FAX だけであった．特に電話回線の開放により自由に接続できるようになり，テレタイプが普及していなかった日本では顕著であった．その後 70 年代後半には高能率符号化が国際標準化され［6.5.3 項］，普及した．
ただし，大いなる期待から多数の企業が参入したため過当競争となり，かつ技術的にも飽和した．

[†2] 次のような用語がよく解説されているが，現在では事実上，死語になったと考えてよい．
模写電送(FAX の同義語)，協動係数，円筒走査(ドラムスキャナ)，円筒直径，複数走査線一括符号化，Group I (AM または FM による簡単な伝送)，Group II (AM-PM 変調による伝送)．

[†3] モデム(modem)：一般的には変調器(modulator)と復調器(demodulator)の略であるが，電話回線にディジタルデータを送るための機器を特にこういう習慣がある．ここでは，音声の 3.4 kHz の帯域に収めるため，多値変調による帯域圧縮が行われている．

[†4] G4 機では高速なので一般に高価になるが，G3 機で問題となる符号誤りを考えなくてよいので，その分，簡単化される．

## 5. 画像機器

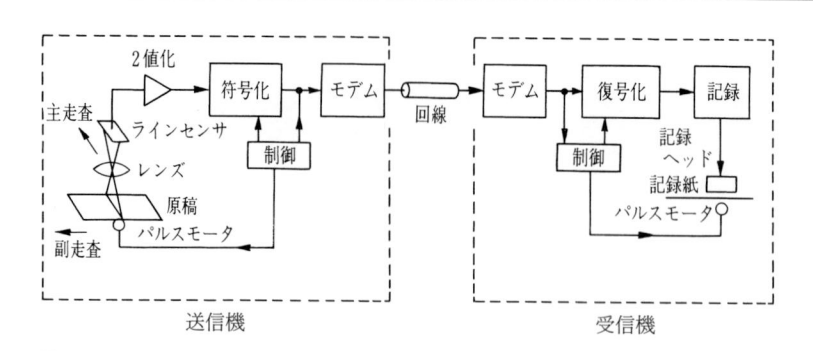

**図5.7 高速ファクシミリ（G3機）の構成**

符号化と伝送の進み具合に合わせて文書を移動させて光電変換する場合（図示）と，あらかじめ画面全部を光電変換して記憶する場合がある（記録の場合も同様）．

く方法もある．紙を経由せずにPCの文書画像を符号化する場合も増えている．

受信機側では逆の過程を経て，元の2値画像に復号する．

（3）記　　録　　原理的にはプリンタと同様である．G3機では，記録すべき速度や解像度，価格などとの関係で，感熱記録が広く用いられている．G4機では高速性が要求されるので，静電記録やレーザ記録が用いられることも多い．

### 5.2.2　そのほかの静止画像機器

多くの機器がある．最近では，PC周辺機器として高機能低価格の機器も実現した．インタネットと接続されて有効に活用されている場合も多い．

〔1〕　入力（撮像）系

（1）　デジカメ（ディジタルスティルカメラ）　　従来の銀塩感光フィルムのカメラに代わって，利用が進んでいる．固体撮像素子の進歩に従って，高度な機能のカメラが廉価で入手できるようになった．

動画用のTVカメラと共用する場合もある．ただし，飛越し走査による1フレームから静止画像を得ると，動領域で画像が二重像になる．一方，(仮称)"飛順"走査[1.2.1項参照]では，これは発生しない．そこで，[飛越し(60 I)/"飛順"(60 I'＝30 sF)]を切り替えるTVカメラが家庭用に市販されている．

（2）　スキャナ　　主として紙に書かれた書類や写真などを電気信号に変換する．複写機やファクシミリの撮像系と共用される場合もある．

・フラットベッド型：紙を置いて，これをセンサが移動して走査する．

- ハンド形：センサ部を手で持って，紙の上を動かす．
- シートフィード型：紙が走査部の中に入り込んでゆく．旧式のFAXに多かった．

〔2〕 出力(表示)系

(1) プリンタ　記録方式には，古くから多くの方法がある．実際には，複写機やファクシミリの記録系と共用される場合もある．白黒(単色)記録には下記がある．

- レーザ記録：レーザ光源で感光ベルトを帯電させ，これにトナー(黒粉＋定着剤)を付着させる．これを，転写ドラムを経て紙に転写する．高級機に多い．
- 静電記録：スタイラスという電極で紙を挟み，帯電させる．これにトナーを付着させ，定着させる．電極構造から解像度に限界があり，FAX向きである．
- インクジェット記録：インクを粒子状にして紙に噴霧する．低価格のPC周辺機器としてよく使われる．
- 感熱記録：通電加熱と転写形加熱などがある．熱により発色する顔料を塗布し，熱ヘッドで加熱して発色させる．低価格ファクシミリでよく使われる．

2値記録と，中間調記録がある．ただし，現実には真の中間調記録が難しいものが多く，中間調といえどもミクロに見るとディザ法が用いられている場合が多い．

カラープリンタでは，C(シアン)，M(マゼンタ)，Y(イエロー)の三原色と，K(黒)のトナーやインクを用い，減法混色により印刷する．三原色の原理からは黒は不要であるが，文字や輪郭部での色の位置のズレを考慮したものである．記録方法によっては，各色ごとに上記の白黒印刷に相当することを計4回繰り返して印刷を行う．

(2) 複写機　スキャナで読み取った画像をプリンタでプリントする．

## 本章のまとめ

❶ CCDカメラ：3板式と単板式．撮像管に代わり主流となった(5.1.1項〔1〕)．

❷ 単板式では細かい絵柄で偽色が発生する(2次元標本化における折返し歪み)(5.1.1項〔1〕)．

❸ 飛越し走査の場合，フリッカを避けるため，現実には順次走査の場合の走査線のほぼ2倍の幅で読み出す(5.1.1項〔2〕)．

❹ 撮像での光電変換：ある期間の光の積分値に比例する信号を出力する(5.1.1項〔4〕)．

❺ TV表示装置(デバイス)：長らくCRTが主流であったが，次第に液晶表示(LCD)やプラズマ表示(PDP：プラズマディスプレイパネル)が使われ始めた(5.1.2項)．

❻ 受像機での信号処理技術の進歩：動き適応順次走査化，動き適応 YC 分離，など（5.1.3項）．

❼ FAX：G 3 機（高能率符号化＋公共電話網），G 4 機（同＋データ網）など（5.2.1項）．

●理解度の確認●

＊は難解である．

**問 5.1*** カラー TV 信号の各成分の帯域幅を考えると，3 板式（3 管式）に代わって 4 板式（4 管式）から考えられる．どういうことか．

**問 5.2** 黒い背景に白い水玉模様があり，たまたまある領域にわたってそれが単板 CCD カメラの赤センサに対応した．このカメラ出力を TV 受像機で観視した，どうなるか．

**問 5.3** 3 板式 CCD カラー TV カメラで撮って，通常の TV 受像機で観視したら，画像のある領域で偽色が発生した．利用者（カメラマン）が最も簡単にこれをなくすには，どうすればよいか．

**問 5.4*** 単板式 CCD カメラ出力（NTSC 信号）を通常の受信機（2 D 櫛形フィルタ）で観視するとき，いわゆるクロスカラーと CCD による偽色とは現象的にどう違うか．

**問 5.5** シャドウマスク式のカラー CRT の白くて明るい領域を虫めがねで拡大して見た結果を基に，加法混色を説明せよ．

**問 5.6** 垂直の明るい線（ただし，画面の高さに比べれば短い）が，フレーム期間に水平方向に $L$ だけ動いた．これを撮像すればどんな画像が得られるか．飛越し走査で走査線が太い場合を想定せよ．

**問 5.7** 画像メモリが高価な場合と，紙送り機構が高価な場合とで，FAX の望ましい構成はどうなるか．符号化データは，画像が複雑な領域ではビット数が多く，逆の単純な場合には少ないことを考慮せよ．

# 6 画像の高能率符号化

　電話信号の周波数帯域幅は 4 kHz 以下であるが，現在の標準的な放送 TV 信号(SDTV)では 4 MHz 以上であり，1 000 倍以上の広い帯域幅を有している．伝送や記録の場合，これが大きなネックとなる．高能率符号化は，これをより少ないビットレートで符号化する技術である．ディジタル TV 放送や携帯電話による画像伝送が可能になったのも，この研究開発の成果である[†1]．

---

[†1] 研究の発端となった画像の相関性や帯域圧縮との関係：2.4.3項の談話室を参考にされたい．

## 6.1 高能率符号化

　符号化には，情報源符号化と通信路符号化がある．本章で扱う画像の高能率符号化は，前者である．ここでは，この高能率符号化(以下，画像符号化)の基本的な考え方を知り，具体的な符号化手法の分類の概要と，歴史的な経過を学ぶ[1),a),b)]．

〔1〕 **高能率符号化[†1]の基本的な考え方**　画像符号化では，基本的に，画像の自己相関性と視覚特性の二つを活用して，高能率化を図る．

　素朴には，「自己相関が大きければ，ある画素の値から隣接画素の値もほぼ分かる」と考えられ，事実，この分野の研究は予測符号化から始まった．一方，数学的にも明らかなように[2.4.3項談話室(p.53)参照]，ポイントは，大電力の低周波数成分の処理にある．

　視覚特性の活用も重要である．通常の用途に限れば，人間が感知できない成分を送っても，あるいは差が分からないほど精密に送っても無駄である．そこで，この冗長な情報を削除することにより効率化できる．主な視覚特性には下記がある．

・周波数特性：高域成分(特に斜め成分)は粗く量子化してもよい．
・振幅軸上の差感度：変化の大きな領域では振幅方向の画素間差の識別感度は鈍い[†2]．

〔2〕 **高能率符号化の分類**　多くの観点から分類することにより技術概要を述べる．

（1） 符号化で参照する画素の範囲による分類：1次元(同一走査線内)，2次元(フィールド内)，3次元(フレーム間)(中間形態としてフィールド間もある)がある．

（2） 冗長度抑圧の原理による分類：実際にはこれらを組み合わせて用いる場合が多い．

・予測符号化(predictive coding, differential PCM, DPCM)：予測誤差を符号化する[2)]．
・直交変換符号化(transform coding)：複数画素を1ブロックとして直交変換する[†3]．

---

[†1] 高能率画像符号化は，冗長度抑圧符号化(redundancy reduction coding, bit rate reduction)あるいは，単に画像符号化(picture coding)ともいう．なお
　　　符号化ビットレート＝標本化周波数 $f_s$ ×（ビット数/標本値）
であるから，ビットレート低減には標本化周波数 $f_s$ の低減も有効であり，前述のサブナイキスト標本化も候補である．帯域圧縮と高能率符号化の接点でもある．

[†2] 最近の符号化では，線形量子化と可変長符号化が主体になり，差感度を考慮した非線形量子化はあまり積極的には活用されない傾向がある．具体例は，予測符号化[6.2.1項〔1〕]，変換符号化[6.3.3項]を参照されたい．

[†3] この結果(変換係数という)を符号化する．アダマール変換，離散コサイン変換(DCT)などが知られている．ブロックを単位とするのでブロック符号化ともいう．

・周波数変換符号化：Sub-Band 符号化，wavelet など．上記変換符号化もこの一種．
・そのほか：内挿符号化，ビットプレーン符号化，ランレングス符号化などがある．

（3） 可逆符号化と非可逆符号化：厳密にもとの信号に復元できるか否かによる分類．
・可逆符号化(information preserving coding, lossless coding)[†1]：
・非可逆符号化(non-information preserving coding, lossy coding)[†2]：

（4） 実時間(real time)符号化と非実時間符号化[†3]：

（5） 低位/中間/高位記述：符号化のインテリジェンスの程度による[†4]．

（6） 再符号化(transcoding)の容易性：異なる符号化や異なるパラメータ(ビットレート)の符号化に変換する際の容易さ［6.5.2項〔3〕参照］．

（7） スカラー量子化とベクトル量子化：画素ごとに量子化するスカラー量子化と，$N$ 個の画素値を $N$ 次元ベクトルと考えて量子化するベクトル量子化がある［6.5.1項〔1〕］．

（8） カラーTV信号の直接/分離符号化：複合カラーTV信号のまま符号化する直接符号化(composite coding)と，成分ごとに符号化する分離符号化(component coding)[†5]．

（9） 対称(symmetric)符号化と非対称(asymmetric)符号化：符号器と復号器の規模がほぼ同一(対称)な場合と，極端に異なる場合を指す[†6]．

〔3〕 **歴史的変遷**　表 6.1 に示す．詳しくは［談話室］(p.122)を参照されたい．

表 6.1　TV信号の高能率符号化（ディジタル伝送）の変遷（第1期～第6期は筆者の仮称）

| 年代 | 帯域圧縮 | 高能率符号化 | 備　　考 |
|---|---|---|---|
| 1950 | 帯域圧縮の芽生え*1<br>(帯域圧縮第1期) | 高能率符号化（第1期）*1 | |
| 1960 | ―― | 本格的な芽生え（第2期）*2 | TVのディジタル伝送への疑問*2 |
| 1970 | ―― | 実用化（第3期）*3 | TVのディジタル伝送の意義*3 |
| 1980 | 帯域圧縮の復活（第2期）<br>(EDTV, MUSE)*5 | H.261, MPEG-1（第4期）*4 | |
| 1990 | | ディジタル放送,<br>MPEG-2（第5期）*6 | ディジタル優先*6*7 |
| 2000 | | MPEG-4（第6期）*8 | |

＊1～＊8：対応する事項は［談話室］参照．

---

[†1] 統計的性質による符号化であり完全に復元できる．汎用データベースにおける符号化にも用いられる．
[†2] 視覚系で許容される画像修正して効率化する．元の信号に復元できない．通常の符号化はこれである．
[†3] 通常のTV符号化はTVカメラでの画像の発生と同時に符号化(実時間符号化)する．パッケージ画像(蓄積画像)の符号化では非時間符号化でもよい．符号化パラメータが不適当なら再試行できる．
[†4] 低位/中間/高位記述：6.5.1項〔2〕参照．
　　・低位記述(low level coding)：狭義の画像符号化．波形符号化(waveform coding)とも呼ぶ．
　　・中間記述(mid-level coding)：画像の2次元形状(大まかな動き，分割領域の形状，奥行き，など)に従って，アニメのセル画のように重ね合わせる．MPEG-4 のレイヤーにその思想が見られる．
　　・高位記述(high level coding)：6.5.1項〔2〕参照．
[†5] 現在，直接符号化はほとんど行われていない．
[†6] 放送のように送受の数の比＝1：$N(N \gg 1)$ の場合は，総合経済性から復号器の簡単化が望ましく"非対称"でよい．ただし，現実の機器はほぼ対称である．

## 談話室

**符号化方式の変遷**　試行錯誤の連続であった．表6.1を参照しながら振り返ってみよう．

〔1〕**第1期における迷い**[*1]：画像の自己相関の測定結果から，帯域圧縮の研究が盛んになった[2.4.3項談話室参照]．この中から高能率符号化の模索が始まった．

〔2〕**第 2 期**：TV電話を主目的に研究が飛躍的に進んだ[*2]が，1977年にPCS（Picture Coding Symposium）が日本で行われた頃には，「もう技術が飽和した．この会合も今回で終わりか」とささやかれた．また，ディジタル化すれば帯域が広がると考えられ，実用性に疑問があった[*2]．なお当時，動き補償も直交変換も出そろっていたが，NTSCには10〜20 Mb/sを要し，64 kb/sなら新聞の4コマ漫画程度と思われた．

〔3〕**第 3 期**：研究は地味になったが，実際に使われる伝送路がディジタルになったので，ディジタルTV伝送に意義が生まれた（1980年前後）[*3]．

〔4〕**第4期の飛躍**：[動き補償予測＋DCT] の標準形を確定したH.261や，その後のMPEGに見るように，技術的な飛躍があった[*4]．

さらに，次世代TVの手段として帯域圧縮にも大きな期待が集まった[*5]．

〔5〕**第5期：ディジタルTV放送への大飛躍**：1990〜1991年，「もう進歩はあり得ない」との悲観的な見方が学会を覆った．ところが，日本主導に抗して米国の巻返しがあり，当時，100 Mb/s以上と考えられたHDTVの符号化を，20 Mb/s以下で実現することを提唱した．

当初は「とても無理」と見られていたが，予想外の良い特性を示した．そして，国際的に大きな方向転換をもたらした．そして画像だけでなく，技術や経済一般にまで影響を与えた[*6]．

ただし，画期的なアイディアではなく，地道な積上げによるものであった．極論すればハンダ付けの工夫の域を出ていない．これは，技術者や研究者へ技術的に大きな衝撃を与えた．筆者を含めた多くの人が，これまで「What's new？の信念」で自らだけでなく後輩をも説いて研究開発を進めてきたのに，これを否定する革新があったのである．これらの結果，「ディジタルなら，アナログ1チャネルで数チャネルが伝送できる」といわれるようになった[*7]．

このほか，PCやインターネットなどとの相性の良さから，デジカメ（ディジタル静止画カメラ）が広く用いられるなど，ディジタル技術が浸透した．

〔6〕**第6期：今後の発展**：1990年代後半，MPEG-4[*8]で大幅な圧縮率の向上をも目標にしたが果たせず，現状が限界だという印象を与えた．ただし，過去に2（3）回も過ちを犯したので，断定的なことはいえない．現在は，編集の容易さなどに努力が向けられている．

〔7〕**補　　足**：画像符号化の発展過程で繰返しいわれたことに「（光通信などの）高速伝送が進展すれば，高能率符号化は不要になるのではないか？」がある．しかし，高能率化されれば，さらなる応用分野（例：ディジタル放送，家庭用動画記録，携帯電話による画像伝送）が開け，その結果，さらなる高能率化が要請されてきた．このことは歴史が如実に示している．

\*1〜\*8　対応する事項は表6.1の中にある．
MPEG：6.4.1項〔4〕参照．

〔4〕 **符号化に関する補足**　同一の用語が異なる分野で異なった意味で未整理のまま用いられるもの[†1]や，両立性[†2][†3]，ディジタル系における画質劣化[†4]について脚注で補足する．

## 6.2　予測符号化

予測符号化(predictive coding)は，かつては符号化，特にフレーム内符号化の主流だった[a),b)][†5]．その形態から差分(差動)PCM(differential PCM あるいは単に DPCM)ともいう．基本的な考え方なので単純な前値予測を述べ，次いで一般化して述べる．

### 6.2.1　予測符号化とは(前値予測の場合)

〔1〕 **予測誤差**　画素間の相関(自己相関)は高いので，差分信号は小さな値となる．予測符号化では，この統計的性質とさらに視覚特性(差感度)を利用する．予測の方法としては，現在の画素の値 $x_i$ と，過去の画素の値を用いて $x_i$ を予測した予測値 $\hat{x}_i$ との予測誤差 $\varepsilon_i$ を求め，これを符号化する．前値予測では，一つ前の値 $x_{i-1}$ に予測係数 $a$ を乗じて

$$\hat{x}_i = ax_{i-1} \tag{6.1}$$

とする．したがって，予測誤差 $\varepsilon_i$ は

$$\varepsilon_i = x_i - \hat{x}_i = x_i - ax_{i-1} \tag{6.2}$$

---

[†1] 用語補足
　(1) 階層的符号化：多解像度画像符号化の別称(layered coding)，パケット符号化の場合(layered coding)，静止画符号化の場合(progressive coding)，など．
　(2) 順次符号化(階層的静止画符号化)：順次走査と無関係なので注意されたい．
　　特に注意すべきは，静止画符号化では progressive 符号化に対立する sequential 符号化を，順次(再生)符号化という．英語と日本語に逆転がある．
[†2] scalability(可変対応性)：系の帯域幅や画質要求に最適化できるように，情報を可変データレートで対応できることをいう．空間 scalability，時間 scalability，S/N scalablity がある．関連して，伝送 scalability や，受信 scalability がある．
[†3] 符号化の両立性と階層性と意味：符号化データの多種のデータに対して両立性を有すること，すなわち符号化の階層性が重要である．これには，アルゴリズム両立性，帯域/画素数の両立性，完全両立性(例えば，HDTV 信号のデータの一部から TV 信号が再生できる)などがある．
[†4] アナログ伝送では，伝送品質が劣化すれば，信号は"それなりに徐々に"劣化する．一方，ディジタルでは，伝送路の品質がある閾値を下回ると突然，誤り率が高くなる(cliff effect)．高能率符号化では影響が大きい．これを避けるため，徐々に劣化させる方法(graceful degradation)が模索されている．
[†5] フレーム内 DPCM は 1990 年以後は急速に重要性が低下したため，詳述は避ける．

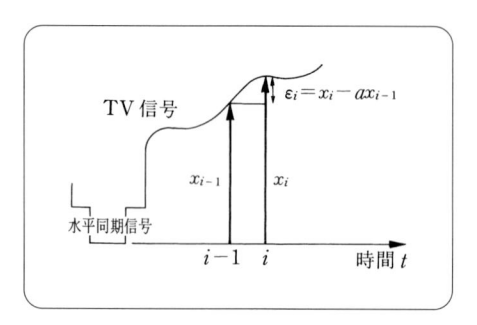

**図 6.1** 予測符号化(前値予測 $a = 1$ の場合)

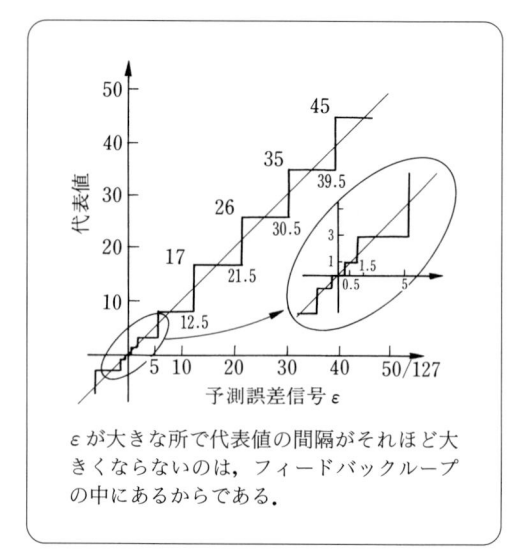

**図 6.2** 4ビット DPCM(7ビット PCM)における非線形量子化と代表値の例

$\varepsilon$ が大きな所で代表値の間隔がそれほど大きくならないのは，フィードバックループの中にあるからである．

となり，これを量子化する．$a = 1.0$ の場合は単なる差分である．これを図 6.1 に示す．

予測誤差 $\varepsilon_i$ は分布に著しい偏りがある．そこで既述 [2.3.2 項] のように，図 6.2 に示す非線形量子化を行うことが多い．この特性は視覚の差感度特性によく適合する．

図 6.3 に前値予測符号器，復号器の構成を示す．図(a)は式(6.2)から直接考えられる符号器の構成を示す．図(b)は復号器の構成を示す．代表値設定回路は，非線形量子化回路における圧縮特性の逆関数の伸長特性を示すものである．

ただし，符号器では現実には図(a)ではなく図(c)の構成をとる．これは，図(a)の構成では量子化で発生する量子化雑音が復号器で累積するからである[†1]．これを図(c)のように

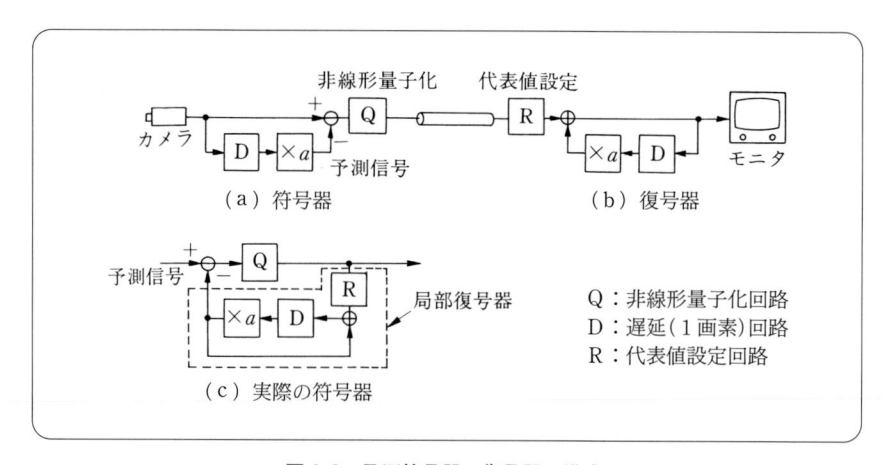

Q：非線形量子化回路
D：遅延(1画素)回路
R：代表値設定回路

**図 6.3** 予測符号器，復号器の構成

---

†1 予測誤差を線形量子化のまま可変長符号化するのであれば，局部復号器は原理的に不要である．

復号器と同じ構成の回路を局部復号器として設け，量子化回路をフィードバックループの中に入れると，量子化雑音の積分値を考慮しつつ予測誤差を量子化するため，雑音が累積しない．この考え方は MPEG などのフレーム間符号化にも共通する符号化の基本である．

なお，これらの構成は一種のディジタルフィルタと見ることができる [6.2.3 項参照]．

〔2〕 **最適予測**　広く知られている考え方は，「平均予測誤差電力を最小化する予測係数 $a$」を最適予測係数とするものである[2]．もう一つは，量子化歪み電力の最小化を条件とする考え方[3),a)]であり，結果は異なる．

まず，前者の予測誤差電力最小化について述べる．式(6.2)から平均電力を求めると

$$\overline{\varepsilon_i^2} = \overline{(x_i - ax_{i-1})^2} = \overline{x_i^2} - 2a\overline{x_i x_{i-1}} + a^2 \overline{x_{i-1}^2} \tag{6.3}$$

となる．ここで，定義に従い，$\overline{x_i^2} = \overline{x_{i-1}^2} = \sigma^2$ (平均信号電力)，$\rho = \overline{x_i x_{i-1}}/\sigma^2$ (相関係数) とおくと，式(6.3)は次のようになる．

$$\overline{\varepsilon_i^2} = \sigma^2(1 - 2a\rho + a^2) \tag{6.4}$$

最適化のため，これが最小となる条件を求めると，$\partial \overline{\varepsilon_i^2}/\partial a = 0$ から，$a = \rho$ なる最適予測係数が得られる．ここに，$\rho = 0.95 \sim 0.98$ 程度である [3.1.1 項参照]．

**例題**　平均予測誤差信号電力最小の条件から求めた予測係数は，予測の効果にどの程度影響するか．予測係数 $a$ として，$a = \rho$ の場合と，単純な差分($a = 1$ の場合)で，予測誤差電力(式(6.3))がどうなるかを調べてみよ [3.1.2 項〔2〕参照]．

**解**　$a = \rho$ を代入すると，$\overline{\varepsilon_i^2} = \sigma^2(1 - \rho^2) = \sigma^2(1 - \rho)(1 + \rho) \fallingdotseq 2\sigma^2(1 - \rho)$，∵ $\rho \fallingdotseq 1$
一方，$a = 1$ のとき $\overline{\varepsilon_i^2} = 2\sigma^2(1 - \rho)$，ちなみに，$\rho = 0.95$ を代入すれば，$\overline{\varepsilon_i^2} = 0.1\sigma^2$．

この例題から分かるように，相関係数 $\rho$ は 1 に近いので，$a = 1$ でも $\rho$ でも予測誤差電力に大差がない[†1]．いずれも平均振幅は 1/3〜1/4 程度となり，1〜2 ビットの低減となる．

これに，視覚効果(差感度)に基づく非線形量子化の効果や(あるいは)可変長符号化の適用を考慮すると，さらに 1〜2 ビットの低減が図られ，計 3〜4 ビットの低減となる．

なお，上記の最適化手法では重要な視覚効果が考慮されていない．一方，量子化歪み電力最小化の最適化手法では，視覚特性を考慮した非線形量子化を含めて最適化できる．これによると，予測係数は 1.0 に近い方がよいとの結論が得られる．これは，予測係数 $a \neq 1.0$ ならば，平坦部を粗く量子化するからである．実験によってもこの正しさが立証される．

なお，伝送符号誤りがあると影響が伝播(でんぱ)する．$a = 1$ では永久に続く．$a < 1$ なら順次減衰し，影響は短く抑えられる [6.2.3 項〔2〕参照]．この兼合いで予測係数を決める．

〔3〕 **符号化歪みと非線形量子化**　予測誤差信号はラプラス分布で近似されるため，量子化雑音を最小による瞬時圧縮特性は対数圧縮となる．しかし，予測符号化では，

---

[†1] $a = 1.0$ の場合を完全積分形，$a < 1.0$ の場合を洩れ(leaky)積分形という．いずれも，局部復号器および復号器を積分器として見たときの特性を表すものである．

(1) 高能率符号化で重要な視覚特性，特に差感度を考慮すべきこと[†1]．
(2) 量子化回路がフィードバックループにあること[†2]．

の2点を考慮する必要があり，その決定は経験あるいは"メノコ"による場合も多い[a]．

通信系では伝送品質の評価に電気信号のSN比を用いるが，高能率符号化では，これと画質は必ずしも対応しない．例えば，視覚特性を利用して符号化雑音を視覚的に目立たないようにする．予測符号化では符号化歪み[†3]がほとんど画像のエッジ部に集中し，これが視覚の差感度によってマスクされるため，SN比よりはるかによい評価SN比(見た感じのSN比)を得ることができる．一方，画面中に1箇所でも大きな劣化があると，全体のSN比はそれほど劣化しないのに，視覚的には大きな劣化となる．

前値予測では経験的に4ビット(15または16レベル．図6.2)でほぼ中品質(普通の人なら我慢する程度)，5ビット(31または32レベル)で高品質(専門家でも満足する程度)の画質が得られる．1ビット増すとレベル数が倍になるので画質は飛躍的に改善される．

## 6.2.2 2次元予測符号化

〔1〕 2次元予測符号化の考え方と例　前述の前値予測をさらに効率向上するため，さらに前走査線の画素により垂直方向の相関性を利用することが考えられる[†4]．

一般に線形予測では，$\widehat{x_{i,j}}$ の予測信号 $x_{ij}$ は，過去の標本値の1次線形結合として

$$\widehat{x_{i,j}} = \sum_k \sum_l a_{k,l} x_{i-k, j-l} \tag{6.5}$$

と定義される．ここで，過去の標本値の取り方は図2.34の通りである．各係数 $a_{k,l}$ の決め

---

[†1] (既述のように)最近では非線形圧縮を行わない傾向が強いが，考え方としては重要である．
[†2] 視覚の差感度から考えると，予測誤差の大きな所でもっと粗くしてもよい．しかし，ループの中にあるため，その量子化歪みが次に悪い影響を与えるので，それほど粗くすることはできない．
[†3] 予測符号化で特徴的な歪みを挙げる．このほか伝送符号誤りの影響 [6.2.3項参照] がある．
　( i ) グラニュラー(粒状)雑音と偽輪郭：非線形量子化特性の原点に近いところの最小量子化step幅によって決まる．平坦部で目立つ．量子化歪みの発生源がフィードバックループの中にあるため，かなり複雑である．
　( ii ) リーク輪郭パタン(leak contouring pattern)：ほぼ平坦な部分であってもリーク積分形予測では予測誤差が発生し，これと原点付近の非線形特性との関係から小振幅の振動が寄生する．
　(iii) ストリーキング(streaking)(適訳なし)：走査線に沿って尾を引く雑音．符号器と復号器間の回路定数のわずかな不一致などによって起こる．
　(iv) 勾配過負荷(slope overload)：予測誤差信号が大きくなり，これが量子化特性の代表値の最大値を超えた場合に発生する．
　( v ) エッジビジネス(edge busyness)：予測誤差信号が大きい領域で，非線形量子化歪み(特に勾配過負荷)と標本化周期の影響を受けて走査線方向へのジッタとなる．
　(vi) フィードバック雑音(一般的な名称ではない)：予測誤差の大きな所で非線形量子化の代表値間の間隔が開き過ぎると，発生した量子化歪みが次の画素に影響を与える．
[†4] しかし，ある程度以上に多くの画素を用いて予測しても，効率には限界があり，むしろその予測パタンからはずれた画像の場合には大きく画質劣化する．

## 6.2 予測符号化

**表 6.2 完全積分形予測符号化方式の予測誤差電力[a]**

| | 予測方法 | 説明図 | 予測値 $\hat{x}$ | 予測誤差電力 $\overline{\varepsilon^2} = \overline{(x-\hat{x})^2}$ | $\rho \fallingdotseq 1$ のときの近似式 |
|---|---|---|---|---|---|
| 1 | 前値予測 | $A$ ・-○-● | $\hat{x} = A$ | $2\sigma^2(1-\rho)$ | $2\sigma^2(1-\rho)$ |
| 2 | 行列予測 | $C$ / $A$ | $\hat{x} = \dfrac{A+C}{2}$ | $\dfrac{\sigma^2}{2}(3 - 4\rho + \rho^2)$ | $\sigma^2(1-\rho)$ |
| 3 | 平面予測 | $B\ C$ / $A$ | $\hat{x} = A - B + C$ | $4\sigma^2(1 - 2\rho + \rho^2)$ | $4\sigma^2(1-\rho)^2$ |
| 4 | 平均予測 | $D$ / $A$ | $\hat{x} = \dfrac{A+D}{2}$ | $\dfrac{\sigma^2}{2}(3 - 2\rho - 2\rho^2 + \rho^3)$ | $\dfrac{3}{2}\sigma^2(1-\rho)$ |
| 5 | 傾斜予測 | $A'\ A$ | $\hat{x} = 2A - A'$ | $2\sigma^2(3 - 4\rho + \rho^2)$ | $4\sigma^2(1-\rho)$ |

● 予測すべき画素, ○ 予測に用いる画素

方には，前値予測の場合を連立方程式に拡張する方法がある[a]．実例を**表 6.2**に示す．ここでは完全積分(予測係数の代数和が1となる場合)を示した[a]．

〔2〕 **2次元予測符号化における予測誤差電力**　各方式における予測誤差電力を比較検討し，表に付記する．例として行列予測(順次走査)の場合を求め方を述べる．

$$\overline{(x_i - \hat{x}_i)^2} = \overline{(x - (A+C)/2)^2} = \sigma^2(1 - \rho - \rho + (1 + 2\rho^2 + 1)/4)$$
$$= \sigma^2(3-\rho)(1-\rho)/2 \fallingdotseq \sigma^2(1-\rho) \quad (\because \rho \fallingdotseq 1) \tag{6.6}$$

この場合，予測誤差電力は $(1-\rho)$ に比例しているが，平面予測(表6.2に示す)では $(1-\rho)^2$ に比例する．このため $\rho$ が 1 に近づくと予測誤差電力は急激に小さくなるが，局部的に大きな予測誤差を生じ勾配過負荷となることがある[†1]．

## 6.2.3　ディジタルフィルタとして見た予測符号化

〔1〕 **予測符号化の伝達関数**　前項までの時間領域に代わって，周波数領域で考えよう[a]．現在の値 $x(i, j)$，予測値 $\hat{x}(i, j)$ と，予測誤差 $\varepsilon(i, j)$ の関係を書き改めると

---

†1 各標本値が $[-V, V]$ の間に分布するとき，予測誤差信号 $\varepsilon$ は，前値予測では $[-2V, 2V]$ の範囲に分布する．平面予測は $[-4V, 4V]$ の範囲にある可能性がある(実際にはあまりありえないが)．「平均電力は小さいが極端に偏りのある分布をもつ予測誤差信号」には，可変長符号の使用が有利である．
　2次元予測符号化における符号化歪み(劣化)は，粒状雑音，偽輪郭，リーク輪郭パタンなど，小さな予測誤差に対応するものは，1次元とほぼ同様である．一方，予測誤差信号の大きなときに発生する勾配過負荷やエッジビジネスについては，大いに異なる．

$$\varepsilon(i,\ j) = x(i,\ j) - \hat{x}(i,\ j) = x(i,\ j) - \sum\sum a_{k,l} x(i-k,\ j-l) \tag{6.7}$$

となる．$\varepsilon(i,\ j)$，$x(i,\ j)$ の 2 次元 $z$ 変換をそれぞれ $E(z,\ w)$，$X(z,\ w)$ として，式 (6.7) を変換し，次のようにおく．

$$E(z,\ w) = \{1 - \sum\sum a_{k,l} z^{-k} w^{-l}\} X(z,\ w) = \{1 - P(z,\ w)\} X(z,\ w) \tag{6.8}$$

ここに $\{1 - P(z,\ w)\}$ は予測符号化をディジタルフィルタとして見たときの伝達関数である．予測符号化の良さの目安として，前節で時間領域で求めた「予測誤差電力 $\overline{\varepsilon^2}$ 最小の方法」を，周波数領域で考えよう．式 (6.8) から

$$|E(z,\ w)|^2 = |1 - P(z,\ w)|^2 \cdot |X(z,\ w)|^2 \tag{6.9}$$

となる．予測誤差電力に対応する $|E(z,\ w)|^2$ を小さくするには，原信号の電力スペクトル $|X(z,\ w)|^2$ が大きな値となる空間周波数[†1]において，電力利得 $|1 - P(z,\ w)|^2$ が 0 (または 0 に近い値) となることが必要である．この様子を**表 6.3** に示す[a]．

表 6.3 予測符号化における電力空間周波数 ($\mu$, $\nu$) 特性の例

| | TV 信号 電力スペクトル | 符号器 電力利得 | 予測誤差 電力スペクトル |
|---|---|---|---|
| 前値予測 $P = z^{-1}$ | | | |

予測符号器や復号器を，ディジタルフィルタとして**図 6.4** に示す．符号器の伝達関数は前記の通り，$1 - P(z,\ w)$ であり，FIR (有限インパルス応答) 形であるが，実際の構成は図示するように，$1/\{1 + P/(1-P)\}$ のように再帰形となっている[a][†2]．

〔2〕**符号誤りの影響**　予測符号化の復号では，過去の値を基準にして，受信した予測誤差信号を加算してゆくので，これが誤ると影響が次々と伝播してゆく．既に，リーク予測は，最適予測のためよりは，誤り符号の対策としての意義が大きいことを述べた．ここではこれをディジタルフィルタの応答として述べる[a]．

復号器に単位インパルス雑音が加わると，このインパルス応答 $i(k,\ l)$ が正規の画像信号に重畳される．そこで $i(k,\ l)$ の $z$ 変換を $I(z,\ w)$ とし，インパルス雑音が加わった画素を座標原点とすれば，復号器の伝達関数 $1/\{1 - P(z,\ w)\}$ であることを考えて

---

[†1] これには，下記の周波数の条件がある．
　（i）白黒 TV では，低周波領域に電力が集中しているので，直流 ($\mu = 0$, $\nu = 0$)，すなわち $z^{-1} = 1$, $w^{-1} = 1$.
　（ii）カラー TV 信号の直接符号化では，上記 (i) に加えて，色副搬送波 $f_{sc} = 3.58$ MHz の近傍に大きな色信号成分があり，相関性は白黒 TV 信号とは大きく異なる．しかし，色副搬送波周期を周期として強い相関がある．これを利用して，この周波数で 利得 $= 0$ とすることで予測できる．

[†2] $1/\{1 + P/(1-P)\}$ を簡単にすれば，$1 - P$ となる．再帰形にするのは，前述のように，非線形量子化に伴う量子化ひずみの累積を防ぐためである．このように非線形量子化回路 Q は瞬時圧縮回路とは考えず，線形で利得 1 の回路 (+量子化歪み発生源) と考えた方が，解析には扱いやすい場合が多い．

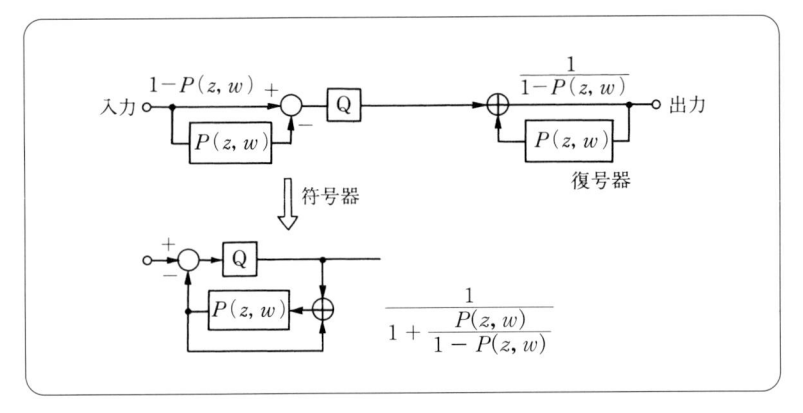

図6.4 ディジタルフィルタとして見た予測符号器と復号器

$$I(z, w) = \sum\sum i(z, w)z^{-k}w^{-l} = \frac{1}{1 - P(z, w)}$$
$$= 1 + P(z, w) + \{P(z, w)\}^2 + \{P(z, w)\}^3 + \cdots \quad (6.10)$$

となる．すなわち，雑音の発生点を基準として，この点から右方に $k$，下方に $l$ の画素に，$i(k, l)$ なる雑音が波及する．このように，予測関数に従って誤りが伝播する．

# 6.3 変換符号化

現在，フレーム内符号化で最も利用されているのが変換符号化，特にDCT(Discrete Cosine Transform)である．まず，直感的に理解しやすいアダマール(Hadamard)変換について述べ，次いでDCTとこれを用いたJPEG規格，および変換符号化の変形について述べる[4),a),b)]．

## 6.3.1 変換符号化とは

〔1〕 変換符号化の考え方　画像信号では低周波成分の電力は大きい．一方，高周波成分は電力的には小さいが，情報的には意味が大きい．これらは視覚的にも特性は異なる．そこで，それら成分に変換して，それぞれに適した量子化を行い，全体として効率化する．

変換符号化(transform coding)では，画面を適当数の画素からなるブロックに分け，ブロ

ックごとに画素値の組を，相互に独立な変換軸で線形変換(直交変換[†1])する．変換された各項(変換係数と呼ぶ)は，もとの画素値に比べ，より無相関になる．変換符号化では，このようにブロックに分けて符号化するので，ブロック符号化(block coding)ともいう．

直交変換で最も親しいのはフーリエ変換であり，直交関数に三角関数を用いる．この変形に離散コサイン変換 DCT がある．このほか，アダマール変換，カルーネン-レーブ(Karhunen-Loeve)変換，ハール(Haar)変換などがある．

〔2〕 **アダマール変換(変換の意味の理解のため)**　　簡単な例として，標本値を2個ずつ区切ってブロックを作ってみよう．この隣接する二つの標本値 $x_0$, $x_1$ を横軸，縦軸にとってその分布をプロットすると，TV 信号は自己相関性が高いことから，図6.5のように，$x_0 = x_1$ の直線の近傍に多いが分布する．そこで，同図に示すように

$$\begin{bmatrix} y_0 \\ y_1 \end{bmatrix} = \frac{1}{\sqrt{2}} \begin{bmatrix} 1 & 1 \\ 1 & -1 \end{bmatrix} \begin{bmatrix} x_0 \\ x_1 \end{bmatrix} = [H_2] \begin{bmatrix} x_0 \\ x_1 \end{bmatrix} \qquad (6.11)$$

と新しい座標系 $y_0$, $y_1$ を定める．$y_0$ はもとの $x_0$, $x_1$ の存在範囲とほぼ一致する．しかし，$y_1$ は，画像信号の統計的性質から，狭い範囲にしか存在しない．

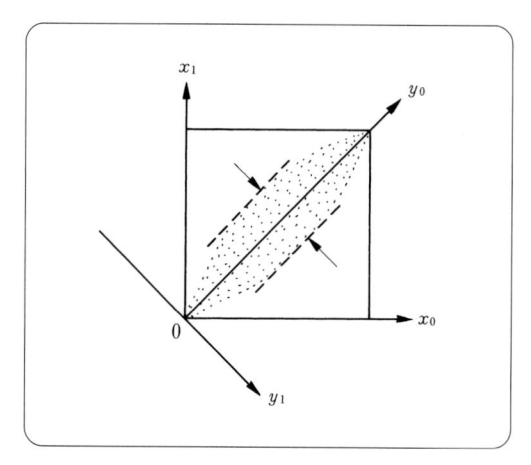

**図6.5　直交変換の考え方の例(アダマール変換)**

そこで，$y_0$ 成分に多くのビット(8～9ビット)を割り当て，低電力の $y_1$ は，視覚特性(ここでは差感度)も考慮[†2]して非線形量子化し，少ないビット数(4～5ビット)を割り当てる．これらにより，ブロック当りの平均ビット数を低減させる．

現実には，このような2画素の組では効果が少ないため

---

[†1] 直交関数系(orthogonal function)のうち，下記を正規直交関数系(ortho-normal function)という．
　　　$\int g_i(t)g_k(t)dt = 0(i \neq k)$，および，$= 1(i = k)$
　　時間 $t$ の連続関数のほか，標本化された信号系列についても同様に成立する．
[†2] (既述のように)最近は線形量子化して可変長符号化する考え方が強い．

$$[H_{2n}] = \frac{1}{\sqrt{2}} \begin{bmatrix} [H_n] & [H_n] \\ [H_n] & -[H_n] \end{bmatrix} \tag{6.12}$$

の漸化式で次数を上げてゆく．例えば，8画素をブロックとし，$[H_8]$ として

$$[H_8] = \frac{1}{2\sqrt{2}} \begin{bmatrix} + & + & + & + & + & + & + & + \\ + & - & + & - & + & - & + & - \\ + & + & - & - & + & + & - & - \\ + & - & - & + & + & - & - & + \\ + & + & + & + & - & - & - & - \\ + & - & + & - & - & + & - & + \\ + & + & - & - & - & - & + & + \\ + & - & - & + & - & + & + & - \end{bmatrix} \qquad \text{ここに，} + : +1, - : -1 \tag{6.13}$$

で変換する．さらなる効率化のためには，2次元化を行う．例えば $[8 \times 8]$ の64画素を一つの2次元ブロックとして，これに対して2次元アダマール変換を行う．なお，この考え方は後述のDCTでも全く同じであるので，そこで詳しく述べる．

〔3〕 **周波数領域におけるアダマール変換**　アダマール変換を周波数領域で考えよう[†1]．まず，$y_0 = (x_0 + x_1)/\sqrt{2}$ は，連続する二つの画素値を平滑化するので，低域通過フィルタ LPF（伝達関数：$(z^{-1} + 1)/\sqrt{2}$）である．同様に，$y_1 = (x_0 - x_1)/\sqrt{2}$ は差分であり，高域通過フィルタ HPF（$(z^{-1} - 1)/\sqrt{2}$）である．

すなわち，2次のアダマール変換では，元の信号を二つの周波数成分に分離している．この周波数領域での考え方は，これから述べるDCTなどの理解にも重要である．

## 6.3.2　離散余弦（コサイン）変換 DCT

〔1〕 **離散コサイン変換 DCT**[†2]　既述のDFT（2.1.4項）では，信号 $g(t)$ の一部区間の $[0, T_B]$ を取り出して，これを無限に繰り返してフーリエ変換した[†3]．そして，区間 $T_B$ を周期とする周波数 $f_0 = 1/T_B$ を基本周波数として，その高調波（と直流値）で表した．

前述のように，直交変換では，できるだけ大きな成分と小さな成分に分けることが望ましい．一方，この繰返し波形を見ると，区間のつなぎ目が不連続であるため，大きな高周波数成分が発生する．このことから，DFTは直交変換符号化としては適切ではない．

この改善のため，図6.6(b)のように，1ブロックごとに時間方向を逆にして無限に並べ，$g_c(t)$ とする．$[-T_B, T_B]$ の $2T_B$ の区間の $2K$ 個の標本値に対してDFTを適用する．

---

[†1] アダマール変換では，frequency の代わりに sequency 呼ぶ．
[†2] （伝統的な説明では）理論上最も効率の良い直交変換である KL（Karhunen-Loeve）変換に画像信号の自己相関関数を代入して近似できる．
[†3] フーリエ級数で考えてもよい．

(a) 時間関数 $g(t)$

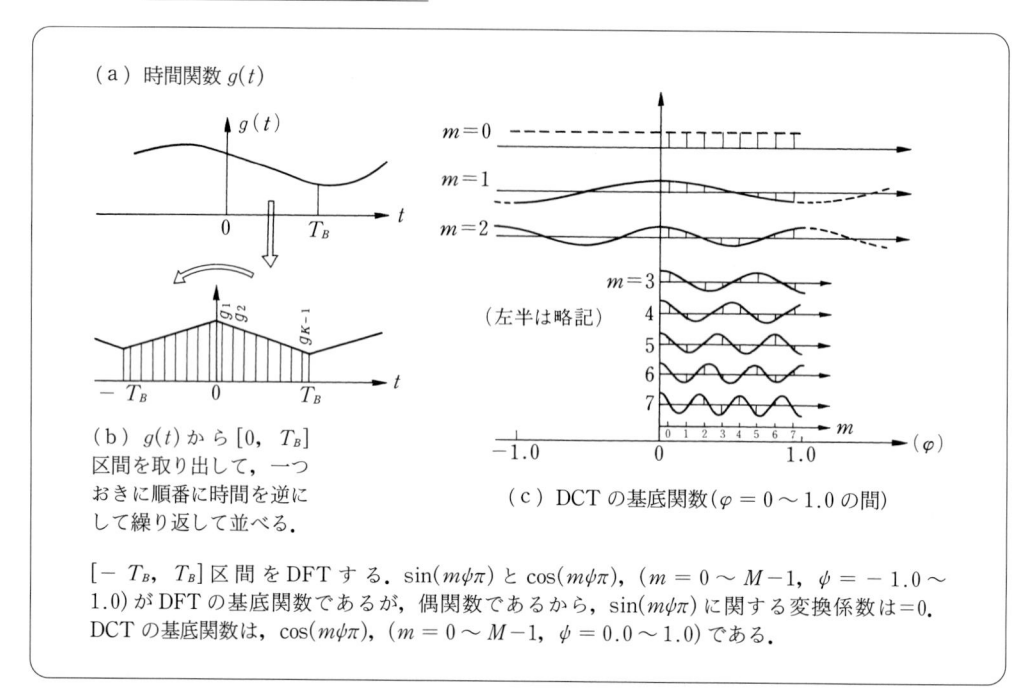

(b) $g(t)$ から $[0, T_B]$ 区間を取り出して, 一つおきに順番に時間を逆にして繰り返して並べる.

(c) DCT の基底関数 ($\varphi = 0 \sim 1.0$ の間)

$[-T_B, T_B]$ 区間を DFT する. $\sin(m\psi\pi)$ と $\cos(m\psi\pi)$, $(m = 0 \sim M-1, \psi = -1.0 \sim 1.0)$ が DFT の基底関数であるが, 偶関数であるから, $\sin(m\psi\pi)$ に関する変換係数は=0. DCT の基底関数は, $\cos(m\psi\pi)$, $(m = 0 \sim M-1, \psi = 0.0 \sim 1.0)$ である.

図 6.6 DCT の考え方—つなぎ目を小さくして DFT 変換する—

こうすると, 上記の不連続性はなくなるので, 高い周波数成分の発生は大幅に抑えられる. $\sin$ と $\cos$ を合わせて $2K$ 個の変換係数が得られるが, $g_c(t)$ は偶関数なのでフーリエ変換の性質から $\sin$ の項は消え, $K$ 個の $\cos$ の項のみが残る. これが離散コサイン変換の語源である. ここで図(c)のように, $t$ の正の範囲が DCT の基底関数になる.

なお, 通常の DFT の場合と異なり対称性が重要なので, 標本化の時間を図のように標本化周期の 1/2 だけずらして考える. DCT の変換で $\cos(2k+1)$ のように, $(k+1/2)$ なる項があるのはこのためである. この結果, DCT の正変換(時空間領域→周波数領域)は, ブロック内の画素 $g_k$ $(k = 0, 1, \cdots, K-1)$ と変換係数 $G_m$ $(m = 0, 1, \cdots, M-1)$ は(ただし, ここで $M = K$)は, $d_{mk} = \sqrt{(2/K)}C(m)\cos\{(2k+1)m\pi/2M\}$ とおいて

$$G_m = \sum_{k=0}^{K-1} g_k d_{mk} = \sqrt{\frac{2}{K}} C(m) \sum_{k=0}^{K-1} g_k \cos \frac{(2k+1)m\pi}{2M} \tag{6.14}$$

$$\text{ここに, } C(0) = 1/\sqrt{2}, \qquad C(m) = 1 \quad (m = 1 \sim M-1)$$

と関係付けられる. また, 逆変換は

$$g_k = \sqrt{\frac{2}{M}} \sum_{m=0}^{M-1} C(m) G_m \cos \frac{(2k+1)m\pi}{2K} \qquad C(m) \text{ は上記と同じ} \tag{6.15}$$

## 6.3 変換符号化

となる[†1†2]．画像に多い波形が基底関数に含まれているのも，有利な点である[†3]．

**〔2〕 2次元 DCT**　1次元直交変換で次数を上げる（画素数を増やす）と符号化効率は上がるが，代償としてブロックが大きくなり，画素間の距離が大きくなる．その結果，画素間の相関が下がる．画像信号でこれを解決するには，多次元化すればよい[†4]．

現実の画像符号化では，水平 $K$ 画素（例：$K=8$），垂直 $L$ 画素（例：$L=8$）の画素からなる2次元画像ブロック $[g_{lk}]$ に2次元 DCT を行う．これにより圧縮効果をさらに大きくできる．具体的には，図6.7 に示すように，まず，水平各走査線ごとにそれぞれ上述の1次元 DCT を行い，変換係数 $[G_{lm}]$ を求める（2次元画素配列と行列を合わせるため，$[g_{lk}]$ と記す）．

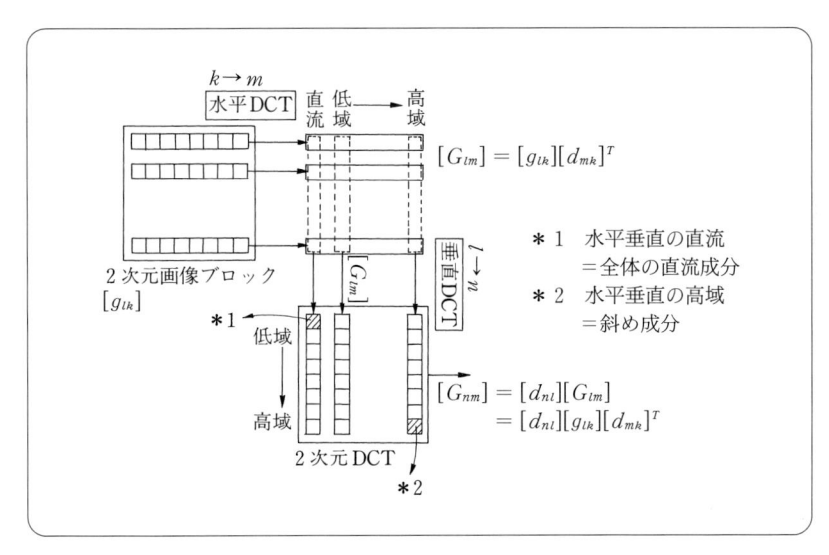

図6.7　2次元 DCT

---

[†1] DFT の導出を参照にして，DCT を求めよう．まず，$\int_{-T_B}^{T_B} g_c(t)\exp(-2\pi jft)dt$，すなわちフーリエ変換を求める．フーリエ変換の対象の時間関数は

$$g_c(t)\sum \delta\left\{t\pm\left(k+\frac{1}{2}\right)T\right\},\ \{k=0,\ 1,\ 2,\ \dots\dots,\ (K-1)\}$$

のように標本値からなるので，変換係数は

$$G_m = \sum_{k=0}^{K-1}\left[g\left(k+\frac{1}{2}\right)T\exp\left\{-2\pi jf\left(k+\frac{1}{2}\right)T\right\} + g\left\{-\left(k+\frac{1}{2}\right)T\right\}\exp\left\{2\pi jf\left(k+\frac{1}{2}\right)T\right\}\right]$$
$$= 2\sum_{k=0}^{K-1} g\left\{\left(k+\frac{1}{2}\right)T\right\}\cos\left\{-2\pi f\left(k+\frac{1}{2}\right)T\right\}$$

となり，余弦 cos による変換となる．ここで，関数 $g_c(t)$ は $[-T_B,\ T_B]$ の繰返しであるから，$f=m/(2T_B)$ の輝線スペクトルとなる．したがって，cos の項は，$\cos\{(2k+1)m\pi/2K\}$ となる．これに，正規化のための補正を行って，上述の DCT を得る．

[†2] DCT には4種類が定義されている．ここに示したものはその第2であり，通常はこれを指す[4])．

[†3] 興味深いのは，基本周波数である．DFT では，$f=1/T_B$ が基本周波数であるが，DCT ではその1/2，すなわち，$1/(2T_B)$ である．このため，画像に多い"傾斜成分"（ブロック内で水平あるいは垂直方向に明から暗に一様に変化する画像領域など．口絵16 の最上段左から二つ目と左端上から二つ目）を効率よく表現できる．DCT が画像に向く理由は，このような直接的な説明からも納得できる．

[†4] 多次元としては3次元もある．ただし，時間方向（フレーム間）には，画像の持つ特徴を有効に活用できないので，用いられていない．フレーム間符号化の説明で明らかになる．

このとき画像の相関性から，各走査線の変換係数 $[G_{lm}]$ には垂直方向の相関が残っている（極端な場合，完全に縦方向の画像であれば各走査線の変換係数が一致する）．そこで同図のように，各変換係数を垂直方向にさらに 1 次元 DCT を行う．この結果が 2 次元 DCT である．したがって，この変換は容易に下記のように得られる（ここに，$M = K$, $N = L$）[†1]．

$$G_{nm} = \frac{2}{\sqrt{MN}} C(m)C(n) \sum_k \sum_l g_{lk} \cos \frac{(2k+1)m\pi}{2M} \cos \frac{(2l+1)n\pi}{2N} \quad (6.16)$$

$$g_{lk} = \frac{2}{\sqrt{KL}} \sum_m \sum_n C(m)C(n) G_{nm} \cos \frac{(2k+1)m\pi}{2K} \cos \frac{(2l+1)n\pi}{2L} \quad (6.17)$$

$$C(0) = 1/\sqrt{2}, \qquad C(m) = 1 \quad (m = 1 \sim M-1) \quad (n \text{ も同様})$$

式(6.16)は，画像ブロックを，口絵 16 に示す 2 次元 DCT 基底関数の各成分に分解することに相当する．以上の結果に基づいて量子化と符号化を行う．

〔3〕 **変換符号化における画質劣化**　　一般に変換符号化では複数個の画素からなるブロックに対して閉じた変換を行うため，特有の画像歪みが発生する．

低ビットレート符号化で量子化歪みが大きいと，ブロック境界に不連続な歪み（ブロック歪み）を生じる．なお，この解決のため，周辺の画素を隣のブロックと共有化する重複ブロック変換 LOT[†2] があり，隣接ブロックにオーバラップする基底を用いて変換する．

ブロック内に大きなエッジがあると，これに起因して大きな高域変換係数が現れる．これによって大きな量子化歪みが発生し，これがブロック内の平坦領域に分散する．視覚的にはモスキート歪み[†3]（雑音）という．

### 6.3.3　DCT 符号化の実際—JPEG—

静止画像の符号化標準には各種あるが[†4]，広く活用されているのが DCT[4] を用いた JPEG である[†5]．いわゆるデジカメにも広く採用されている．

〔1〕 **量子化テーブル（周波数成分に関する配慮）と可変長符号化**　　既述のように視覚特

---

[†1] 垂直 DCT の後に水平 DCT を行うと考えても同様の結果を得る．$M = K = N = L = 8$ の場合が最もよく用いられる．このとき，$2/\sqrt{MN} = 1/4$ となる．
[†2] LOT：Lapped Orthogonal Transform．歪みを生じない分，効率が低下するように思われる．しかし，理論的圧縮効率を示す energy compaction が DCT より優れているともいわれている．
[†3] mosquito 歪み．蚊が飛ぶように見えることから，名付けられた．この語源から動画における歪みを指すと思われるが，現在は広く静止画についてもいわれているようである．
[†4] 製造業者が独自に使用している方式もある．
[†5] JPEG：Joint Photographic Experts Group．これには，非可逆符号化（DCT による）と，可逆符号化（DPCM による）がある．前者には基本形（上から順に）と，拡張形（プログレッシブ．[6.5.2項〔3〕参照]）がある．通常，単に JPEG というと，この基本形を指す．
　この標準化と別に，動画像を対象として，motion JPEG という de fact 標準（事実上の標準）もある．

性は2次元周波数成分によって大きな差がある．そこで，2次元各変換係数ごとに値を定めた量子化テーブル(図6.8(a))が決められており，これで各変換係数を割る．視覚的に重要でない高域斜め成分に対応する値は，大きい．さらに，これらすべての係数を，一斉に「Q-factor」(品質係数)で割る．低品質でよい場合は大きなQ値を指定する．

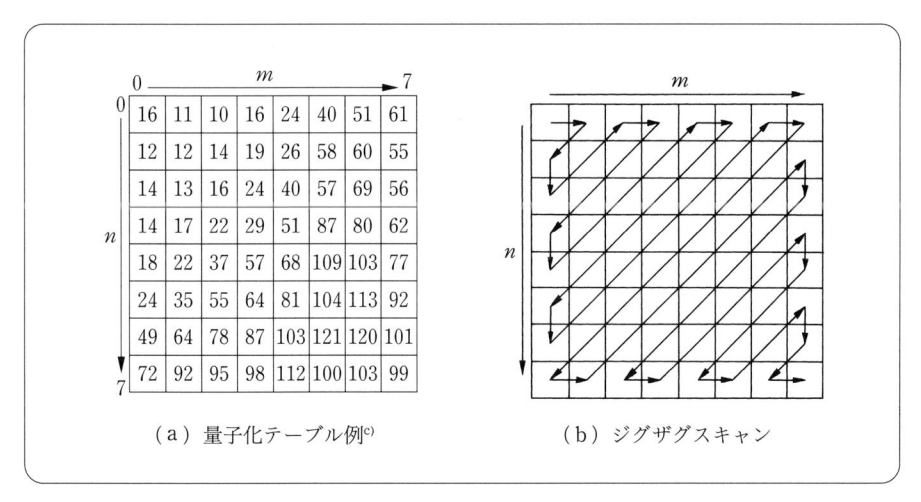

|   | 0 | 1 | 2 | 3 | 4 | 5 | 6 | 7 |
|---|---|---|---|---|---|---|---|---|
| 0 | 16 | 11 | 10 | 16 | 24 | 40 | 51 | 61 |
| 1 | 12 | 12 | 14 | 19 | 26 | 58 | 60 | 55 |
| 2 | 14 | 13 | 16 | 24 | 40 | 57 | 69 | 56 |
| 3 | 14 | 17 | 22 | 29 | 51 | 87 | 80 | 62 |
| 4 | 18 | 22 | 37 | 57 | 68 | 109 | 103 | 77 |
| 5 | 24 | 35 | 55 | 64 | 81 | 104 | 113 | 92 |
| 6 | 49 | 64 | 78 | 87 | 103 | 121 | 120 | 101 |
| 7 | 72 | 92 | 95 | 98 | 112 | 100 | 103 | 99 |

(a) 量子化テーブル例[c] 　　(b) ジグザグスキャン

図6.8　量子化テーブルとジグザグスキャン

この結果，視覚的に重要でないほど，かつ低品質でよい用途ほど，大きな値で割られるので変換係数は小さな値になり，さらには0となる．これらの各成分値を，後述のジグザグスキャンに定められた順序に従って，可変長符号化(ハフマン符号化)する[†1]．

復号に際しては，量子化テーブルと品質係数Qの値を乗じて元の値に戻し，逆DCTを行って，原画像を復元する．

これから分かるように，視覚特性のうち，2次元周波数特性は考慮されている．そして，線形量子化を行い，発生頻度に応じて可変長符号化(可逆符号化)を行う[†2]．

〔2〕**ジグザグスキャン**[†3]　　上記の符号化順序を指定するもので，図(b)に示す．斜め高域成分は，もともと小さい上，量子化テーブルで大きな値で割っているので，多くは0になる．そこで，水平や垂直の成分より後回しにして符号化する．残りが全て0になれば符号化を打ち切り，最後の値の後に「EOB(End of Block：残りはすべて0)」を表示する．

〔3〕**DCT変換の実例**　　図6.9にDCTの実例を示す．図(a)に示す8×8の画像ブロックを2次元DCT変換し，図(b)に示す変換係数を得る．直流値に相当する左上の係数を除くと，ほとんどが小さな値になっている．特に画像の斜め成分に対応する右下部の変換係

---

[†1] JPEGでは，可変長符号は画像ごとに最適化する．この代償として，各画像ごとに変換表を添付する．
[†2] 交流成分に対応する変換係数の大きな値は発生頻度が低いので，長い符号を割り当てる．ちなみに，差感度を利用して幾つかの値をまとめれば，符号長は短くなり符号化効率の向上を図り得るのだが．
[†3] ここでいうスキャンは，画像の走査とは関係ない．なお，特徴のある画像ブロックに対しては，垂直成分や水平成分を優先する順序も考えられる．

*136*　　6.　画像の高能率符号化

```
145 144 145 145 145 145 143 142
131 146 141 146 146 145 148 144
112 133 145 143 144 148 148 150
 98 114 138 144 145 149 150 149
 94  97 118 138 144 147 149 148
 98  96 101 122 143 145 147 153
100  93  96 110 131 141 147 150
101 100  94  94 109 133 146 148
```

（a）現画像（口絵9中央部の口の
　　　左の頬の輪郭部．ブロックの
　　　左下部は背景）

```
1056 -110 -16   1  -2  -1  -1   0
  79   61 -20 -17  -6  -1  -2  -2
  -8   25  35  13  -3  -3  -2  -1
   2   -4  -6  12  16   2   0   1
  -5    2   0  -4  -3   6   4   0
   3   -1  -3  -1   1   0   5   2
  -1    1   4  -1  -1  -3   2   0
  -1   -1  -2   0   1   2   2   0
```

（b）変換係数

```
33 -5 -1  0  0  0  0  0
 3  3 -1  0  0  0  0  0
 0  1  1  0  0  0  0  0
 0  0  0  0  0  0  0  0
 0  0  0  0  0  0  0  0
 0  0  0  0  0  0  0  0
 0  0  0  0  0  0  0  0
 0  0  0  0  0  0  0  0
```

（c）量子化値（$Q = 2$）

**図 6.9　DCT の実例**

数は極端に小さい．これを，各画素ごとに［量子化テーブルの値×品質係数 $Q$］で除し，図（c）に示す量子化値を得る．ほとんどが 0 である．以後は，前記の通りである．

復号画像の例を**口絵 17** に示す．画質の劣化が，まずブロックの継ぎ目に現れている．

## 6.3.4　サブバンド（帯域分割）符号化

〔1〕 **変換符号化のサブバンド符号化としての見方**　　既に，2.5.7項〔3〕において「直交変換は再合成可能なフィルタバンクとして見なせる」と述べた．本節で述べたアダマール変換や DCT などの直交変換符号化では，見方を変えれば，周波数成分に等分割して各成分ごとに最適の量子化を行って効率化を図っている．これら成分はフィルタバンクによって得られるサブバンド信号であり，サブバンド符号化といわれる[†1]．このほか，等比分割によって得られるウェーブレット変換に基づく符号化（後述）もこの一種である[4]．

簡単な QMF の例［2.5.7項〔2〕］を見直そう．まず，分析フィルタのインパルス応答，$(z^{-1} + 1)/\sqrt{2}$，および $(z^{-1} - 1)/\sqrt{2}$ は，アダマール変換の変換マトリクスに一致し，変換基底関数である．また，合成フィルタの $(1 + z^{-1})/\sqrt{2}$，および $(1 - z^{-1})/\sqrt{2}$ は，時間を逆（time-reversed）にしたものである[†2]．

---
†1　ここに挙げた直交変換は，完全再構成可能なフィルタバンクであるが，完全再構成可能でないフィルタバンクによるサブバンド信号もあるので，逆は真ではない．
†2　この例におけるアダマール変換の次数 2 は，QMF の分割数でもある．

〔2〕**ウェーブレット変換(WT)符号化**　1次元変換を考えよう．既述［2.5.7項〔4〕参照］のように，通常の直交変換では，$M$ 個の画素を対象にして $M$ 個の変換係数を得る．

WT でも同じく $M$ 個の変換係数が得られるが，図 2.42 に示すように時間(空間)と周波数を適応的に扱う[4],[5]．このことから WT では大きな符号化効率向上が期待される[†1]．例えば画像ブロック内の特定の箇所に大きな変化があるとき，通常の直交変換ではそのブロックに属する $M$ 画素に対応して抽出できるが，WT ではその領域に対応する特定の変換係数にのみ現れる．これにより，ブロック歪みやモスキート歪みの低減に寄与する．

さらに**図 6.10** のように，水平 H と垂直 V の 2 次元に拡大できる．この H と V の各々でH(高域)と L(低域)に分け，この L をさらに LH と LL にオクターブ分割する[†2]．

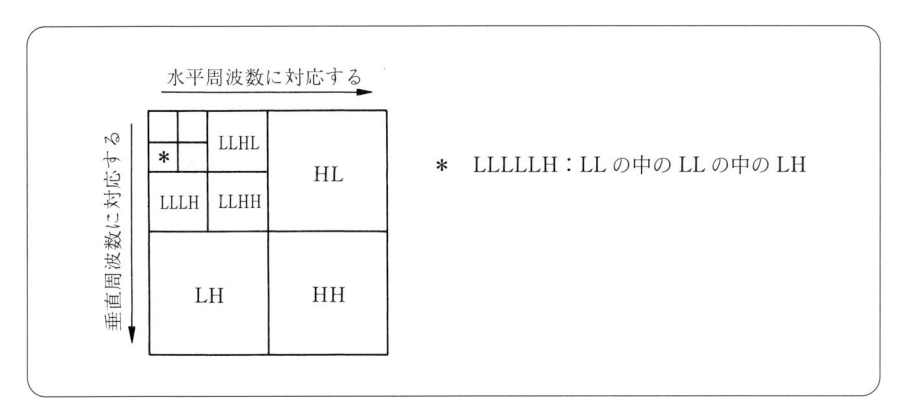

**図 6.10**　ウェーブレット変換における 2 次元オクターブ分割

# 6.4　フレーム間符号化

フレーム間符号化は"お話"としては 1960 年代後半からあった．1970 年代に半導体フレームメモリが使えるようになり，80 年代後半には 1 チップ LSI 化され，実用化が

---

[†1] 最近，JPEG-2000 が標準化された[5]．ここでは，DCT に代わってウェーブレット変換 WT が採用された．従来，WT は単なる興味の対象であったかもしれないが，この標準化で現実感が増してきた．近年，DCT 万能の感があるが，少なくとも静止画符号化では，WT がこれに代わるのだろうか．
　さらに，JPEG-2000 では，motion JPEG のような事実上の標準(de fact 標準)を事前に避ける意味で，動画像対応も標準化された．ただし，WT は，現在主流のフレーム間符号化の基本技術である動き補償(MC)と相性が悪く，MC の採用には至っていない［6.4.1項参照］．

[†2] H には，水平(horizontal)，画面の高さ(height)，高域(high)，などの意味があり，注意を要する．

進んだ．多年の試行錯誤を経て，TV電話/会議用の符号化標準H.261が確立し[†1]，さらにMPEGに引き継がれた．ディジタルTV放送などが実現したのもこれによる．

## 6.4.1 フレーム間符号化のねらい

〔1〕 **基本的な考え方**　フレーム間の相関は大きいといわれているが，水平や垂直方向の大きな自己相関とは異なる．強いて言えば「TV画像では動領域の面積比は小さい」と，「剛体仮定」である．したがって，1次元から2次元の拡張をさらに3次元に拡張するという考え方は成立しない[†2]．代わって，図6.11に示す次の二つの考え方がある[6),a),b)]．

（1）フレーム間予測符号化方式（図(a)）：現在の主流の方式である．前フレームから現フレームを予測し，その予測誤差を符号化して送る．静止領域では予測誤差は0であり，送

（a）（狭義の）フレーム間予測符号化方式（現在主流の方式）
（フレーム間予測誤差を伝送する．静止部では誤差＝0）

（b）（狭義の）動領域伝送方式
（動きと判定された領域のみをフレーム内符号化で伝送）

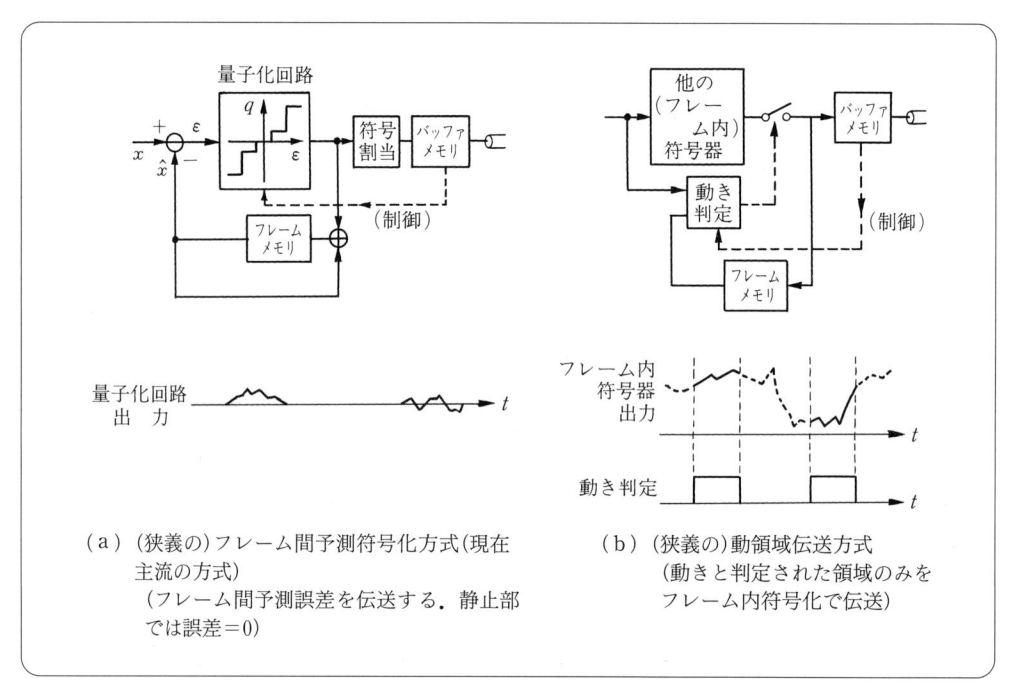

**図6.11　フレーム間符号化方式の2形式**

---

[†1] H.261：実用上ぎりぎりの解像度低下（水平，垂直，時間）や画質劣化を認めて，当初予想できなかったほどの低ビットレートを実現した．大きな特徴は，［動き補償フレーム間予測＋DCT］の確立と，共通中間フォーマットCIF(Common Intermediate Format)である．後者により，既存の525/60系と625/50系との接続が可能になった．ビットレートにもよるが，通常は10～15フレーム/sを目安とする．データ量が多いとコマ数を落とす．大久保栄氏が国際委員会議長としてまとめた．

[†2] 単なる3次元への拡張なら3次元直交変換もありうる．しかし，「静止領域で符号化出力＝0」の条件に欠けるため，現実には使えない．ただし誤りが伝播しない，初期設定不要という点では好ましい．エラーの伝播を防ぐ意味からは，leaky予測も考えられるが，上記と同様に条件に反する．

る必要はない．動領域でのみこれにアドレスなどを付して送る．実用化された H.261 や MPEG では，これに，後述の動き補償フレーム間予測と直交変換の技法が加わる．

（2） 動領域伝送方式(図(b))：動きと判定された領域についてのみ，(フレーム間差ではなく)フレーム内符号化出力をそのまま送る[†1]．ただし，この方式の説明は省く．

画像の動領域が時々刻々変化すると，発生する画像情報量が大きく変化する．通常の伝送路で伝送するためには，送るべきデータ量を平滑化する必要がある〔6.4.3項参照〕．

なお，いったん伝送誤りがあると，次々と後のフレームに影響が残る．そこで，定期的にフレーム内符号化を入れて，誤りの履歴を断ち切る．

〔2〕 **フレーム間予測，特に動き補償予測**　単純なフレーム間予測では，大きな対象物体が移動すると大きな動領域が発生する．さらに，静止していても TV カメラが向きを変えると，見かけ上極めて大きな動領域が発生する．これを抜本的に効率化するのが動き補償フレーム間予測であり，現在，一般的な手法となった．

この予測では，画像を1000個程度のブロックに分け，それごとに**図6.12**に示すように

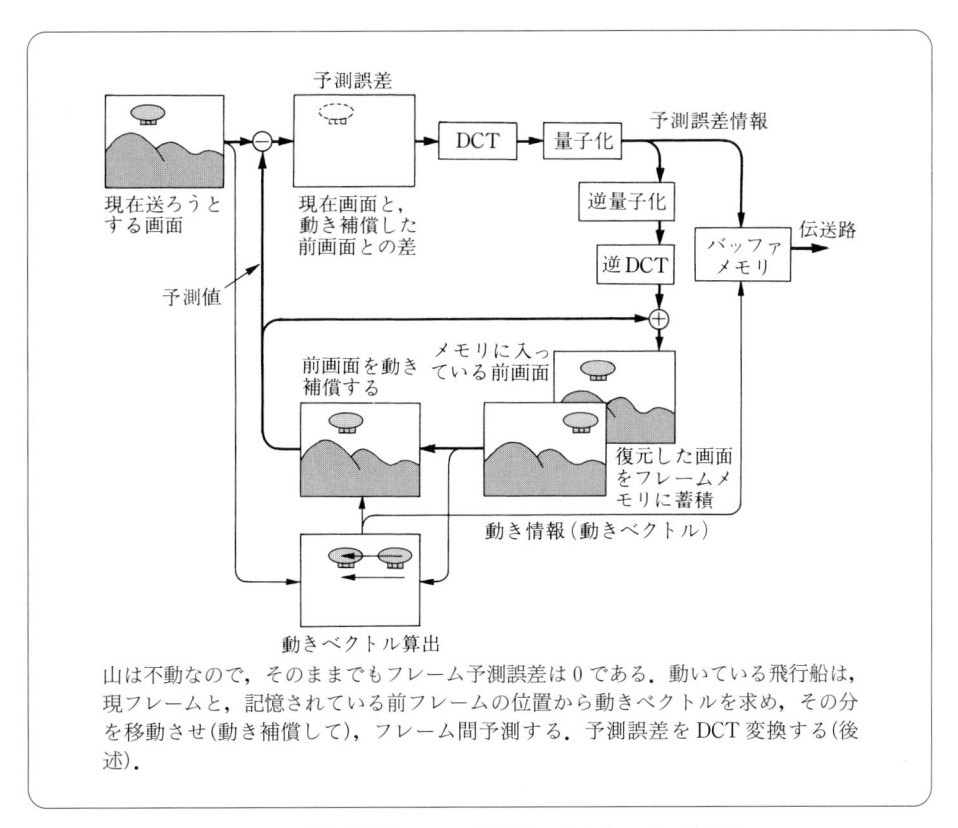

**図6.12　［動き補償フレーム間予測＋DCT］による符号化**

---

[†1] 動領域符号化方式：効率は現行標準方式より劣るが，装置構成が簡素である．誤りの影響が次に情報を送ると消えるという特長がある．かつて欧州共同プロジェクトの方式に採用された．

動きベクトル［4.2.3項参照］を探索(測定)する．そして，前フレームの中で動きベクトル分だけ戻した領域の各画素とのフレーム差分を求める．このずらしが「動き補償」の語源である．その前提には「画面中の物体は，固まりとして平行移動する」という剛体仮定がある．この結果，符号化すべき情報は，この動きベクトルと予測誤差である．理想的に動き補償ができれば予測誤差が 0 となるなど，予測誤差は大幅に減少する．

〔3〕 **MPEG[†1]における符号化モード**　符号化モードと符号化の順番を**図 6.13**に示す[6]．予測効率をさらに向上するため，前述の(順方向の)動き補償フレーム間予測のほかに，双方向予測を追加する．この結果，I，P，B の 3 種類の符号化モードがある．

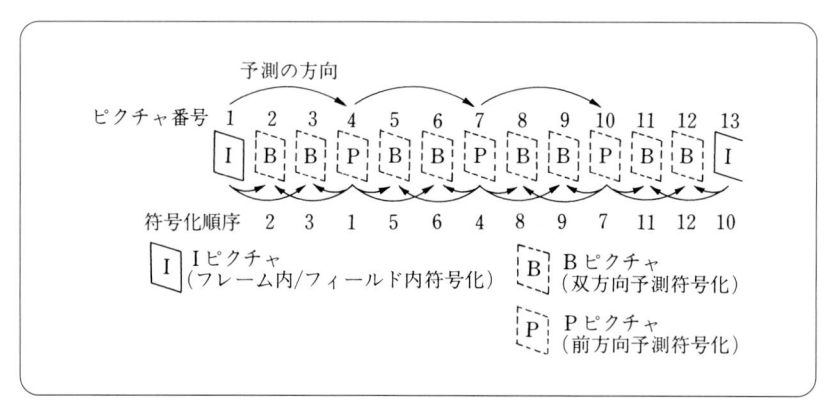

**図 6.13** MPEG における符号化モードと符号化の順番

(ⅰ) I 画像(Intra-picture，フレーム内符号化画像(前述))：そのフレーム内だけで独立に符号化する．初期値，符号誤りの影響のリセット，逆再生，などに役立つ．

(ⅱ) P 画像(Predictive-picture，順方向予測符号化画像)：通常の動き補償フレーム間予測である．ただし，B 画像を含む場合，図のように数フレーム前から予測する．

(ⅲ) B 画像(Bidirectionally predictive-picture，双方向予測符号化画像)：これには，順方向予測，未来(時間的に後)のフレームからの逆方向予測，順方向と逆方向の平均(内挿)値からの予測の三つがあり，この中から，最も効率的な予測を選ぶ[†2]．

これらの 3 種の符号化のモードで，フレームの群 GOP[†3]を構成する．これは，例えば 15 フレーム程度を含み，その中の 1 枚は I 画像である．B 画像では，未来のフレームも用いて

---

[†1] MPEG：Motion Picture Expert Group．後述のようにいくつかのバージョンがある．

[†2] 双方向予測は MPEG で採用されたもので，H.261 にはない．通常は動きベクトルは 1 個であるが，双方向予測で前後フレームの平均値から予測する場合は 2 個を要する．

[†3] GOP：Group of Pictures．蓄積メディアの逆方向の再生(巻戻し)の場合も，これが単位となる．なお，GOP 内のフレーム数に関して，通常下記のように表す．
　GOP 内のフレーム数：$N$(例：15)，I または P フレーム画像の間隔：$M$(例：3)
　$N$ が小さ過ぎると，フレーム内符号化の負担が重くなって符号化効率が下がり，逆に，大き過ぎると，符号誤りの影響が大きくなったり，アクセスや逆再生に支障が出たりする．

符号化するため，そのフレームを前もって符号化しておく必要がある．このため，符号化順序が TV 信号の順序と異なる[†1]．その順番を図 6.13 に併記する．

〔4〕 **MPEG の種類**　歴史的には MPEG-1 に始まり，引き続き多くが標準化された[†2]．

（1）　MPEG-1：蓄積メディアのための方式である．解像度は高くない．30 P(25 P)画像を対象とする．早送りや巻戻しの際の復号化にも考慮を払った．

（2）　MPEG-2：高画質を意図したもので通信や放送に広範に適用される[†3]．飛越し走査信号も対象とする．ディジタル TV 放送もこれによる．

（3）　MPEG-4：編集の容易さ[†4]や強い誤符号耐性（したがって携帯電話などの移動通信に適する）などを目標にしている[7]．高圧縮もねらったが必ずしも実現しなかった．

## 6.4.2　動き補償フレーム間予測誤差

〔1〕 **予測誤差信号の取扱い**　動き補償フレーム間予測して得られた予測誤差信号を，2 次元 DCT 符号化する[†5]．動きベクトルをブロック単位に探索することとも相性がよい．また，これによって，データ発生量の制御が美しく実現できる［6.4.3 項参照］．

〔2〕 **MPEG におけるマクロブロックと輝度色差信号の扱い**　図 6.14 の中央やや左に示すマクロブロック MB(16 走査線×16 画素)を単位として扱う．ここでは 4：2：0 とし[6),8)][†6]，また，比較的理解しやすい［フレーム構造/フレーム予測］の場合を中心に述べる[†7]．

（1）　動きベクトル探索：MB を単位として，輝度信号に着目して行う（ほかにもいくつ

---

[†1] 双方向予測には未来フレームが要るので，符号化や復号化の順序が入れ替わる．このため装置構成が複雑になり，また符号化/復号化による遅延が増加する．適用には「複雑さ vs. 効率」の吟味が要る．

[†2] HDTV 用の MPEG-3 は，MPEG-2 に包含されて欠番となった．さらに MPEG-7 や MPEG-21 が検討されている．番号が大きいほど，狭義の画像符号の個別要素技術ではなく，マルチメディアフレームワーク（システム的な構造の整備）に重点が置かれる．MPEG-21 にはコンテンツ保護や権利記述言語などの分野が含まれる．

[†3] MPEG-2 における profile と level：これにより，広範な階層化と機器のクラス分けを図っている．ここに，profile は，機能の分類と，シンタックスの違いを規定する．また，level は対象とする画像の時空間解像度を示す．

[†4] オブジェクト（アニメのセル絵のように動きの単位となる剛体など）を切り出して，その形状の符号化と相まって，個別に符号化できる．これにより，ほかのオブジェクト（CG 人工画像を含む）との合成や編集が容易になる．

[†5] H.261 以来，標準的な手法になった．ただし，予測誤差信号の「水平-垂直」自己相関は必ずしも高くはないので，変換符号化採用の根拠はやや弱いが，動きベクトル探索のブロックとの相性や，情報発生量の制御との関係では望ましい．
　なお，DCT では係数が複雑であるため，丸めなどの方法が違うと，符号器と復号器のフレームメモリの内容が整合しなくなる．フレーム間予測符号化では予測誤差を累積するからである．アダマール変換では係数は +1 と −1 のみなので，このようなことはないが．

[†6] MPEG-2 では，広範なフォーマットに対応するため，4：2：2 と，4：4：4(将来)も扱う．

[†7] （次ページにあり）．

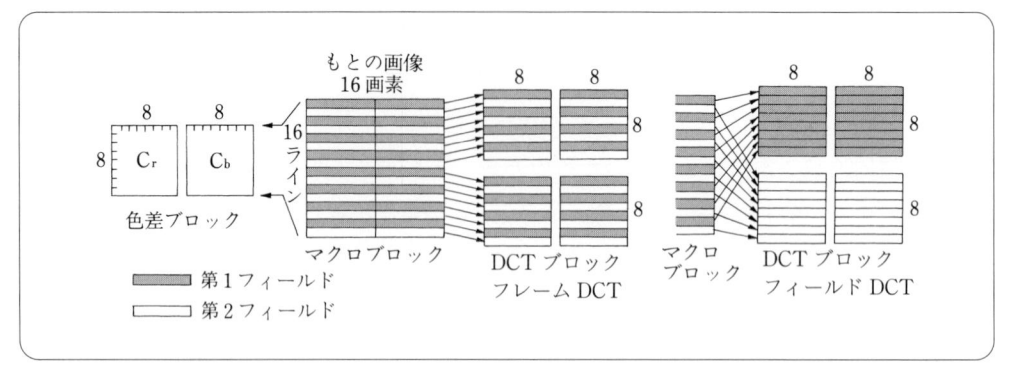

図6.14 マクロブロックの色差信号と4輝度ブロック(420の場合)

かの場合がある).

（2）輝度信号：図6.14の中央部と右部に示すように，MBを四つのブロックに分け，(8×8)次の2次元DCT変換を行う．フレーム予測の場合，フレームDCT(例：静止に近い領域向き)と，フィールド単位のフィールドDCT(例：動きの激しい領域向き)がある．後者は，動きが激しいとフィールド間相関が小さいからである．

（3）色差信号$C_b$,$C_r$：MBに対して各々1個の(8×8)画素のブロックを構成する．

## 6.4.3　レート制御と送受間の同期など

〔1〕レート制御の意義と実際　データの流れを平滑化するため，符号器，復号器とも伝送路との間にバッファメモリBMを設ける．

動きが大きくデータ発生量が大きい場合，BMのたまり具合を監視しながら，発生量を抑えるように符号化パラメータを制御する．通常は，空間解像度の低下(DCT変換係数のどこまで送るか)[†1]，動きと判定する閾値の変更，などを行い，さらにこれでも間に合わなければ，コマ数を落として発生量を抑える．この手法の良否が，画質に大きく関係する．

〔2〕送受の同期　システム構成上重要なのが，撮像系(カメラ)と表示系の同期，すなわち復号器におけるTV信号タイミング再生の方法である．

通常の可変長符号化では，メモリ容量を十分大きくすれば解決される．しかし，実時間で

---

[†7] ［前ページの脚注］MPEG-2では飛越し走査信号も扱うので，可能性が増した反面，符号化が極めて複雑である．
　（i）フレーム構造による方法：一方のフィールドの走査線を他方の走査線の間にはめ込んで1枚のフレームを構成し，1枚のピクチャ(画像単位)とする．動きベクトル探索やDCTには，フレーム単位の処理とフィールド単位の処理があり，動きの激しさに応じて使い分ける．ただし，フィールド予測ではMB当り2本の動きベクトルが必要であるなどの差異がある．
　（ii）フィールド構造による方法：フィールド単位の符号化．

[†1] かつては，画素間引き，走査線間引き，など各種のモードを切り替え，これに識別のためのコマンドを付けて送る方式が数多く提案された．

TV信号を送るフレーム間符号化では，声と唇が合わないなど，遅延に限度がある．双方向伝送の場合は会話が成立しなくなる．また，大き過ぎれば，解像度などの符号化パラメータ制御のためのデータ検出が遅れたり，甘くなるなどの欠陥が生ずる[†1]．

MPEG-2で行われているのは，完全同期式(受信側表示系は送信側のカメラに同期)であり，フレームの欠落はない．しかし，前述のように，BMによって送受の時間関係が切れてしまう．ここで，同期がとれている状態を考えると，カメラから表示までの遅れが一定になっている．逆に，遅れが一定になるように受信側のタイミングを制御すると，同期がとれる．具体的には，データが送受双方のBMに滞留する時間の和を一定に保つ．実際には，符号化データの中に源信号のタイミング情報を入れ，この読出し時間を監視しながら復号器側のフレーム周波数のタイミング(PLL)を制御する．

これに対して，H.261では非同期式(送受独立同期式)である．受信側は独自のタイミングで画像を表示する．送受のフレーム数は一致しない．送信する際にコマ落しして間引いているので，この分を含めて繰返し表示を行う．なお，受信側で繰り返しても画質上大して問題にならないのは，符号化する対象が順次走査信号だからである[†2]．

なお，同期の問題を避けシステムの簡略化を狙う中間的な準同期式も考えられる[b)][†3]．

〔3〕 **特性改善**　MPEGなどの標準化では，送受の最小限度の約束事を決めているが，他のパラメータの多くは製造業者の工夫事項である．効率向上の例を挙げてみよう．

（1）動領域面積の実効的な縮小：雑音を動きと誤判定しないため，フレーム間の雑音抑圧も効果的である[†4]．また，NTSCなどの複合カラーTV信号を入力源とするときは，YC分離特性に注意する必要がある[†5]．

（2）動きベクトル情報[3.2節]：実際の符号化データによると，動きベクトルの情報量は全体の半分を超す場合もあるという．したがって，この削減も無視できない．動きベクトルの無意成分の抑圧や，ゼロベクトル優遇もこれに役立つ[†6]．

---

[†1] 例えば人の動作は少なくとも数フレーム期間程度は持続する．画像の遅延を考慮すると，これをすべてBMで吸収することは難しい．したがって，多くのフレームにわたるデータの流れの平滑化は，パラメータ制御に委ねざるを得ない．換言すると，BMは，同一フィールドにおける空間的な不均質性を平滑化するのが主体だという考え方も成り立つ．

[†2] 飛越し走査信号の一方のフィールドのみを対象とする．走査線数が半分の順次走査(30 P，25 P)と等価である．ちなみに，飛越し走査信号を符号化すれば，繰返したときに大きなフリッカが生じる．

[†3] 符号化するフレーム数を撮像系や表示系のそれよりも極めてわずかに少なくし，その不足分は繰返し表示で補う．符号化する画像は順次走査が望ましいが，不足分が極めて少なければ飛越し走査でもよい．

[†4] 意外に運用条件の影響が大きい．東日本では，カメラ周波数(30 Hz，60 Hz)と照明の周波数(50 Hz，100 Hz)のビート周波数が発生し，動きと誤判定されることがある．両周波数が異なる世界的にも珍しい地域である．

[†5] 例えばYC分離の不備から色信号が輝度信号に混入していると，それが動きと誤判定され，見掛け上，データの大きな増加となる．

[†6] 例えば空の景色など，特徴のない領域では，思わぬ大きさの動きベクトルが検出されることがあり，かつ，これが無意味なことが多い．そこで，これらを，「動きなし」(ゼロベクトル)と見なしてしまう工夫(ゼロベクトル優遇)もある．

（3） I，P，Bの各画像にどの程度のビット数を与えるかの適正化[†1]：解像度交換の最適化による空間解像度と動き追随特性（動き解像度）の適正化，さらに，どの程度のフレーム間差があれば動き「あり」と見なすかの判断の適正化，大きな動きが発生/消滅したときの符号化パラメータの敏速な追随，などがある．

（4） 符号化パラメータの事前制御：従来主流のレイト制御（符号化パラメータ制御）は，フィードバック形であった．すなわち，符号化データの流れを平滑化するバッファメモリを監視して，この量に従って決定していた．しかし，これでは決定が遅れる．そこで，事前に画像分析を行って，符号化パラメータを指示すること（フィードフォワード形）が考えられる[†2]．

〔4〕 **ハードウェア構成の問題** 　ハードウェア構成方法も製造業者の自由である．

例えば，MPEG符号器をDSPのソフトウェアで構成する場合，処理の中で最大ステップ数を要するのが動きベクトル探索であるので，この減少は重要である．上記の符号化効率の向上アルゴリズムに併せて検討されている．

## 6.5　符号化技術——補遺

多年の模索の結果，国際標準化とその実用化が進んでいる．ただ，このほかにも，原理的には興味深いが出番がなかった方式[†3]，遠い将来に期待される方式，国際標準とは別に実用化されている方式[†4]などがある．設計開発を志す者はこれらにも関心を持っている必要があろう．また，特殊な用途のための使用形態もある．これらについて学ぶ．

---

[†1] Bピクチャはこれを参照することがないので，IやPよりSN比が劣ってもよいと考えられている．
[†2] pre-analysis ともいう．例えば，シーン切替えが起きたとき，すぐに粗いモードに切り替えるべきであるが，フィードバック形では一番粗くすべき時点ではまだ細かな符号化を行って，貴重なビットレートを無駄している．別に画像分析を行うことは，事実上，符号器を二重にするようなものなので，メモリなどが高価なときには実現性は薄かったが，最近では可能性が出てきた．
[†3] 本項で述べる以外の符号化方式で検討された例：
　　（i） ニューロネットワークの活用：パタン認識などにおける研究に刺激された．
　　（ii） Fuzzy論理の活用：（略）．　　（iii） エキスパートシステムの活用：（略）．
[†4] 後述のFAXの場合は国際標準化制定後は新規な提案は低調になったが，動画像の場合，MPEGとは別の新規独自方式も使われている．

## 6.5.1 そのほかの符号化技術

**〔1〕ベクトル量子化（VQ：Vector Quantization）** ブロック単位という点では変換符号化と共通するが，ブロック内の複数画素をまとめて量子化するのがVQの特徴である[†1]．図6.15はこの違いを説明する．変換符号化では各変換係数ごとに独立にスカラー量として量子化するので，図(b)に示すように実際に存在しない画素値の組合せに対しても割り当てており，無駄である．ベクトル量子化では，図(c)のように，存在する所にのみ効率的に符号語が割り当てられる．

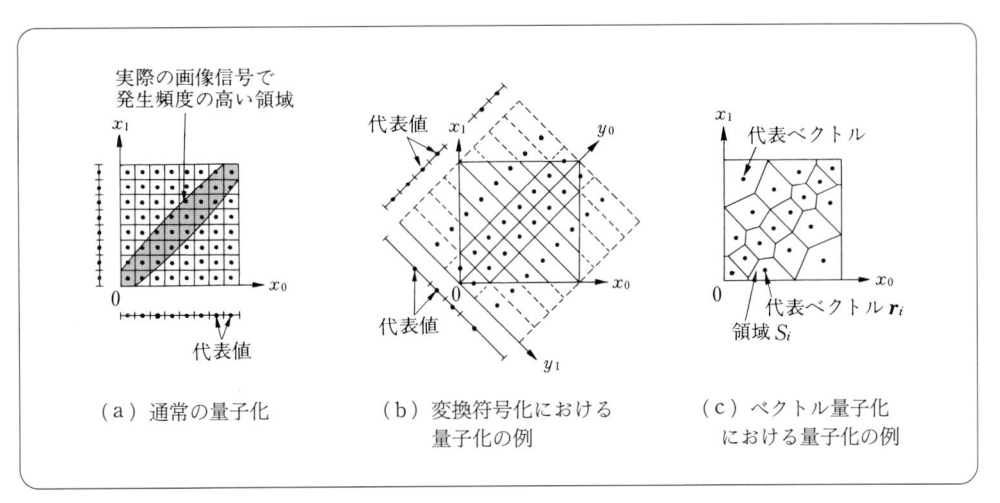

**図6.15 スカラー量子化とベクトル量子化**

複数の画素とベクトルの関係をまとめたものをコードブックという．ただし，画素数が増大するにつれて，ベクトルの数が指数関数的に増大し，コードブックは膨大になる[†2]．

符号化の際は，コードブックを参照して一つのベクトルを割り当てる．課題には，画素の組合せからなるベクトルと，量子化ベクトルとの誤差の評価関数[†3]がある．

**〔2〕知的符号化** 符号化の扱いが1次元→2次元→3次元へと拡大し，大幅に効率化した．これ以上の効率化を追求したのが知的符号化である．これには，あらかじめ送信(符号器)側と受像(復号器)側で必要データを共有記憶しておく．受信側では，これと受信したデータを合成して画像を再生する．従来方式も含めた知的符号化の位置を下記に示す[9]．

第0世代：PCMなど，波形の忠実な伝送．

---

[†1] 変換符号化でもブロック単位に符号化したはずだという疑問も出よう．しかし，変換された結果（変換係数）は個別に量子化しており，VQとは，考え方が本質的に異なる．
[†2] コードブックのハードウェア的な問題はLSIの発展とともに解決できるとされる．
[†3] 誤差の評価尺度が絡む作業には，コードブックの作成（量子化ベクトルの決定），符号化の際の能率的な割当て方法がある．

第1世代：相関などを活用する単純な予測または変換による高能率符号化．
第2世代：高度なフレーム間符号化(動き情報や輪郭情報を利用した構造抽出符号化)．
第3世代：分析合成符号化(モデルに基づいて，そのパラメータを符号化する)．
第4世代：認識合成符号化(画像の構造を認識して，その結果をコマンドで符号化する)．
第5世代：(狭義の)知的符号化(画像の概念や意味，さらにその意図を解釈して送る)．

ここで，第1と第2世代を波形符号化(wave-form coding)といい，第3〜第5世代を(広義の)知的符号化(intelligent coding)という[†1]．

〔3〕**フラクタル符号化** フラクタルとは自己相似構造に基づく考え方で，理論的に古い歴史を持つ．これを画像に適用し，この構造を抽出してデータの圧縮を行う[†2]．

## 6.5.2 画像符号化応用

画像の用途が広まるにつれて，種々の画像形態が現れ，新しい符号化が要請される．

〔1〕**用途に応じた符号化の特殊性** 符号化方式に大きな影響を与えた用途には，早送り/逆再生/逆再生早送り(蓄積符号化)，全体画像を早く知りたい場合，などがあった[†3]．

これら使用方法の特殊性は，符号化パラメータや符号器構成にも影響を与える．コマ落し符号化を行うH.261符号化では，構成が極めて簡単になった(既述)．

〔2〕**多解像度階層的符号化** 同一フォーマットの画像でも，実用的に必要な解像度や画質が異なる場合，これらを多段解像度構造[†4]の画像として統一的に扱う必要性が増している．数多くの画像フォーマットのある放送の場合も，同様である．これに対処するため，階層符号化が検討されている．これには二つの考え方がある．

一つは図6.16(a)に示す狭義の階層符号化である．例えば，HDTV信号のうち，低域フィルタで取り出したSDTV(標準TV)信号成分を低位信号として符号化する．一方，これ

---

[†1] 第3世代では，例えば頭の形をワイヤフレームで近似し，記憶しておく．動きを分析識別して，そのパラメータを送る．第4世代では一歩進め，識別情報を認識し，例えば，顔の表情に関連した筋肉の動きを表す．第5世代では，怒り，笑い，悲しみなどの表情，声の調子(感情)などを解釈して送る．
　　知的符号化によるデータから画像の形成は容易だが，一般的な画像からリアルタイムで符号化することは至難な技である．実用化が早かった音声合成と遅かった音声認識の関係に似ている．当初はアニメ合成などで活用されるかもしれない．
[†2] 1990年頃から模索中．一般の画像でどの程度の自己相似構造が存在するのかが課題であろう．
[†3] 蓄積符号化のほか，特殊用途の例に下記がある．
　・若干の画質劣化：TV会議・TV電話用符号化．
　・一定速度でない：パケット画像符号化 [6.6.2項参照]．
　・途中から復号化(ランダムアクセス)：蓄積画像符号化や一般視聴者向けTV画像符号化など．
　・変化部分だけを知りたい：監視用画像符号化．
[†4] multi-resolution構造．

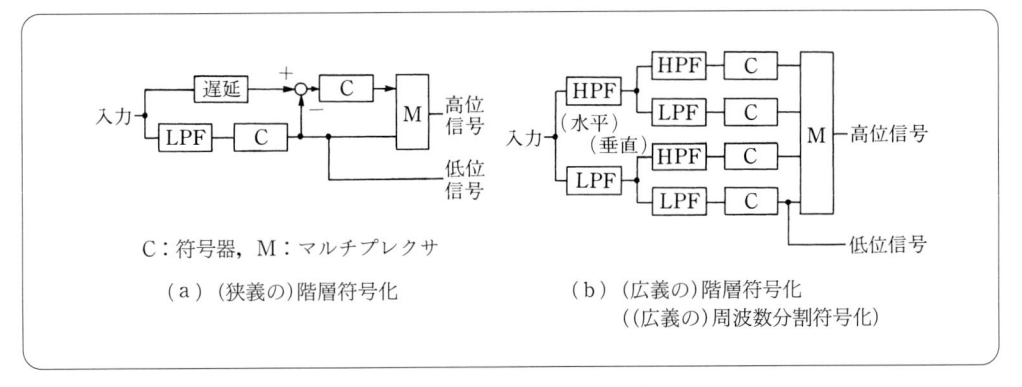

図6.16 多解像度階層的符号化

を復号化して，もとのHDTV信号から引いた残差を符号化する[†1]．受信側(復号側)で高位信号を得るには，低位信号と残差信号を加算する．

広義の階層符号化の例は，図(b)に示す(広義の)周波数分割符号化である．DCTやサブバンド符号化一般もこれに含まれる．これのどの変換係数まで採用するかによって，階層化が可能になる．

〔3〕 **符号化データの変換(トランスコーディング)**　ある方式やパラメータで画像符号化されたデータ系列を，ディジタルのまま，別の方式やパラメータによる符号化に変換することをいう．原理的には，復号してもとのTVに戻し再符号化するのも一法だが，通常の用途には無駄も多く[†2]，また，画質劣化が累積しやすい．

実用用途例には，MPEG 2で8 Mb/sで符号化されたデータ列を6 Mb/sに変更するなどがある．このためには，I画像のDCT変換係数やP，B画像の動き補償予測誤差のDCT変換係数のとり方やビット数を減らすなどの方法がある[†3]．

〔4〕 **静止画像符号化**　ディジタルカメラや画像ファイルなど，静止画像の利用が広がった．ここではJPEGが広く用いられている．

なお，静止画では，画質劣化検知限などの視覚的特徴や画質劣化の様子が動画と異なる[†4]．そこで，これを活用して，静止画独特の画像量子化方式も提案された．例えば，ブロ

---

[†1] 残差信号の統計的な性質は通常のTV信号とは大きく異なる(例えば，低域成分は大きくない)ため，TV信号に使われている符号化方式が使えるとは限らない．この点があいまいな提案も散見される．
[†2] 時空間解像度や走査方式(順次/飛越し)の変更を含む場合は，いったんもとのTV信号に戻して再符号化するのも，止むを得ない場合が多い．
[†3] P，B画像では，動きベクトルなどはそのままにして動き補償予測誤差のDCT変換係数に着目する．ただし，変更すると，それを参照して差分を符号化する後の画素では，再符号化する必要がある．I画像やP画像では，これを変更するとその後に影響する．これに対して，B画像では参照されないので，その分だけ処理は楽である．
[†4] 符号化による画質劣化には，フレーム内の劣化とフレーム間の変化として検出される劣化がある．したがって，静止画符号化では，下記の特徴がある．
・粒状雑音：静止画の場合には，ザラザラした雑音が固定されるため，検知限が大幅に緩和される．
・エッジビジネス：静止画ではありえない．

ック近似符号化(BTC，Block Truncation Coding)がある[†1]．

　使用上の特徴に，階層符号化(progressive coding)がある[†2]．検索などで通常の順序通り符号化復号化すると，1枚の再生に時間がかかる．むしろ画像を大まかに調べ，順次細かく見てゆき，途中で不要と分かったら打ち切って次に進みたい．これには，解像度に着目するもの(主流)と，振幅に着目するものなどがある[†3]．例えば，直交変換符号化(DCT など)において，低周波数成分の変換係数をまず送りついで高次の変換係数を送る．

　回路構成の差もある．静止画符号化では，画像をメモリに記憶させた後に，画像解析により符号化前に最適符号化パラメータや領域分割を決め，これに基づいて効率的に符号化すること(delayed decision)も可能である．

### 6.5.3　2値画像の符号化

　2値画像は，中間調画像とは性質が異なる．そこで，文書画像の高速伝送のための FAX (5.2.1項)の高能率符号化が検討され，画像分野では早い時期に標準化された[†4]．

　G3機では，走査線ごとに1次元符号化する MH(Modified Huffman)符号化と，白黒境界の直上走査線との関係を2次元逐次符号化する MR(Modified READ)符号化が国際標準化されている．前者は簡易機で，後者は中級機以上でよく使われている．G4機では MR 符号化を若干修正して用いている[10]．

　〔1〕**MH 符号化**　　図 6.17 のように，白あるいは黒画素の連続(ラン)の長さ(ランレングス：RL(Run Length))を可変長符号化する．ここでは，RL を 64 進法で

$$RL = [64 M] + T \tag{6.18}$$

と表し，[64 M] を M(Make up)符号で，T を T(Terminating)符号で，この順にそれぞれハフマン符号化する．ただし，RL<63([64 M]=0)の場合は，M 符号を送らない[†5]．

---

[†1] 各ブロック内を明るい領域と暗い領域に分け，その画素指定と，各領域の平均値だけで表す．これでも結構良い画像が再生できる．
[†2] 「ジワーと出てくる画像」という表現もある．順次走査(progressive scanning)とは関係ない．
[†3] 既存の符号化方式の符号化順序を工夫することにより，階層化できる場合も多い．
[†4] 5.2.1項脚注参照，標準化との関係は談話室(p.150)参照．
[†5] MH 符号では，[64 M] と T の両方で一つの符号空間を占める．白ランと黒ランでは統計的性質が異なるので，別々に符号語が用意される．例えば，白ランの場合，下記のようになっている．
```
   T 符号           M 符号(64 M のための符号)
  0  00110101       64   11011
  1  000111        128   10010
   ........        ...   ......
 63  00110100     1728   010011011
 EOL  000.....01  (0：11 個以上)
```
　なお，走査線の始まりは白からと仮定し，左端が黒の場合は長さ0の白ランがあるものとして符号化する．水平方向の画素総数は，A4版の場合，1 728画素，B4版の場合，2 560画素である．

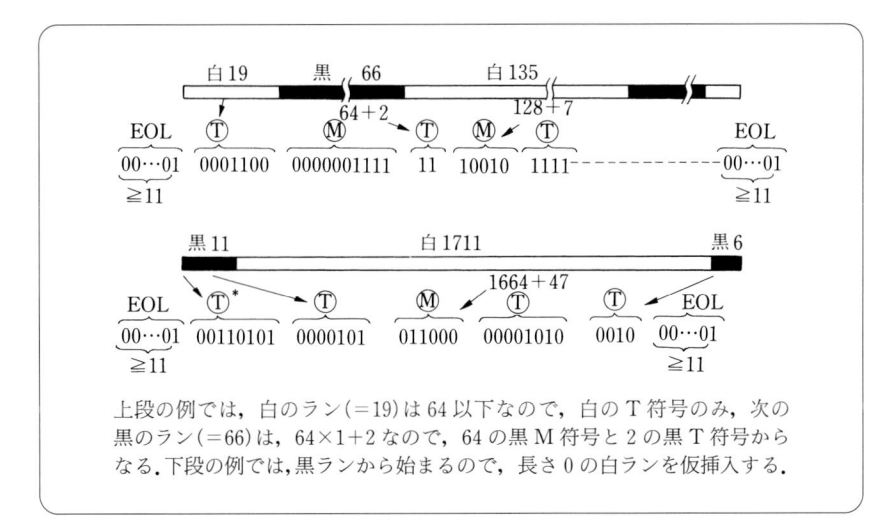

図6.17 MH符号化方式（ランレングスによる1次元符号化）

〔2〕 **MR符号化**[†1] 　符号化済みのすぐ上の走査線との違いを，「白黒の境界のズレ」，「上の走査線にないランが始まった」や，「上の走査線にあったランがなくなった」などに着目して符号化する[†2][†3]．例を図6.18に示す．

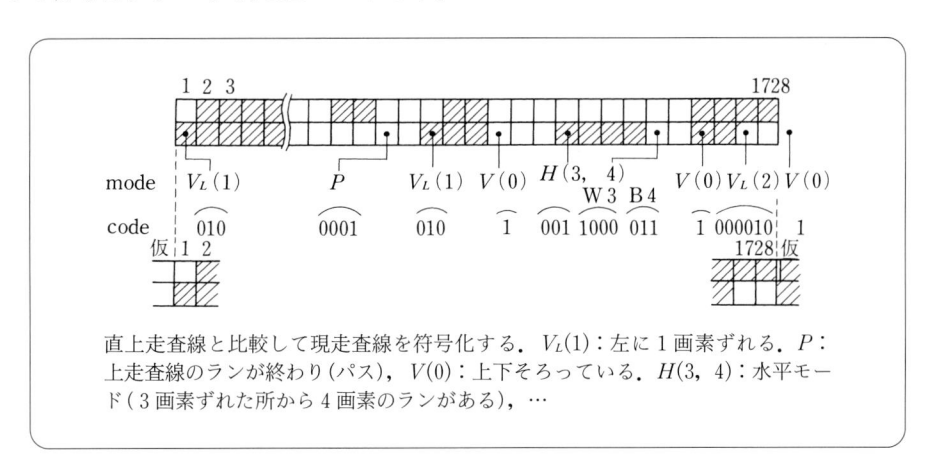

図6.18 MR符号化方式による2次元逐次符号化

〔3〕 **そのほかの標準化方式/JBIG**[†4] 　上記の二つの方式は，シーケンシャル(上から順番に)符号化であり階層符号化でないこと，統計的な性質の異なる(擬似)ハーフトーン画

---

[†1] MR(Modified READ)方式．READはそれまでに提案された[RAC+EDIC]に由来するもので，フルネームに特に技術的な意味はない．2次元逐次符号化の提案は古く，1960年代にさかのぼる．ただし，あまりに複雑であるため，マイクロプロセッサが使えるようになって初めて日の目を見た．

[†2] 圧縮率は高いが，符号誤りの影響を大きく受けるため，$K=4(2)$ 走査線ごと($K$ ファクタという)に1次元符号化(MH)を挿入して，影響をリセットする．

[†3] データ回線用のG4 FAXのための符号化方式には，MMR(Modified MR)方式がある．符号誤りがないので1次元符号化を挿入しないことや，EOLを省くこと以外は，MR方式と同様である．

[†4] JBIG：Joint Bi-level Image Experts Group．

像（ディザ画像）の符号化に適さないことから，この解決のため制定された．

## ☕ 談 話 室 ☕

**標準化にかかわる問題**　放送や通信のように相互に情報を交換するシステムでは，標準化が重要である．以下，幾つかの例を挙げて眺めてみよう．

（1）標準化の意義：1970年代，電話回線が開放され，FAXが使われ始めた．しかし，特許の関係もあってか各製造業者が別々の符号化方式を採用したため，他社製の機器とつながらず，不便だった．1970年代後半に国際標準が制定され，広範に使用されるようになった．

一方，放送のように，標準化が完了するまで企業が勝手には実施できない分野もある．

（2）標準化の時期：標準化は，ある意味でその時点での技術の凍結である．標準化の直後にはるかに良い方式が生まれると，取扱いが複雑になる．これらのことから，技術進歩が飽和し始める時期が標準化検討の時期といえよう．ただし，その時期の判断は難しい．

（3）知的所有権料：古今の難題である．完成までに莫大な研究費を要したとか，天才のヒラメキによる場合は，有償となるのは仕方がない．しかし，ほとんど差のないA方式とB方式があって，たまたまA方式に決まると，B社は特許料をA社に払う必要があり，さらに既販売製品の引取りまたは改修を余儀なくされ，大きな損得差を生ずる．

これを受けて，1970年代，標準化方式を提案する場合は特許料を請求しないことを条件とするケースが，特に画像分野で続出した（他社の特許を知らずに提案する問題は別途残る）．

ところが，この結果，逆に標準化作業を献身的に行おうとする機関が減少した．

そこで，「無償はやはり無理」との見方が復活し，現在は「使用は自由，ただし合理的な価格で」という考えが主流である．ただし，これで全てが解決される訳ではない［（6）参照］．

（4）性能改善の可能性：FAXの標準化が制定された後，研究者はこの分野からほとんど離れ，学会発表は見られなくなった．一方，MPEGの場合は，構成方法の改善やパラメータの最適化などの課題が残り，発表が続いている．このように，標準化は接続のための最低条件のみを定め，改善などの可能性を残しておくことが，その後の技術の発展に重要である．

（5）既存システムの両立性：かつてNTSC白黒TVをカラー化するとき，いったんは両立性のない方式に決まったが，直後に両立性のある方式に変更された．新方式に両立性がないと既存の機器はゴミとなる．また，鶏と卵の関係から，新しいシステムがなかなか普及しない．

一方，考慮しすぎると，古い方法にいつまでも引きずられることになる．

両立性をどの程度考えるかは，標準化制定の際の重要な哲学である．

（6）先行する意欲のある機関への配慮：かつて，FAXでは何社かが先行的に製品を出していた．そこで新たに標準化が行われると，前記B社と似た境遇になる．これでは，意欲的な先行発売を躊躇させ，技術進歩をそぐことになる．ただし，この先行性を推奨するための考え方は，現在のところ，必ずしも十分ではない．

（7）標準化の主体：分野により大きく異なる．

国際連合の下部機関である国際通信連合が，各国政府の代表（および技術主管庁）を集めて作業を行う場合がある（FAXなど）．国ごとに主管庁の権限で決める場合もある（放送方式）．

業界団体が決める場合もある．家電品や計算機の場合はこれが多い．この分野では，先行する機関がその製品を先行的に出し，これが事実上の標準（de fact標準）となる場合もある．このため，無償に近い特許料で技術を提供して，仲間を募ることもある．

# 6.6 インタネットや広帯域ISDNによる動画像伝送

　私的利用から出発したインタネットがインフラストラクチャとして重要な地位を占めるに至り，画像伝送(放送)でも注目されている[†1]．これに先だって公衆網として意図された広帯域ISDNのATM[†2]も同様である．これらは，パケット[†3](ATMではセル(cell)と称する)という共通の手段を有し，画像伝送にも共通した課題がある．

## 6.6.1　技術背景

　〔1〕**インタネット**[†4]　映像や音声の配信が期待されている．「インタネット放送」の愛称もある．ただ，通信容量は制限があり，データ圧縮して回線の有効利用を図る．

　この中で一般的なのがストリーミング技術[11),12)]である[†5]．ここでは，転送された画像や音声をバッファ(数〜数十秒分)を介して再生する．

　トランスポート層では，信頼性と低遅延のトレードオフを考えて，TCPとUDP[†1]の何れかを選ぶ．蓄積形VOD(ビデオオンデマンド)などでデータ転送の信頼性を優先する場合はTCPを使う．生(ライブ)放送や双方向伝送(会話や掛合い)のように低遅延性が重要な場合は遅延の少ないUDPが望ましい．この場合，本質的に転送時間の変動(ジッタ)やパケット廃棄の発生は避けられず，アプリケーション側で対策を講じる必要がある．

　〔2〕**広帯域ISDNとATM**　広帯域ISDNの通信形態として，ATMでは，プロトコルを簡略化して高速転送しパケット交換[†6]を行う．動画像伝送の立場から見ると，通信レ

---

[†1]　[1.1.2項参照]．これにより，誰もがインタネット上に「放送局」を開設することができる．
[†2]　非同期転送モード(Asynchronous Transfer Mode)．
[†3]　パケットとは，データ，音声，画像などの情報を，ある単位(パケット)に区切り，名札(ヘッダ)をつけて送るものである．
[†4]　インタネットとは，TCP(UDP)/IPプロトコルをベースとするパケット通信網の総称である．
　　　TCP：Transmission Control Protocol,　　UDP：User Data Protocol.
　　　TCP：信頼性あるデータ転送のための誤り制御と，回線を有効活用するフロー制御がある．
　　　UDP：TCPの機能を大幅に簡略化して，パケット転送遅延を減少させる．
[†5]　1.1.2項脚注参照．
[†6]　ATMでは，フロー制御や符号誤り制御を行わないため，セルの廃棄(送信不能，紛失)や符号誤りがありうる．これは，優先順位などの配慮をしない限り不可避である．そこで，これによる画質被害を最小にする方法が検討されている．

イヤーとしては異質ではあるが，インタネット特にUDPの場合と同様の問題がある[†1]．

## 6.6.2 パケット符号化

〔1〕 **パケットの特徴**　一般にフレーム間符号化では，動きの大小によって発生するデータ量が大きく変化する．パケット通信[†2]では，実効的に可変ビットレートの通信路に送出されるので，都合がよい．したがって，ビットレート一定のための符号器パラメータの制御は(一応は)不要なので，あらかじめ定めた一定の符号化品質を保てる．また，このことから，装置構成が簡単になる．

ただし，細部を見ると問題も多く，新しい検討課題がある．現実には，パケット数はあらかじめ設定されたピークビットレートに抑えられる．したがって，上記の制御も完全に不要ではなく，新しい制御手法の開発が必要になる．画質は平均ビットレートにも依存する[†2]．

どの画像符号化方式を使うかは，圧縮効率，拡張機能，画質，アルゴリズムの複雑さ，などの一般的な事項のほか，パケット廃棄に対する画質劣化などが重要である[†3]．

〔2〕 **同期再生**　通常のMPEG伝送の場合と同様，受像機側のタイミング再生は，送受のバッファメモリにおける遅延時間が一定[†4]となるように発振器を制御する．

一方，パケット伝送の本質として，パケット転送時間の揺らぎ(ジッタ)や廃棄の発生は避けられない．トランスポート層プロトコルとしてTCPを使用すれば廃棄は発生しないが，転送遅延とジッタは増加する．UDPを用いれば，転送遅延とジッタは減少するが，アプリケーション側で廃棄対策を講じなければならない．このようなトレードオフの下で，インタネット放送では何らかの同期再生とパケット廃棄対策の仕組みが必要になる．

なお，片方向のインタネット放送では，送信開始から再生までかなり(1分近く)の遅延があっても問題ない(視聴者が不快に思わない)ことが多い．そこで，起動時に大量なバッファメモリを確保しておき，受信したパケットを順次バッファに書き込んでいく．一方，圧縮データの読出しは，バッファに十分なパケットがたまってから実行する．さらに送信側では，各パケットに時刻データ(タイムスタンプ)を付加しておく．受信側では，バッファに書き込むたびに各パケットのタイムスタンプを記録する．復号化に際しては，この時間間隔が一定

---

[†1] 広帯域ISDNを経由してインタネット配信を行う場合，パケット廃棄やジッタは両者の影響が重なる．
[†2] ATMにおける課金のためには，これら二つのビットレートを設定する必要がある．ただし，一般使用者がこれらのレートと画質の関係を把握するのは，困難であり，大きな問題がある．
[†3] MPEG-4もその候補．これは，ISO/IECで標準化がほぼ終了した．形状(オブジェクト)符号化，スプライト符号化，誤り耐性機能などの機能拡張も充実している．ただし，国際標準化にこだわらず，独自の符号化アルゴリズムも開発されている．
[†4] 一定時間モデル(constant delay model)ともいう．

になるように発振器を制御する[†1].

〔3〕 **パケット廃棄対策** TCP/UDPによるインタネットや，ATMでの大きな問題は，パケット(セル)廃棄である．現在検討中の対策には下記がある．

（1） 再同期(re-synchronization)による．
（2） 定期的クリア(refresh)を前提に，方式的に廃棄の影響を小さくする．
（3） 復号器で誤りを検出したときは，送信側にコマンドを出す．

再同期による方法（1）は，主にインタネットで検討されている．ここでは，若干の冗長性の追加によって誤りの影響を局所化する．例えばMPEGの符号化は，フレーム，スライス，マクロブロックを単位として階層的に行われる．そこで，例えばスライスを再同期ポイントとし，スライスの先頭にユニークワードと再同期情報(スライス位置，動きベクトル，量子化ステップサイズなど)を挿入する．パケット廃棄発生時には，後続パケットからユニークワード(スライスの先頭)を探索する．複号再開のために必要な情報はすべて再同期情報に記載されているので，そこからただちに再開できる．

定期的クリアを前提に方式的に廃棄の影響を小さくする方法（2）は，かつてATMを念頭に検討された[†2]．

廃棄発生時に送信端末に誤り通知を行う方式（3）もある．ただし，TCPのように廃棄パケットを再送するのでは，画像が遅延して画質が劣化する．

代わって，後続するフレームに廃棄の影響が残らない(少なくする)方法が検討されている．これは，複数枚の参照画像を用意しておき，廃棄の影響のない参照画像(正しく受信されたフレーム)を用いて，次フレームの符号化を行うように要請する．よって，誤り通知は，使用してほしくない参照画像を通知するために使われる．

このほか，圧縮率を若干犠牲にした廃棄に強い方法の模索も望まれる[†3]．

〔4〕 **制御プロトコル** 広帯域ISDNなどでは，パケットが限りなく増加すると，他の通話の影響も受ける．従来であれば，回線が設定されれば，ある画像に対しては，それに対応する画質が一義的に得られる．このため，データの流れの量を監視して整理するいわゆる"ポリス機能"が必要になる．

---

[†1] さらには，到着順が逆転することもあり得るので，その対策を併せ行う必要もある．
[†2] 方式に影響を小さくするため，下記の方法が提案されている．いずれも，廃棄のあったときには，次の定期的クリアまでの劣化を軽減するものである．
  ・フレーム間予測誤差の上位ビット，あるいは，これの変換符号化における低周波数成分の優先順位を上げて，これらの廃棄をなくす．そして，廃棄は，下位ビットあるいは高周波数成分にとどめ，これによる画質劣化に限るようにする．
  ・上記において，下位ビットあるいは高周波数成分は，フレーム間差ではなく，生のデータで送る．これらはフレーム間相関がないため，これでよいとする．
[†3] 本質的に廃棄に強い符号化方法の考え方の一つに，狭義の動領域伝送方式(図6.11(b))がある．この方法では，次にその場所で動きがあれば，誤りの影響はクリアされる．

154    6. 画像の高能率符号化

ATM のパケット符号化は，これまでのほかの符号化と異なり，ネットワークとの関連が極めて深い．開発，設計には，この両者の担当者間の協調が不可欠である[†1]．

---

**本章のまとめ**

❶ 高能率符号化のより所：画像の自己相関と視覚特性の活用（6.1 節〔1〕）．

❷ 予測符号化の二つの考え方：①符号化済みの画素からの予測誤差の符号化，②電力の大きな周波数成分で零点（またはこれに近い値）を持つディジタルフィルタとしての見方（6.2.1 項〔1〕，6.2.3 項）．

❸ 直交変換符号化：複数画素からなるブロックを作り直交変換する．各変換係数（変換結果）ごとにふさわしい量子化/符号化（含：切捨て）を行う（6.3.1 項）．

❹ アダマール符号化：座標変換として考えても理解しやすい．周波数分離として考えると，サブバンド符号化の原理が理解できる（6.3.1 項〔3〕）．

❺ DCT：画素ブロックを一つおきに順序反転して DFT する（6.3.2 項〔1〕）．

❻ JPEG：DCT を用いる：[DCT 変換係数$_{i,j}$/(量子化テーブル$_{i,j}$・品質係数 $Q$)]．（なお，JPEG にはほかに多くのモードあり）（6.3.3 項）．

❼ フレーム間符号化の主流方式：動き補償フレーム間予測＋DCT（6.4.1 項）．

❽ MPEG 符号化のモード：I（フレーム内），P（順方向予測），B（双方向予測）（6.4.1 項〔3〕）．

❾ レート制御：DCT 変換係数のとり方や，「動きあり」と判定するレベルなどの変更により，データの流れを平滑化する（6.4.3 項〔1〕）．

❿ 知的符号化：送受で対象画像の情報を共有し画像を再生する（6.5.1 項〔2〕）．

⓫ FAX（2 値画像）符号化の国際標準化：MH，MR，MMR がある（6.5.3 項）．

⓬ インタネット時代の TV 伝送：通信と放送の融合の一つの形態（6.6 節）．

---

●理解度の確認●

**問 6.1** 局部復号器を有する予測符号器をディジタルフィルタとして見て，このハードウェア構成を忠実に表す伝達関数を示し，これを変形して FIR フィルタとしての伝達

---

[†1] 一般にシステムが大きくなればなるほど，その発展，開発，設計，保守などの面から，そのサブシステム間や機能間のインタフェースの単純明快な切分けが重要になる．情報源符号化方式を開発する立場からは，網の透明性(transparency)が重要になる．上記のように両者の協調が重要であるということは，ある意味でこれに反するものである．このことはインタネットでも同様のはずであるが，現実には，問題にするまでは至っていないようである．

## 理解度の確認

問 6.2　$\rho_H \rho_V = \rho^2$ などを利用して，表 6.2 の平均予測，平面予測，傾斜予測などの予測誤差電力を算出せよ．

問 6.3　DFT と DCT を求める対象となる変換の区間 $[0, T_B]$ のそれぞれ繰返しを比較し，直交変換符号化の効率の点から論じよ．

問 6.4　実際の画像では，画像ブロック(8×8画素)の中で一様に変化する(例：左端が暗く次第に右端が明るくなる)場合が多い．このようなブロックには，DCT は，DFT に比べて極めて有利であることを図によって示せ．

問 6.5　図 6.2 に示す非線形量子化と，フレーム間符号化の動き補償フレーム間予測誤差の量子化における考え方にどういう差があるか．誤差が小さい場合の扱いに着目して述べよ．

問 6.6　走査方式(飛越し走査，順次走査，(仮称)飛順走査)と，フィールド DCT やフレーム DCT との関係を述べよ．

問 6.7　[444]，[422]，[420] においてマクロブロックを構成するブロック数はいくつか．

問 6.8　MPEG 符号器などのフレーム間符号器を使う際，照明に気を配るべき(通常の蛍光灯は好ましくない)地域がある．なぜ，気を配るべきか？

問 6.9　静止した風景をカメラをパン(カメラを水平方向に向きを変える)しながら撮像するとき，動き補償をしない場合とする場合で符号化効率はどうなるか．

問 6.10　フレーム間符号化で，ある瞬間にあるカメラから別のカメラの信号に切り替えた(シーンチェンジ)．この時の効率や画質を図 3.5 との関係で述べよ．

問 6.11　TV 信号の青空の領域をフレーム間符号化すると，どんな動きベクトルが得られるか．空は一様であるが，カメラ出力には原理的にランダム雑音があることに留意せよ．これを避けるには何が考えられるか．

問 6.12　フレーム間符号化の出力は極端な可変長符号化であるから，バッファメモリの容量を大きくとっておきさえすれば特に問題もないようにも思われるが，そうでない理由を述べよ．

問 6.13　図 6.13 に示されたフレーム間符号器化の構成は，I，P，B のどのモードの場合を示していると考えられるか．それ以外のモードでは実際にどう動作するか．

問 6.14　網点を掛けた書類を FAX で送った．網点があると，伝送(電送)ビット数はどうなるか．

# 引用・参考文献

**全ての章に共通する参考文献.**
- a) 吹抜敬彦：画像のディジタル信号処理，日刊工業新聞社（1981）．
- b) 吹抜敬彦：TV画像の多次元信号処理，日刊工業新聞社（1988）．
- c) 八木伸行（監修）：ディジタル映像処理，オーム社（2001）．
- d) 映像情報メディア学会編：映像情報メディアハンドブック，オーム社（2000）．

このほか，本レクチャーシリーズには，下記のように，関係する教科書（含：予定）がある．
ディジタル信号処理（西原明法）/情報・符号・暗号の理論（今井秀樹）/インタネット工学（後藤滋樹）/画像光学と入出力システム（本田捷夫）/データ圧縮（谷本正幸）．

**（1章）**
1) 田中正晴，Phil Keys：ブロードバンドでテレビをみる，日経エレクトロニクス，No.806，pp.101-122（2001.10-8）．
2) 吹抜敬彦：高能率符号化発展の解析と今後，日経エレクトロニクス，No.666，pp.167-181（1996.7.15）．
3) 吹抜敬彦：3次元周波数領域を有効に活用する，日経エレクトロニクス，No.660，pp.115-130（1996.4.22）．
4) 原島博：顔学への招待（岩波科学ライブラリー），岩波書店（1998）．
5) 吹抜敬彦：走査に潜む問題点と解決法，日経エレクトロニクス，No.657，pp.179-193（1996.3.11）．
6) 清水勉：BSディジタル放送における情報源符号化方式，1997映像情報メディア学会冬季大会，特2-3（1997.12）．
7) 吹抜敬彦：マルチメディア時代のテレビ信号の在り方を提案—テレビとパソコンの融合に向けて，日経エレクトロニクス，No.695，pp.153-166（1997.7.28）．
8) 吹抜敬彦：走査方式融合のための30 P/60 I'（セグメンテッドフレーム）の検討，2000映像情報メディア学会年次大会，No.3-9（2000.8）．
9) 宮本剛，都竹愛一郎：順次走査によるHDTVのMPEG符号化レート削減の検討，2001映像情報メディア学会年次大会，No.18-3（2001.8）．
10) 吹抜敬彦：次世代TV画像フォーマットの検討—走査を多次元標本化としてみた画質—，電子情報通信学会技術研究報告，No.IE 99-9（1999.6）．
11) テレビジョン学会編：ディジタルAV規格ガイドブック，オーム社（1995）．
12) （小特集）マルチメディアの色彩学，映像情報メディア学会誌，Vol.55，No.10，pp.1215-1248（2001.10）．

**（2章）**
（1次元の信号処理，変復調やディジタルフィルタなどに関しては，通信理論やディジタル信号処理などの多くの成書が出ているので，参考にされたい．一方，2次元，3次元に関しては，1章に

示したa），b），c）などの成書があるが，数は少ない）．
1) 吹抜敬彦：進展するTV技術に対応して，動くゾーンプレートにより3次元信号処理の特性を評価する，日経エレクトロニクス，No.372, pp.195-218 (1985.7.1).
2) T. Fukinuki, Y. Hirano：Extended Definition TV Fully Compatible with Existing Standards, IEEE. Trans. Communications, Vol. COM-32, No.8, pp.948-953 (1984.8).
3) 二宮祐一：MUSE-ハイビジョン伝送方式，電子情報通信学会 (1990).
4) 貴家仁志：マルチレート信号処理，昭晃堂 (1995).
5) 貴家仁志，村松正吾：マルチメディア技術の基礎DCT（離散コサイン変換）入門，CQ出版 (1997).
6) 貴家仁志：よくわかるディジタル画像処理，CQ出版 (1996).
7) D. Le Gall：Sub-band Coding of Digital Images Using Systematic Short Kernel Filters and Coding Techniques, ICASSP' 89, Vol.2, M 2.3, pp.761-764 (1989).

(3 章)
1) E. R. Kretzmer：Statistics of Television Signals, Bell Syst. Tech. J., Vol. 31, No. 4, pp. 751-763 (1952.7).
2) 甲藤二朗，太田睦：MPEG圧縮効率の理論解析とその符号量制御への応用，電子情報通信学会技術研究報告，IE 95-10 (1995.4).
3) A. Watanabe, et al.：Spatial Sine-Wave Responses of the Human Visual System, Vision Res., Vol.8, pp. 1245-1263 (1968).
4) A. J. Seyler：The Coding of Visual Signals to Reduce Channel Capacity Requirement, Proc. IEE., Vol.119, pt. C, pp.676-684 (1962).
5) D. H. Kelly：Flickering Patterns and Lateral Inhibition, J. Optical Soc. Am., Vol.59, No. 10, pp.1361-1370 (1969.10).
6) （小特集）マルチメディアの色彩学，映像情報メディア学会誌，Vol.55, No.10, pp.1215-1248 (2001.10).
7) （小特集）ディジタル映像の画質評価，映像情報メディア学会誌，Vol.53, No.9, pp.1183-1208 (1999.9).

(4 章)
1) 坂井利之，吹抜敬彦：パタン認識装置の基本設計，電気通信学会オートマトンと自動制御研究会資料 (1961.1).
2) 小野文孝：ディザ法，画像電子学会誌，Vol.10, No.5, pp.388-398 (1981).
3) 田中，大村，岡田，栗田，他：動き補正型フレーム数変換法を用いたHDTV-PAL方式変換装置の構成と画質評価，電子情報通信学会論文誌，J 80-D, 8 (1987.8).
4) 吹抜敬彦：画像信号における移動量検出方式，特許1323442号（昭和50 (1975) 2.6出願）．
5) J. O. Limb, J. A. Murphy：Methods for Measuring Small Displacement of Television Images, IEEE Trans., Com-23, 4, 474-478, (1975.4)（水平方向の動き量に関する）．
6) 吹抜敬彦：画像信号による動対象の移動量，速度の測定，電子情報通信学会技術研究報告 IE 78-67 (1978.10).
7) 鈴木教洋，吹抜敬彦：動画像の速度に関する2つの基本定理の等価性について，電子情報通信学会論文誌，J 70-D, 9, pp.1828-1829, (1987.9).
8) 吹抜敬彦：ペナルティ関数の導入による動きベクトル無意成分の抑圧，映像情報メディア学

会 1997 年冬季大会，No.1-6，(1997.12)．
9) 吹抜敬彦：ベイヤー型画素配列 CCD カメラにおける広帯域 G 信号復調と偽色軽減，映像情報メディア学会年次大会，No.9-8 (2000.8)．
10) R. H. MacMann, S. Kreinic, et al.：A Digital Noise Reducer for Encoded NTSC Signals, J. SMPTE, Vol.87, No.3, pp.129-133 (1978.3).
11) 吹抜敬彦：雑音低減回路，特許 1244016 号（昭和 53 年（1978）6.2 出願）．
12) 吹抜敬彦：リップル修正フィルタによる画像中の'しわ'の抑圧，電子情報通信学会ソサイエティ大会，No.D-11-15 (1999.9)．

(5 章)
1) 長谷川伸：画像工学，コロナ社 (1983)．
2) M. Achiha, K. Ishikura, T. Fukinuki, Motion-Adaptive High-Definition Converter for NTSC Color TV Signals, SMPTE. J.,Vol.93, No.5, pp.470-476 (1984.5).
3) 古閑敏夫：マルチメディア端末，昭晃堂 (1998)．

(6 章)
1) 原島博 監修：画像情報圧縮，オーム社 (1994)．
2) J. B. O'Neal：Predictive Qauntizing System (Differential Pulse Code Modulation) for the Transmission of Television Signals, Bell Syst. Tech. J., Vol.45, pp.689-721 (1966. 5, 6).
3) T. Fukinuki：Optimization of D-PCM for TV Signals with Consideration of Visual Property, IEEE. Trans. Communications, Vol.COM-22, No.6, pp.821-826 (1974.6).
4) 貴家仁志，村松正吾：DCT（離散コサイン変換）入門，CQ 出版 (1997)．
5) 小野文孝，上野幾朗：JPEG 2000 の最新動向，電子情報通信学会誌，Vol.83, No.12, pp.914-919 (2000.12)．
6) 藤原洋 編著：最新 MPEG 教科書，アスキー (1994)．
7) (特集) 離陸する MPEG-4，映像情報メディア学会誌，Vol. 55, No.4, pp.489-520 (2001.4)．
8) 宮本剛，都竹愛一郎：順次走査による HDTV の MPEG 符号化レート削減の検討，2001 映像情報メディア学会年次大会，No.18-3 (2001.8)．
9) 原島博：知的画像符号化と知的通信，テレビジョン学会誌．Vol.42, No.6, pp.519-525 (1988.6)．
10) 吹抜敬彦：FAX，OA のための画像の信号処理，日刊工業新聞社 (1982)．
11) 甲藤二郎：インタネットで個人放送局を開くには(1)，映像情報メディア学会誌，Vol.55, No.4, pp.521-526 (2001.4)．
12) 田中正晴，Phil Keys：ブロードバンドでテレビをみる（第 1 部：デジタルテレビのシナリオが崩れる，第 2 部：テレビ受像機に向けてストリームが流れ出す，第 3 部：ハリウッドを巻き込みいざ事業化へ），日経エレクトロニクス，No.806, pp.101-122 (2001.10.8)．

# 理解度の確認；解説

解答は結果や結論のみを示したが，なぜそうなるかを十分に考えられたい．

**(1章)**

**問1.1** 1.1.1項〔1〕〔2〕を参照するほか，各自考えてみられたい．正解は時代とともに変化すると思う．

**問1.2** 通常の主流的な考え方は，インタフェースに着目するもの．ほかは内部の処理形態に着目するもの．アナログ機であるが機器の中の処理はディジタルで行われる例に，いわゆるMUSE受像機，高度なNTSC受像機(IDTV)やNTSC両立高精細TV(EDTV)がある．

**問1.3** 走査によって1次元信号になったTV信号を，[水平-垂直]の2次元信号や，[水平-垂直-時間]の3次元信号として扱う．水平遅延やフレーム遅延素子が必須．

**問1.4** 位置が隣接する走査線といっても，動領域では時間を考慮すると隣接ではないから．ずれて二重像になる．これを避けるには，動領域では一方のフィールドのみを用いて上下の走査線から補間する．根本的に解決するには，(仮称)飛順走査にすればよい．

**問1.5** 見方を変えれば，30 Hzで白黒が変化する画像でもあるので，強いフリッカとなる．遠くから見ると，細かな垂直縞模様は見えないから，30 Hzで白黒が変化する画像のみが見える(後述の図2.17において，Aが見えず，A′のみが見える)．

**問1.6** 画像中に垂直な物体(対象物)が多いこと．谷間の成分は斜めパタンに対応する．

**問1.7** 図1.9や図1.10を見て答えよ．失うものは輝度の斜め成分(色副搬送波周波数に近い成分) (ただし3次元まで考えると，失うものは異なる)．

**問1.8** カラーバースト信号の位相を基準とした搬送色信号成分の位相．

**問1.9** $R, G, B$ ともに大きな値なので，減法混色では黒くなる．

**問1.10** $R = G = B$ の場合，色差信号 $= 0$ となることに対応する．

**問1.11** 色信号は，フィールド内で走査線ごとに位相が反転し，走査線数は奇数(525本)なので，1フレーム経つと反転する．和は輝度信号×2，差は色信号×2．

**(2章)**

**問2.1** 絶対値は等しいが，前者では符号が $(+, -), (-, +)$，後者では $(+, +), (-, -)$ となる．

**問2.2** $g(x, y) = \sin 2\pi(2x + y) + \sin 2\pi(2x - y)$ と変形できる．第1項の2次元周波数 $(\mu, \nu)$ は $(2, 1)$ と，$(-2, -1)$ にあり，第2項は $(2, -1)$, $(-2, 1)$ にある(このように，和の形に変形しないと周波数成分は求まらない)．

**問2.3** 定義に代入して $g(t) = 1$．$\delta$ 関数を導入することにより，フーリエ変換可能のための通常の条件は不要になる．

**問2.4** 双方ともに1 MHzの正弦波信号が得られる(波形：略．標本化定理による説明のほか，3 MHzの信号についてはいろいろの位相の場合を描いてみることを勧める)．

**問2.5** (a)からの場合がB，B′に，(b)からの場合がA，A′に対応する．

**問2.6** 走査そのものが，[時間-垂直]領域の標本化である．

160　　　理解度の確認；解説

**問 2.7**　偽輪郭となる．雑音を加えると，量子化歪みの位置がランダム化される．音声では低域成分が少ないため，無音部以外では平坦な領域がなく，量子化歪みに自己相関がない．このため，事実上，歪みではなく雑音と見なせ，偽輪郭に相当する現象はない．

**問 2.8**　図 2.27 で説明せよ．多重化される信号の周波数関係や利得によっては，変調に限定される場合がある．変調の方が自由度が高い（詳細略）．

**問 2.9**　CZP で，水平周波数が 3.58 MHz に相当し，フィールドで見るときの走査線で白黒が反転している位置（480/4 cPh の位置）．なお，湧出し/吸込みの理由は高度なので答えるに及ばない（3 次元解析により明らかになる[b]）．

**問 2.10**　$y_n = (x_{n-1} + x_n)/2$ を $z$ 変換して，$Y(z) = (z^{-1}X(z) + X(z))/2 = (z^{-1} + 1)/2 \cdot X(z)$ を得る．これより，$H(z) = (1 + z^{-1})/2$ を得る．

**問 2.11**　$y_n = (x_n + y_{n-1})$ を変換して，$Y(z) = X(z) - z^{-1}Y(z)$ を得る．これより，$H(z) = 1/(1 + z^{-1})$ を得る．

**問 2.12**　耳は電力スペクトルには感知するが，位相には関係しない（波形が変化しても構わない）．画像では，波形が重要である．このため，フィルタは直線位相が要求され，トランスバーサル形の場合には左右対称となる．

**問 2.13**　画像の時間領域では，直線位相は不要であるが，音声と異なり，波形もある程度重要である．関係する視覚特性は残像である．

**問 2.14**　前者は振幅上の線形，後者は位相変化が周波数と比例関係にある（このほか，VTR をそのテープの形状に関連づけてリニアといい，VTR による編集をリニア編集という）．

（3 章）

**問 3.1**　2 重積分はある領域の光を集めること，変位と掛け算は 2 枚のスライドをずらして重ねて光を通すことに対応しており，これらによりで可能である．

**問 3.2**　単に低周波成分が大きいこと．TV に広帯域が必要ということは，高域信号も重要であり，自己相関が大きいことの解釈や活用には注意を要するということを意味する．

**問 3.3**　フリッカ防止のため，垂直方向の高周波成分は抑圧されている．したがって，垂直相関は画素数から想定される相関よりはるかに高い（カメラの信号取出しの機構からも納得できる）．水平に関しては，LPF の遮断周波数が標本化定理で考えられるよりかなり低いので，相関はかなり高い．スキャナの場合には，各画素の信号をそのまま出力する場合が多く高い周波数成分を含む．したがって自己相関は小さい．

**問 3.4**　二つの変化分が無相関どころか負の相関なので，成り立たない［3.1.2 項〔2〕参照］．

**問 3.5**　ウェーバ-フェヒナーの法則から，感覚的には対数である．

**問 3.6**　小面積なのでフリッカとして感じにくい（大面積で考えれば相殺している）．（さらに，明るい点と暗い点がフレームごとに交代する）．

（4 章）

**問 4.1**　囲碁では，取るときは 8 連結，取られるときは 4 連結．五目並べでは攻防ともに 8 連結．

**問 4.2**　街区画≧ユークリッド≧チェス盤．等号は 2 画素が水平，あるいは垂直に並ぶとき．

**問 4.3**　(2×2) 画素ブロックで，0（左上），1（右下），2（右上），3（左下）という規則性がある．これを (4×4) に上げるときには，これを二重に適用する．すなわち，(2×2) 小ブロックではこれを 4 倍し，さらに各小ブロックにこの規則性で加算する．

**問 4.4**　空間処理における確率過程と対照的な剛体仮定，オクルージョン（剛体の重なり合い），および，視覚特性（仮現現象など）．

理解度の確認；解説　　*161*

問 4.5　単なる二重像となる．代わって，動きベクトルを求めてそれを時間比で内分して像を作る．

問 4.6　勾配法については本文参照．スカラー積(内積)で表したとき，動きベクトルの勾配方向成分と，勾配との積が正しく求められ，これと直交する成分は何であっても構わない．

問 4.7　勾配が分かれば動きベクトルの勾配方向成分 $V_n$ が分かる．これと直交する成分 $V_t$ は分からないが，これを任意に仮定して，各種の合成ベクトル $V$ が得られる(その軌跡を動きベクトル候補線と仮称しよう)．2画素の合成ベクトルが一致すれば(動きベクトル候補線の交点)，それがこの剛体の動きベクトルである．

問 4.8　カラー画像に適用できる仮定には，3色間(変換されたものを含んで)の相互相関，色度一定などがある．白黒画像に適用できる仮定には，信号と雑音の仮定などがある．

問 4.9　P.104 脚注参照

(5 章)

問 5.1　RGBの3板の位置合わせ(レジストレーション)が技術的に難しい．一方，必要な帯域幅は輝度に比べて色差は数分の1．したがって輝度とRGBの4板式にして，RGBは低解像度とする．色差信号はこれをもとに作り出す．

問 5.2　その領域全体が，赤くなる．

問 5.3　例えば，焦点をボカして高域成分を抑える．ズームインなどで拡大/縮小して，輝度信号が色副搬送波と一致するのを防ぐ．着ている服の柄に原因があれば，着替えてもらう，など．

問 5.4　色信号の多重に基づくクロスカラーはフレームごとに色が反転しその結果(色の輪が拡散/吸収されるように見える)，単板CCDから出る偽色は，固定している．

問 5.5　この領域をミクロに見ると，R，G，Bの3色が明るく輝いている(加法混色)．

問 5.6　第1フィールドで幅 $L/2$，第2フィールドでさらに $L/2$ の方形になる．

問 5.7　メモリが高価な場合，符号化が終わってから(一つの先の)画像を読み取る．ビット数が多い走査線では，紙送り間隔は長くなるので，紙送り周期は間歇的になる．逆に，紙送り機構が高価な場合，まず一定速度で全て取り込んでメモリに蓄え，伝送に合わせて符号化する方が経済的である．受信機でも同様である．

(6 章)

問 6.1　図6.5ならびに同脚注参照．非線形量子化回路は，「線形で，かつ量子化歪み発生器」と考える．

問 6.2　結果は表6.2参照．$\rho \fallingdotseq 1$ のときの近似方法に注意されたい(例：$1 + \rho \fallingdotseq 2$ と考える)．

問 6.3　DFTでは，つなぎの時点におけるギャップを複数個の高次の高調波(変換係数)で表現する必要がある．これに対して，DCTでは，これが小さい [6.3.2項〔1〕参照]．

問 6.4　DCTの場合，$m = 1$ は，ほぼこの波形に相当する [口絵16および6.3.2項〔1〕脚注参照]．DFTではこのような項はなく，多くの変換係数の和で表さざるを得ない．すなわち，効率的な変換係数分離(周波数分離)ができない．

問 6.5　フレーム間符号化の場合(DCTを介在するので直接比較は難しいが)，フレーム内符号化では偽輪郭となるので，差分＝0付近を細かく量子化する．一方，フレーム間符号化では，差分＝0付近にデッドゾーン(わずかな予測誤差は0とみなす)がある．フレーム間符号化ではわずかの動きは無視せざるを得ないため(フレーム内と異なり，フレーム間では目立たない．符号化効率向上の考え方の差に基づく)である．

問 6.6　飛越し走査では，動領域ではフィールド間の相関は小さいので，フィールドDCTが好ましい．飛越し走査の場合の静止領域では，フレームDCTが可能である．順次走査("飛順"

162　理解度の確認；解説

走査の場合を含む)では，動領域，静止領域ともにフレームDCTが可能で，これによって符号化効率が向上する．

問 6.7　それぞれ，12, 8, 6 である．

問 6.8　[6.4.3 項〔2〕脚注参照]．東日本では，通常の照明の周波数と，カメラの周波数が異なるため，静止領域でも明フレームと暗フレームができて，「動きあり」と誤判定される．高周波点灯または白熱電球を用いれば解決される．

問 6.9　単純なフレーム差は大きいので，符号化ビット数を要する(符号化効率が劣る)．一方，理想的に動き補償できれば，動きベクトルを符号化すればよい．

問 6.10　フレーム間の相関がないので，フレーム間符号化には致命的であると思われるが，この瞬間には視覚特性からいって解像度を極端に下げてもよいので，それほど致命的ではない．ただし，素早くパラメータ制御などに対応することが重要である．事前に対応できれば，なお望ましい．

問 6.11　意外に大きな動きベクトルが求まってしまい，これの表現に多くの符号化ビット数を要する(これを避けるため，動きベクトル＝0(静止)を優遇するような対策を行う)．

問 6.12　音と画像が合わない/遅延のために双方向通信(会話)が成立しない．また，たまり具合で符号化パラメータの制御を行うので，あまり遅れると適切なパラメータ制御ができない．

問 6.13　図 6.13 は $M=1$ の場合の P モードである．I モードの場合，動き補償フレーム間予測はないので，予測値＝0 の場合となる(量子化特性も異なる)．$M \neq 1$ の場合，フレームメモリは複数個を要す．P モードは複数フレーム離れたところとのフレーム間予測誤差信号を量子化する．B モードの場合，前方向，後方向，あるいは内挿された予測値が採用される(図が複雑になるので図示は避けた)．なお，B モードでは，これが後刻，参照されることはないので，フレームメモリに再書込みする必要がない．

問 6.14　伝送時間は極端に長くなる．なぜなら，水平方向には網点でランレングスが寸断され極端に短くなる．さらに，垂直相関がなくなる(エッジが垂直方向にそろわなくなる)．

# 索 引

## 【あ】
明るさの弁別 …………………82
アクションユニット ……………6
アスペクト比 ………………11, 18
アダマール変換 …130, 131, 136
圧縮特性 ………………………124
アップ標本化 …………35, 42, 68
アナログTV方式 ………………17
アナログシステム ………………3
アフィン変換 …………………89

## 【い】
1次元周波数 …………………24
1次元信号 ………………………5
1次元振幅変調 ………………48
1次元スペクトル ……………17
1次元標本化 …………………34
1次元フーリエ変換 …………29
1次元変調 ……………………47
1次元YC分離フィルタ ………65
色にじみ取り …………………102
色副搬送波 ……………………20
色分解系 ………………………108
インターネット放送 …………151
インタライン転送形CCD
　　　　　　　　………109, 110
インタレース係数 ……………11
インパルス応答 ………………58

## 【う】
ウェーブレット変換 ……70, 136
ウォーピング …………………101
動き係数 ………………………44
動き検出 …………………43, 96
動き適応3次元YC分離
　　　　　　　　…………67, 114
動き適応順次走査化(走査変換)
　　　　　　　　…………43, 114
動きベクトル ……98, 141, 143
　――の不確定性 ……………100
　――の無意成分 ……………100
動き補償予測 …………………139

## 【え】
映　画 …………………12, 114
液晶ディスプレイ ……………112

液晶表示 ………………………111
エッジの検出 …………………90
エッジ保存形平滑化 …………89

## 【お】
大形拡大表示 …………………113
オブジェクト …………………141
オフセット標本化 …38, 40, 41
オプティカルフロー …………98
折返し歪み ………………35, 41

## 【か】
街区画距離 ……………………93
階層(的)符号化
　　　　………123, 146, 148, 149
顔 ………………………………6
顔　学 …………………………6
可逆符号化 ……………………121
確率過程 …………………76, 95
仮現運動(現象) ………………84
画質評価 ………………………85
画像強調 …………………88, 90
画像の雑音低減 …………81, 102
画像フォーマット
　　　　　　………3, 11, 12, 16
　――の融合 …………………10
加法混色 ………………………13
カラーCRT ……………………111
カラーTVカメラ ……………108
カラー信号成分間の仮定 ……101
カルーネン-レーベ変換 ……130
ガンマ補正 …………19, 111, 112

## 【き】
幾何学的補正 …………………88
輝線スペクトル ………………17
輝　度 …………………………15
輝度信号 ………………11, 15, 17
逆離散フーリエ変換 …………33
局部復号器 ……………124, 125
許容限界 ………………………85
偽輪郭 …………………………46

## 【く】
櫛形フィルタ …………………39
クリアビジョン ………………20
クロスカラー/ルミナンス …65

## 【け】
計算機トモグラフィ …………30
ケル係数 ………………………10
検知限界 ………………………85
減法混色 ………………………13

## 【こ】
合成フィルタ ……………68, 69
構造抽出 ………………………95
広帯域ISDN …………………151
剛体仮定 ……………76, 95, 138
剛体の重なり …………………95
後置フィルタ ……………35, 42
高能率符号化 …3, 52, 120, 122
勾　配 …………………………90
勾配法 ……………………98, 99
骨格抽出 ………………………94

## 【さ】
再帰形(ディジタルフィルタ) …58
再構成可能 ……………………67
細線化 …………………………93
最適予測 ………………………125
差感度 ……………47, 82, 124, 125
サーキュラーゾーンプレート …26
差信号の分布 …………………79
雑　音 ……………………35, 80
雑音低減 …………………81, 102
雑音と信号に関する仮定 ……101
サーバ形放送 …………………6
サブサンプリング ……………36
サブナイキスト標本化 ………39
サブバンド ……………………136
サブバンド信号 ………………67
差分PCM ……………………123
差分方程式 ……………………57
3次元差分方程式 ……………63
3次元周波数 …………………26
3次元周波数スペクトル ……51
3次元周波数特性 ……………27
3次元信号 …………………5, 26
3次元スペクトル ……………50
3次元相関 ……………………79
3次元ディジタルフィルタ …62
3次元デルタ関数 ……………32
3次元標本化 …………………45

索引

## 【し】

- 3次元フーリエ変換 …………31
- 3次元 z 変換 …………63
- 30 P …………10
- 3板(管)式 …………108

## 【し】

- シェーディング …………91
- 視覚特性 …………15, 81
- ──の活用 …………120
- 視覚の空間周波数特性 …………82
- 視覚の時空間周波数特性 …………83
- 時間周波数 …………26
- 色差 …………11, 15, 18
- 色差信号の多重 …………19
- 色度 …………13
- 色度図 …………14
- 時空間標本化 …………41
- ジグザグスキャン …………135
- 自己相関 …………52, 76, 78, 120
- 実効垂直解像度 …………10
- 実用限界 …………85
- 遮断特性 …………36, 64
- シャドウマスク …………112
- 縦続形構成 …………60
- 周波数 …………24
- 周波数インタリーブ標本化 …39
- 瞬時圧縮 …………46
- 順次走査 …………7, 9, 42
- 順次符号化 …………123
- 順方向予測符号化 …………140
- 冗長度抑圧 …………120
- 情報家電 …………2
- 情報源符号化 …………52, 120
- シワ取り …………103
- シーン切替え …………83
- 振幅変調 …………47

## 【す】

- 垂直周波数 …………24
- 水平周波数 …………24
- 水平走査周波数 …………17
- スカラー量子化 …………121
- スキャナ …………116
- ストリーミング …………5, 151
- スペクトル …………17

## 【せ】

- 静止画像符号化 …………147
- 正方画素配列 …………11, 36
- ゼロベクトル優遇 …………144
- 前置フィルタ …………35, 42
- 前値予測 …………123
- 前面投射 …………113

## 【そ】

- 相関 …………76
- 相関関数 …………76
- 相関係数 …………76
- 走査 …………41
- 走査変換 …………114
- 送受の同期 …………143
- 双方向予測符号化 …………140
- 染谷-Shanon の定理 …………35

## 【た】

- 帯域圧縮 …………3, 52, 53, 122
- ダイナミック解像度 …………8
- 代表値設定回路 …………124
- 大面積フリッカ …8, 20, 42, 45
- ダウンサイジング …………2
- ダウン標本化 …………35, 42
- ダウンロード形 …………5
- 多次元信号処理 …………5, 56
- 多次元変復調 …………47, 49
- 多重サブナイキスト標本化 …55
- 多値画像の2値表現 …………91
- 単位インパルス関数 …………57
- 単板(管)式 …………109

## 【ち】

- チェス盤距離 …………93
- 知的符号化 …………6, 145
- 直接形構成 …………60
- 直接符号化 …………121
- 直線位相 …………59, 60, 64
- 直角(直交)変調 …………20
- 直交標本化 …………38
- 直交変換 …………69, 141
- 直交変換符号化 …………120

## 【つ】

- 2-3 プルダウン …………10, 12
- 通信と放送の融合 …………4
- 通信路符号化 …………52, 120

## 【て】

- ディザ …………46
- ディザ画像 …………91
- ディジタル画像フォーマット 16
- ディジタルシステム …………3
- ディジタルシネマ …………12
- ディジタルスチルカメラ 116
- ディジタルフィルタ …………56
- ──の有難さ …………56
- ──の要求条件 …………63
- ディジタルメディア …………2
- テクスチャ …………91

## 【と】

- デジカメ …………116
- デルタ関数 …………31
- デルタ関数列 …………32
- 電子透かし …………6
- 伝達関数 …………57, 58
- 電力スペクトル …………78

## 【と】

- 同期検波 …………20, 48
- 同期再生 …………152
- 統計的性質 …………76
- 等色 …………13
- 動体に対する視覚特性 …………84
- 動領域伝送方式 …………139
- 特徴抽出 …………88
- ドットクロール …………51
- 飛越し-順次走査変換 …………43
- 飛越し走査 …………4, 7, 9, 41
- トランスコーディング …………147

## 【に】

- 2次元 z 変換 …………60
- 2次元差分方程式 …………60
- 2次元周波数 …………24
- ──のベクトル表示 …………25
- 2次元(周波数)スペクトル …………50, 51
- 2次元信号 …………24
- 2次元ディジタルフィルタ …60
- 2次元デルタ関数 …………32
- 2次元伝達関数 …………61
- 2次元標本化 …………37
- 2次元フーリエ変換 …………29
- 2次元予測符号化 …………126
- 2次元 DCT …………132
- 2次元 YC 分離フィルタ …………66
- 24 P …………10
- 2値化 …………91
- 認識合成符号化 …………146

## 【の】

- ノンリニア記録 …………114

## 【は】

- ハイビジョン …………2, 55
- 背面投射 …………113
- 波形符号化 …………121, 146
- パケット …………151
- パケット廃棄 …………152, 153
- パケット符号化 …………152
- 肌領域抽出 …………6
- 8近傍 …………93
- 8連結 …………93
- 搬送波抑圧振幅変調 …………48

## 索引

### 【ひ】

非可逆符号化 .................. 121
非再帰形(ディジタルフィルタ)
　.................. 58
"飛順"走査(信号) ...... 10, 116
歪み .................. 35
非線形量子化 ...... 46, 124, 125
ビットマップ .................. 14
評定尺度法 .................. 85
標本化 .................. 34
標本化周波数 .................. 34
──の変換 .................. 35
標本化定理 .................. 34
標本値に基づく振幅変復調 ... 49
品質尺度 .................. 85

### 【ふ】

ファクシミリ .................. 115
フィルタバンク .................. 67
フィルタ利得 .................. 59
フィールド .................. 7, 8
フィールド間補間 .................. 43
フィールド内補間 .................. 43
複合(カラー)TV信号 ... 20, 50
復号器 .................. 121, 124, 142
複素振幅スペクトル .................. 29
復調 .................. 48
符号誤りの影響 .................. 128
符号器 .................. 121, 124
フラクタル符号化 .................. 146
プラズマディスプレイ .................. 113
プラズマ表示 .................. 111
フーリエ変換 .................. 29
プリズム式 .................. 108
フリッカ .................. 20, 83
フリッカ感度 .................. 83
プリンタ .................. 116
フルカラー式 .................. 14
フレーム .................. 7, 8

フレーム間相関 .................. 80
フレーム間符号化 .................. 137
フレーム間予測 .................. 139
フレーム間予測符号化 ...... 138
フレーム内挿 .................. 96
フレーム内相関 .................. 80
ブロック符号化 .................. 130
ブロックマッチング ...... 98, 99
ブロック歪み .................. 134
分析合成符号化 .................. 146
分析フィルタ .................. 68, 69
分離符号化 .................. 121

### 【へ】

平板形表示 .................. 111
ベイヤ形(イメージセンサ) ... 109
ベイヤパタン .................. 91
ベクトル量子化 ...... 121, 145
変換係数 .................. 132, 134
変換符号化 .................. 129
変調 .................. 48

### 【ほ】

妨害尺度 .................. 85
包絡線検波 .................. 48
補間フィルタ .................. 36
ホームサーバ .................. 5
ホール .................. 54

### 【ま】

マクロブロック .................. 141
マルチメディア .................. 2
マルチレート信号処理 ... 35, 67

### 【め】

メディアンフィルタ ...... 89, 90

### 【も】

モスキート歪み .................. 134

### 【ゆ】

有効画素数 .................. 11
有効走査線 .................. 11, 18
ユークリッド距離 .................. 93

### 【よ】

予測係数 .................. 123
予測誤差 .................. 123, 124
予測符号化 .................. 120, 123
──の伝達関数 .................. 127
4近傍 .................. 93
4:2:0 .................. 16
4連結 .................. 93

### 【ら】

ラインフリッカ .................. 42
ラプラス変換 .................. 57

### 【り】

リアルタイム形 .................. 5
離散コサイン変換 .................. 131
離散フーリエ変換 .................. 32
量子化 .................. 46
量子化テーブル .................. 134
両立性 .................. 2, 19

### 【る】

ループの検出 .................. 94

### 【れ】

レート制御 .................. 142, 144
連結性 .................. 93

### 【ろ】

60 I .................. 8, 10
60 P .................. 7, 9

### 【A】

ACTV .................. 54
ATM .................. 151

### 【B】

B画像 .................. 140

### 【C】

CCD .................. 108, 109
CCDカメラ偽色 .................. 102
CIF .................. 11, 12
Comb関数 .................. 34, 38

CRT .................. 111
CT .................. 30
CZP .................. 26

### 【D】

DCT .................. 130, 131, 142
decimation .................. 35, 67
DFT .................. 32, 69, 131
DPCM .................. 123
DWT .................. 70

### 【E】

EDTV .................. 3, 54, 122

### 【F】

FAX .................. 115
FIR .................. 59
Fukinuki Hole .................. 52, 54

### 【G】

G 3 .................. 115, 148
GOP .................. 140
group Ⅲ .................. 115

### 【H】

H.261 ...... 122, 138, 143, 146

hard-switching ················43
HDTV ······················3, 11

## 【I】

I 画像 ······················140
IDFT ························33
IDTV ···················3, 20, 44
IIR ··························59
information preserving coding
······························121

## 【J】

JPEG ·······················134

## 【L】

LCD ························112
loss less coding ················121
lossy coding ··················121

## 【M】

MH 符号化 ···················148
mid-riser ······················47
mid-tread······················47
MPEG 122, 138, 140, 141, 143
MPEG-1 ·····················141
MPEG-2 ················122, 141
MPEG-4 ················122, 141
MPEG-7 ·····················141
MPEG-21 ····················141
MR 符号化 ··············148, 149
MUSE ··············2, 54, 55, 122

## 【N】

noise reducer ··················102

non-information preserving coding ··························121
NTSC ········8, 18, 19, 20, 50, 52
Nyquist の定理 ··················35

## 【O】

occlusion ······················95

## 【P】

P 画像 ······················140
PAL ·························8, 20
PDP ·························113
pel ···························11
pixel ··························11
PSNR ·························46

## 【Q】

QCIF ·························12
QMF ················68, 69, 136

## 【R】

RGB 系 ························13

## 【S】

scalability ····················123
SDTV ·······················3, 11
SECAM ························8
segmented Frame ···············10
SIF ························11, 12
SN 比 ·························46
soft switching ··················43
square pixel ················11, 36
SSKF ················68, 69, 71

## 【T】

TCP ·························151
TFZP ·························28
To-and-Fro-Zone Plate ·······28
transcoding ···················121
TV 受像機 ····················114

## 【U】

UDP ·························151

## 【V】

VGA ··························11
VQ ···························145

## 【W】

Weber-Fechner の法則 ··········82
WT ··························70

## 【X】

xy 色度 ·······················14
XYZ 系 ························13

## 【Y】

YC 分離フィルタ ···············64

## 【Z】

z 変換 ························57

## 【ギリシャ語】

γ(ガンマ)特性 ················111
$\delta(t)$ ··························31

―― 著者略歴 ――

**吹抜　敬彦**（ふきぬき　たかひこ）
1961 年　京都大学大学院修士課程修了（電子工学専攻）
1961～1995 年　（株）日立製作所中央研究所勤務
1975 年　工学博士（京都大学）
現在，東京工科大学教授

---

画像・メディア工学
Image Media Technology　　　　　Ⓒ 社団法人　電子情報通信学会　2002

2002 年 10 月 10 日　初版第 1 刷発行
2003 年 12 月 25 日　初版第 2 刷発行

| 検印省略 | 編　者 | 社団法人 電子情報通信学会 http://www.ieice.org/ |
|---|---|---|
| | 著　者 | 吹抜　敬彦 |
| | 発行者 | 株式会社　コロナ社 代表者　牛来辰巳 |

112-0011　東京都文京区千石 4-46-10
発行所　株式会社　コロナ社
CORONA PUBLISHING CO., LTD.
Tokyo Japan　　Printed in Japan
振替 00140-8-14844・電話(03)3941-3131(代)
http://www.coronasha.co.jp

ISBN 4-339-01841-4
印刷：壮光舎印刷／製本：グリーン

無断複写・転載を禁ずる
落丁・乱丁本はお取替えいたします

# 電子情報通信レクチャーシリーズ

■(社)電子情報通信学会編　　　　　　　　　　（各巻B5判）
白ヌキ数字は配本順を表します。

|  |  |  | 頁 | 定価 |
|---|---|---|---|---|
| ⑥ A-5 | 情報リテラシーとプレゼンテーション | 青木由直著 | 216 | 3570円 |
| ⑨ B-6 | オートマトン・言語と計算理論 | 岩間一雄著 | 186 | 3150円 |
| ① B-10 | 電磁気学 | 後藤尚久著 | 186 | 3045円 |
| ④ B-12 | 波動解析基礎 | 小柴正則著 | 162 | 2730円 |
| ② B-13 | 電磁気計測 | 岩﨑俊著 | 182 | 3045円 |
| ③ C-7 | 画像・メディア工学 | 吹抜敬彦著 | 182 | 3045円 |
| ⑧ C-15 | 光・電磁波工学 | 鹿子嶋憲一著 | 200 | 3465円 |
| ⑤ D-14 | 並列分散処理 | 谷口秀夫著 | 148 | 2415円 |
| ⑩ D-18 | 超高速エレクトロニクス | 中村・三島共著 | 158 | 2730円 |
| ⑦ D-24 | 脳工学 | 武田常広著 | 240 | 3990円 |

## 以下続刊

### 共通
| | | |
|---|---|---|
| A-1 | 電子情報通信と産業 | 西村吉雄著 |
| A-2 | 電子情報通信技術史 | 技術と歴史研究会編 |
| A-3 | 情報社会と倫理 | 笠原・土屋共著 |
| A-4 | メディアと人間 | 原島・北川共著 |
| A-6 | コンピュータと情報処理 | 村岡洋一著 |
| A-7 | 情報通信ネットワーク | 水澤純一著 |
| A-8 | マイクロエレクトロニクス | 亀山充隆著 |
| A-9 | 電子物性とデバイス | 益一哉著 |

### 基礎
| | | |
|---|---|---|
| B-1 | 電気電子基礎数学 | 大石進一著 |
| B-2 | 基礎電気回路 | 篠田庄司著 |
| B-3 | 信号とシステム | 荒川薫著 |
| B-4 | 確率過程と信号処理 | 酒井英昭著 |
| B-5 | 論理回路 | 安浦寛人著 |
| B-7 | コンピュータプログラミング | 富樫敦著 |
| B-8 | データ構造とアルゴリズム | 今井浩著 |
| B-9 | ネットワーク工学 | 仙石・田村共著 |
| B-11 | 基礎電子物性工学 | 阿部正紀著 |

### 基盤
| | | |
|---|---|---|
| C-1 | 情報・符号・暗号の理論 | 今井秀樹著 |
| C-2 | ディジタル信号処理 | 西原明法著 |
| C-3 | 電子回路 | 関根慶太郎著 |
| C-4 | 数理計画法 | 福島・山下共著 |
| C-5 | 通信システム工学 | 三木哲也著 |
| C-6 | インターネット工学 | 後藤滋樹著 |
| C-8 | 音声・言語処理 | 広瀬啓吉著 |
| C-9 | コンピュータアーキテクチャ | 坂井修一著 |
| C-10 | オペレーティングシステム | 徳田英幸著 |
| C-11 | ソフトウェア基礎 | 外山芳人著 |
| C-12 | データベース | 田中克己著 |
| C-13 | 集積回路設計 | 鳳・浅田共著 |
| C-14 | 電子デバイス | 舛岡富士雄著 |
| C-16 | 電子物性工学 | 奥村次徳著 |

### 展開
| | | |
|---|---|---|
| D-1 | 量子情報工学 | 山崎浩一著 |
| D-2 | 複雑性科学 | 松本・相澤共著 |
| D-3 | 非線形理論 | 香田徹著 |
| D-4 | ソフトコンピューティング | 山川烈著 |
| D-5 | モバイルコミュニケーション | 中川・大槻共著 |
| D-6 | モバイルコンピューティング | 中島達夫著 |
| D-7 | データ圧縮 | 谷本正幸著 |
| D-8 | 現代暗号の基礎数理 | 黒澤・尾形共著 |
| D-9 | ソフトウェアエージェント | 西田豊明著 |
| D-10 | ヒューマンインタフェース | 西田・加藤共著 |
| D-11 | 画像光学と入出力システム | 本田捷夫著 |
| D-12 | コンピュータグラフィックス | 山本強著 |
| D-13 | 自然言語処理 | 松本裕治著 |
| D-15 | 電波システム工学 | 唐沢好男著 |
| D-16 | 電磁環境工学 | 徳田正満著 |
| D-17 | VLSI工学 | 岩田・角南共著 |
| D-19 | 量子効果エレクトロニクス | 荒川泰彦著 |
| D-20 | 先端光エレクトロニクス | 大津元一著 |
| D-21 | 先端マイクロエレクトロニクス | 小柳光正著 |
| D-22 | ゲノム情報処理 | 高木利久著 |
| D-23 | バイオ情報学 | 小長谷明彦著 |
| D-25 | 医療・福祉工学 | 伊福部達著 |

定価は本体価格+税5%です。
定価は変更されることがありますのでご了承下さい。

図書目録進呈◆